机械CAD与3D建模

主　编　张灵晓　朱佳博

副主编　王　冲　裴国史　李　曦　张金奎

参　编　李　扬　张金坡　朱　帅　符文贞

主　审　南黄河

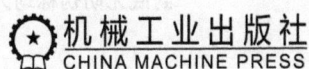

本书共有四个模块 16 个任务，内容选择以够用、实用为原则，结构安排由简入繁、由易到难。前三个模块按照智行引航、知识导入、技能练习、任务实施、任务评价和举一反三的顺序安排体例，以实际任务为载体，系统地介绍了国产软件 CAXA 工程图和 CAXA 3D 实体设计软件的操作技巧，使读者具备从零件建模、装配、工作原理展示、二维工程图输出及编辑全过程机械产品展示的能力。模块 4 通过四个综合实例，加深读者对知识、技能的理解与应用。

本书可作为高职高专机电一体化技术、智能工程机械运用技术、智能焊接技术和数字化设计与制造技术等专业的教材，也可作为技师学院、中等职业学校相关专业的教材，还可作为职业院校技能大赛中涉及产品数字化设计与制造内容的参考用书，以及机械产品三维模型设计、机械工程制图职业技能等级证书备考用书。

本书配有电子课件，使用本书作为教材的教师可登录机械工业出版社教育服务网 www.cmpedu.com 注册后下载。咨询电话：010-88379534，微信号：jjj88379534，公众号：CMP-DGJN。

图书在版编目（CIP）数据

机械 CAD 与 3D 建模／张灵晓，朱佳博主编． -- 北京：机械工业出版社，2025. 8. -- ISBN 978-7-111-78727-3

Ⅰ．TH126

中国国家版本馆 CIP 数据核字第 2025MX4442 号

机械工业出版社（北京市百万庄大街 22 号　邮政编码 100037）
策划编辑：黄　雪　责任编辑：黄　雪　许　爽
责任校对：颜梦璐　李可意　景　飞　封面设计：马精明
责任印制：张　博
北京机工印刷厂有限公司印刷
2025 年 8 月第 1 版第 1 次印刷
184mm×260mm・13.5 印张・334 千字
标准书号：ISBN 978-7-111-78727-3
定价：49.00 元

电话服务　　　　　　　　　　网络服务
客服电话：010-88361066　　　机 工 官 网：www.cmpbook.com
　　　　　010-88379833　　　机 工 官 博：weibo.com/cmp1952
　　　　　010-68326294　　　金 书 网：www.golden-book.com
封底无防伪标均为盗版　　　　机工教育服务网：www.cmpedu.com

前　言

　　本书全面落实党的二十大报告关于"实施科教兴国战略，强化现代化建设人才支撑"重要论述，明确把培养大国工匠和高技能人才作为重要目标，大力弘扬劳模精神、劳动精神、工匠精神。本书的编写为全面建设技能型社会提供有力人才保障。

　　本书针对高等职业院校的人才培养目标，承接机械识图与零件测绘课程，以培养学生计算机辅助设计能力为宗旨，按照现行的《技术制图》与《机械制图》国家标准进行编写。本书的特点如下：

　　1. 对照机械工程制图职业技能等级证书考核标准，调整教学内容，依托国产计算机辅助设计软件 CAXA 工程图和 CAXA 3D 实体设计介绍计算机辅助绘图的技能技巧。

　　2. 采用模块化教学，全书分为四个模块，每个模块下都配备了相关知识点的介绍，通过知识点的学习能够比较顺利地完成任务，提升学生的自信心。

　　3. 在知识点、技能点中留出适当位置让学生填空，使其在完成任务的过程中学习新的知识，充分体现"教、学、做"一体的职业教育理念，打破传统的软件操作教程内容体系，在内容组织上由单一到复杂，体现了职业性、实践性和开放性的要求。

　　4. 本书在知识讲解中加入了素质教育内容，在传授知识的同时培养学生的世界观、人生观及价值观。

　　5. 本书取材广泛、内容新颖、深入浅出，注重实践技能和人文素质的培养。

　　本书由陕西铁路工程职业技术学院教学团队联合企业工程师编写，其中模块 1 由张灵晓、张金奎编写，模块 2 由裴国史、朱帅、符文贞编写，模块 3 由朱佳博、李曦、李扬编写，模块 4 由王冲、张金坡编写。本书由南黄河主审。学生孟翔、宋国超、史杰轲、金臻辉帮助绘制了部分零件图。在此向在本书编写过程中给予帮助的同事和学生表示感谢。

　　由于作者水平有限，书中难免存在不足之处，敬请广大读者批评指正。

编　者

目 录

前言

模块 1　抄绘零件图 ... 1
　　任务 1　抄绘吊钩平面图 ... 1
　　任务 2　抄绘组合体三视图 ... 15
　　任务 3　抄绘阶梯轴零件图 ... 30
　　任务 4　输出打印零件图 ... 45

模块 2　创建机械零件三维模型 ... 53
　　任务 1　创建轮盘类零件模型 ... 53
　　任务 2　创建轴套类零件模型 ... 78
　　任务 3　创建叉架类零件模型 ... 90
　　任务 4　创建箱体类零件模型 ... 106

模块 3　展示机械产品信息 ... 116
　　任务 1　创建螺旋千斤顶各零件模型 ... 116
　　任务 2　装配螺旋千斤顶 ... 125
　　任务 3　制作螺旋千斤顶工作动画 ... 137
　　任务 4　导出螺旋千斤顶工程图 ... 147

模块 4　机械产品拓展案例 ... 176
　　任务 1　机用虎钳建模及动画仿真 ... 176
　　任务 2　螺纹连接球阀建模及动画仿真 ... 183
　　任务 3　齿轮泵建模及动画仿真 ... 190
　　任务 4　直齿单级减速器建模及动画仿真 ... 199

参考文献 ... 212

模块 1　抄绘零件图

计算机辅助绘图技术是每个现代工程设计绘图人员必须掌握的基本技术。计算机辅助绘图不仅能提高绘图速度，还能够提高绘图精度。本模块结合 CAXA 工程图 2023 的绘图功能，以吊钩平面图、组合体三视图及零件图的抄绘为载体，介绍计算机辅助绘图技术。主要内容包含常用绘图、编辑、图层及标注的使用方法，图幅的设置方法，图纸的输出打印等。

任务 1　抄绘吊钩平面图

  智行引航

工厂车间有一种司机，叫天车司机，他（她）们手握操纵杆，眼观六路，在离地 10 余米的高空来回滑行，他们的绰号是"空少""空姐"，如图 1-1-1 所示。控制吊钩精准移动并非易事，要通过不计其数的日常练习，并在地面人员的指挥下才能做到眼随钩动，让零部件安全起升、快速移动、精准安放！吊钩作为起重机的重要承载结构，它的可靠性与工作人员的安全息息相关，因此吊钩的结构设计至关重要。设计离不开绘图，图 1-1-2 所示是起重机吊钩的平面图形，本任务内容就是抄绘此吊钩的平面图形。**学习软件如同操控天车，只有通过反复练习、磨砺技艺、沉淀经验，才能让操作如行云流水般自然流畅。**

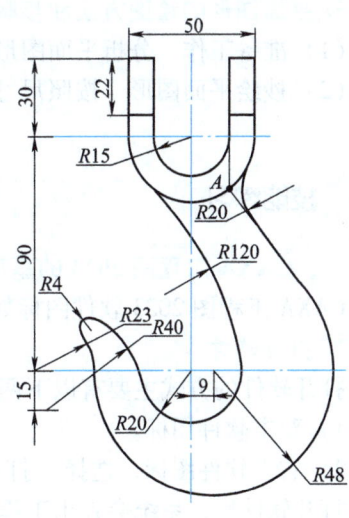

图 1-1-1　开天车的"空姐"　　　　　　图 1-1-2　起重机吊钩的平面图形

1

知识导入

1. 尺寸分析

平面图形中的尺寸，按其作用可分为 定形尺寸 和 定位尺寸。

（1）定形尺寸　确定组合体中各基本形体的形状和大小的尺寸称为定形尺寸，如吊钩平面图形中的尺寸 R20mm、R48mm、____、____、____、____、____ 和 ____ 等都是定形尺寸。

（2）定位尺寸　确定组合体中各基本形体之间相对位置的尺寸称为定位尺寸，如吊钩平面图形中的尺寸 30mm、50mm、____、____、____ 和 ____ 等都是定位尺寸。

（3）尺寸基准　标注定位尺寸时，必须有个起点，这个起点称为尺寸基准。它是指标注或测量尺寸的起点。平面图形有长和宽两个方向，每个方向至少应有一个尺寸基准。定位尺寸通常以图形的对称中心线、较长的底线或边线作为尺寸基准，如吊钩平面图形中，长度方向的尺寸基准是图中竖直点画线，宽度方向尺寸基准有两条，即水平的两条点画线。吊钩上端各直线的定位以上面的水平点画线为基准，吊钩下端各圆弧圆心的定位以_____为基准。

2. 线段分析

在平面图形中，若想唯一确定某一元素，需要知道其定形尺寸和长、宽两个方向的定位尺寸。有些线段具有完整的定形和定位尺寸，绘图时可根据已知尺寸直接绘出，称为 已知线段，如吊钩平面图形中的 R20mm、R48mm 及 ____ 圆弧、吊钩上端 U 形部分的所有线段。而有些线段的定位尺寸只注出其中之一，称为 中间线段，此时需要根据与其相连的已知线段，通过几何作图才能画出，如吊钩平面图形中的 R23mm、____ 圆弧都是只知道其圆心位置的一个定位尺寸。还有些线段的定位尺寸完全不知道，称为 连接线段，此时需要根据两侧与其相连的已知线段或中间线段完成绘制，如吊钩平面图形中的 R4mm、____ 及 ____ 圆弧。此吊钩平面图形中还有一条直线（与 R20mm 和 R48mm 两圆弧公切），并且 R20mm 圆弧的绘制需要借助此直线，需要先画此直线，图中给出了此直线的信息是过一点____，与 R48mm 圆弧相切，据此便可以绘制出吊钩平面图。

3. 平面图形的绘图方法和步骤

（1）准备工作　分析平面图形的尺寸及线段，拟订作图步骤。

（2）抄绘平面图形　按照尺寸基准、已知线段、中间线段及连接线段的顺序绘制平面图形。

 技能练习

一、CAXA 工程图 2023 的基础操作

CAXA 工程图 2023 软件图标如图 1-1-3 所示。

1. 打开软件

打开软件的方式主要有以下两种：

1）双击软件图标。

2）右击软件图标，选择"打开"。

图 1-1-3　软件图标

微课：打开软件

打开软件后，系统会弹出工程图模板选择界面，如图 1-1-4 所示。选择"BLANK"（空白）即可，也可以根据需要选用相应的工程图模板。

模块1 抄绘零件图

图 1-1-4　工程图模板选择界面

2. 界面介绍

打开工程图后的界面如图 1-1-5 所示。

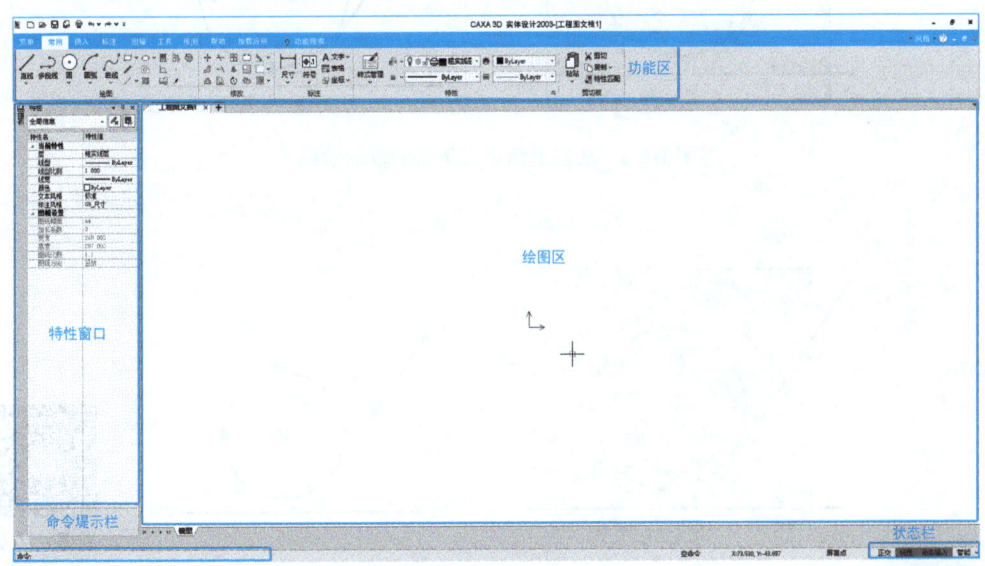

图 1-1-5　工程图界面

微课：界面介绍

功能区包括快速启动工具栏（新建、打开、保存、另存文档、打印、撤销和重做等，还可以根据需要自定义）、菜单、常用、插入及标注等多个功能模块，图 1-1-5 所示为常用功能模块下的各功能。

3. 文件的保存、打开与新建

CAXA 工程图文件的保存、打开与新建同 Office 软件的操作一致，此处不再赘述。

微课：文件的保存、打开与新建

二、鼠标的使用

1. 左键

单击鼠标左键，简称单击。单击主要在选择某图素时使用。当需要选择的图素多且聚集时，还可以按住左键，移动光标框选各图素。从左上角框选至右下角，背景为蓝色，边框为实线，此时完全被框在内的图素会被选中，部分被框选的图素不会被选中，如图 1-1-6 所示；从右下角框选至左上角，背景为绿色，边框为虚线，此时只要是在绿色框内的图素都会被选中，如图 1-1-7 所示。

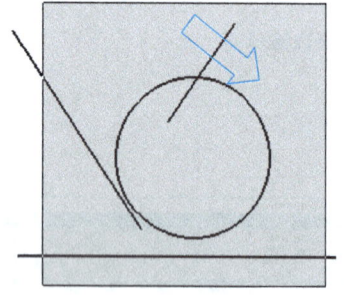 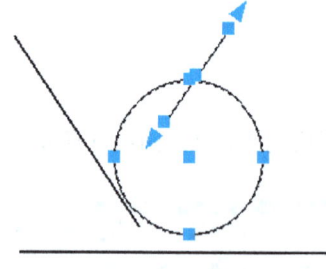

图 1-1-6　从左上角至右下角的框选效果

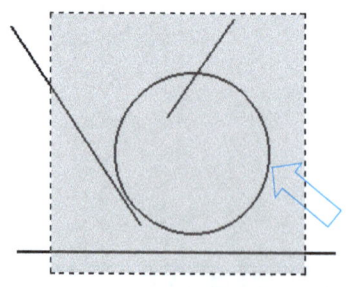 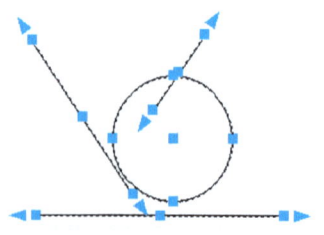 

图 1-1-7　从右下角至左上角的框选效果

微课：左键

2. 右键

单击鼠标右键，简称右击。将图素选中后，右击会弹出快捷菜单，如图 1-1-8 所示。

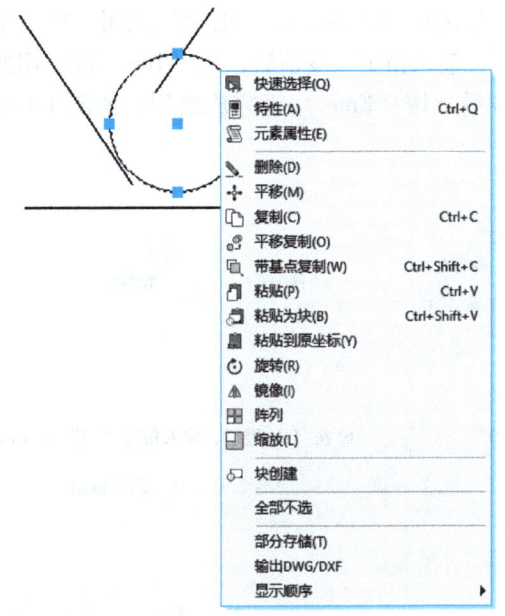

图 1-1-8　快捷菜单

微课：右键

3. 滚轮

单击滚轮并拖动，能够使绘图区域整体移动。滚动滚轮可以使图素显示放大或缩小。

微课：滚轮

三、图形的绘制

平面图形一般由直线、圆弧及曲线组成，相应地，计算机辅助绘图命令包括直线、多线段、圆、圆弧、曲线、多边形及椭圆等（图 1-1-9）。在 CAXA 工程图文件中还可以直接绘制轴或孔，能大大提高绘图效率。

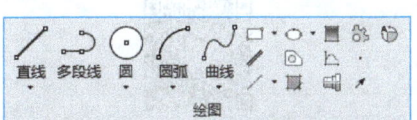

图 1-1-9　"绘图"命令

1. 直线的绘制

命令启动方式：

1）单击"绘图"工具栏中的图标 。

2）使用快捷命令 LINE 或 L。

命令启动后，注意观察命令栏，命令栏里会实时提醒下一步的操作。初次使用"直线"命令时，默认是两点线，依次选择起止点（或输入起止点坐标），完成线段的绘制。除此之外，还有角度线、角等分线、切线/法线、等分线、射线及构造线，如图 1-1-10 所示，用户可根据需要自行选择使用。

当需要绘制水平或竖直的直线时，在右下角状态栏中选择"正交"，如图 1-1-11 所示，可以轻松绘制绝对水平或竖直的直线。按〈F8〉键可以快速打开或关闭"正交"。

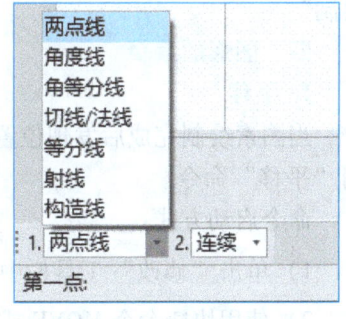

图 1-1-10　"直线"命令

图 1-1-11　打开"正交"

当需要绘制规定长度、角度的直线时,将"正交"关闭,单击第一点后将直线拉到相应方向,输入指定长度值后,按〈Tab〉键,切换至角度编辑,输入指定角度后,按〈Enter〉键完成绘制,如图 1-1-12 所示。

微课:直线的绘制

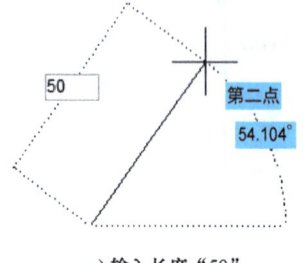

a) 输入长度"50"　　b) 按<Tab>键后,输入角度"45"　　c) 按<Enter>键完成绘制

图 1-1-12　绘制规定长度、角度的直线

2. 圆的绘制

命令启动方式:

1) 单击"绘图"工具栏中的图标 。

2) 使用快捷命令 CIRCLE 或 C。

初次使用"圆"命令时,默认是圆心-半径的形式,还可以根据需要使用两点(直径的两端点)、三点(圆周上三点)及两点_半径(在圆弧连接中经常使用),如图 1-1-13 所示。

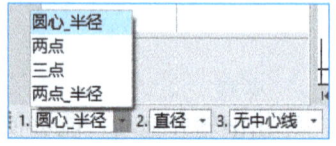

图 1-1-13　"圆"命令

微课:圆的绘制　　微课:矩形的绘制　　微课:多边形的绘制

另外,还有矩形和多边形的绘制,具体操作可观看微课"矩形的绘制"和"多边形的绘制"。

四、图形的编辑

1. 平移

当图素绘制完成后发现位置不对时,可以整体移动该图素至正确的位置,移动图素可使用"平移"命令。

命令启动方式:

1) 单击"修改"工具栏中的图标 。

2) 使用快捷命令 MOVE 或 M。

命令启动后,可以通过设置参数以在平移的同时旋转某角度,或者以某种比例放大或缩小图素,如图 1-1-14 所示。

图 1-1-14　"平移"命令

微课:平移

2. 裁剪

"裁剪"命令可将多余的线条修剪掉,仅保留需要的部分线条。

命令启动方式:

1)单击"修改"工具栏中的图标 。

2)使用快捷命令 TRIM 或 TR。

裁剪有三种方式:快速裁剪、拾取边界及批量裁剪,如图 1-1-15 所示。快速裁剪能够裁剪任意两点间的图素,如图 1-1-16 所示,此时裁剪的就是点画线与圆的交点和大圆弧与圆切点之间的圆弧。快速裁剪可以实现"随心所剪",能够满足大多数情况下的裁剪需求。另两种方式此处不再赘述。

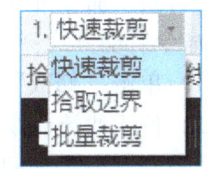

图 1-1-15 "裁剪"命令

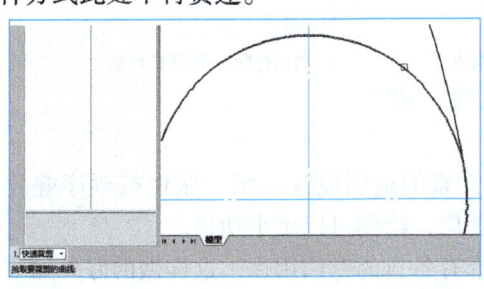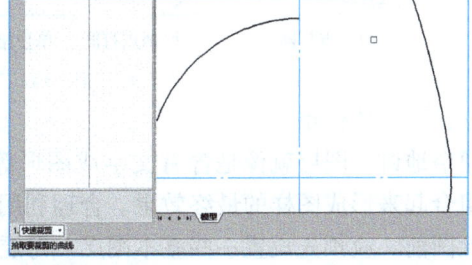

图 1-1-16 快速裁剪

3. 等距线

"等距线"命令可以将对象在偏移指定的距离处创建一个或几个与原对象类似的新对象。

命令启动方式:

1)单击"修改"工具栏中的图标 。

2)使用快捷命令 OFFSET 或 O。

"等距线"命令如图 1-1-17 所示。被偏移的对象可以是"单个拾取",也可以是"链拾取",即与选择的元素相连的所有元素都一起作为被偏移的对象。具体偏移到的位置,可以通过"指定距离"和"指定新平行线通过的点"这两种方式来确定。"份数"可以控制平行线的数量。

图 1-1-17 "等距线"命令立即菜单

4. 镜像

"镜像"命令可以将拾取到的图素以某一条直线或某两点的连线为对称轴,进行对称镜像或对称复制。

命令启动方式:

1)单击"修改"工具栏中的图标 。

2)使用快捷命令 MIRROR 或 MI。

"镜像"命令如图 1-1-18 所示。选项"1."有"选择轴线"和"拾取两点"两种方式可选作为镜像轴线。选项"2."有"拷贝[^1]"和"镜像"两种方式：拷贝后源对象还在，是复制的效果；镜像会将源对象删除，是移动的效果。

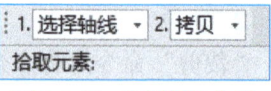

图 1-1-18 "镜像"命令

5. 打断

"打断"命令可以实现某元素以某点为界打断为两部分或以某两点间为界打断为两部分。

命令启动方式：

1）单击"修改"工具栏中的图标 。

2）使用快捷命令 BREAK 或 BR。

"打断"命令如图 1-1-19 所示。

微课：打断

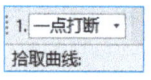
a）一点打断

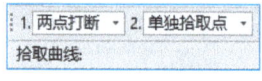
b）两点打断——单独拾取点

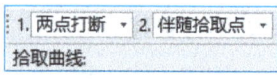
c）两点打断——伴随拾取点

图 1-1-19 "打断"命令

五、图层的使用

通俗地讲，图层就像是含有文字或图形等元素的透明胶片一张一张地按顺序叠放在一起，组合起来形成图样的最终效果。合理利用图层，绘图可以事半功倍。

绘图前，应预先设置一些基本图层。每层都有各自的专门用途，这样做的好处如下：

1）可以快速查看只在某图层上的图形。

2）可控制某图层上图素是否打印。

3）可以在不同的图层中设置不同的线型、线宽及颜色，如可见轮廓可以设置一个图层，尺寸标注设置一个图层，中心线设置一个图层，这样用户就不需要在画图和尺寸标注中来回选择不同的线形及颜色了，可以使绘图更方便。

微课：图层的使用

4）与布局相结合，方便图形文件的管理出图。

CAXA 工程图软件中已经预置了符合国家标准的常用图层，可以直接使用，如图 1-1-20

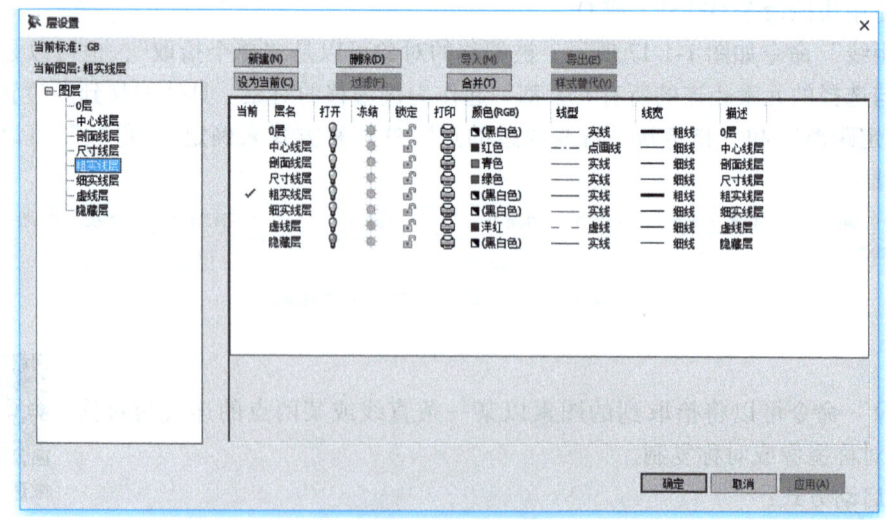

图 1-1-20 预置图层

---

[^1]: 此处应为"复制"，为了与软件中的选项保持一致，这里保留"拷贝"。

所示。

由于机械图样中的粗实线较多，绘图时可直接将粗实线层设为当前图层，然后将细实线、点画线及虚线等图素分别选中并设置成细实线层、中心线层及虚线层等，如图 1-1-21 所示。

六、尺寸标注

根据所选的图素特性判断要标注的尺寸类型，可以实现尺寸的智能标注。

微课：尺寸标注

命令启动方式：

1）单击"标注"工具栏中的图标 ，进行智能标注。

2）使用快捷命令 DLI（线性尺寸）、DDI（直径尺寸）、DRA（半径尺寸）或 DAN（角度尺寸）。

执行命令后，选取尺寸的起止位置即可标注相应尺寸。尺寸标注默认在标注图层上进行。

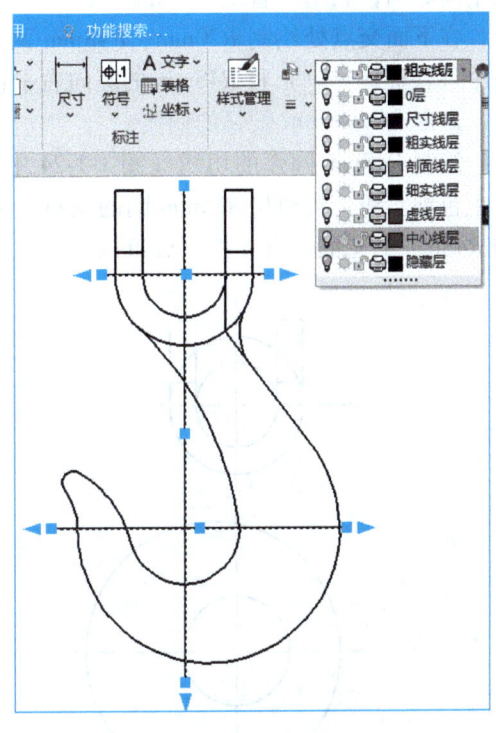

图 1-1-21　图素图层

任务实施

一、绘制基准，定位布图

打开"正交"（快捷键＿＿＿），在默认的粗实线图层下，用"直线"命令（快捷键＿＿＿）绘制一条长为 100mm 的水平直线，以其下方 50mm 中间偏右的位置为起点，向上绘制一条总长为 180mm 的竖直直线，然后利用"等距线"命令（快捷键＿＿＿）将水平直线向上偏移 90mm 的距离，如图 1-1-22 所示，最后框选三条直线，修改图层为＿＿＿＿＿。

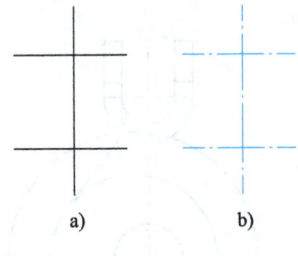

图 1-1-22　绘制基准

微课：吊钩——绘制基准，
定位布图

二、绘制已知线段

1. 绘制主体已知线段

单击"圆"命令（快捷键＿＿＿），在图 1-1-22b 所示的上面交点处绘制 $R15mm$、$R25mm$

两个同心圆；利用"直线""等距线"命令绘制吊钩上端 U 字形部分，在下面交点处绘制 R20mm、R48mm 两个同心圆；利用"平移"命令（快捷键___）将 R48mm 的圆向右平移__，如图 1-1-23 所示。

2. 绘制 R48mm 圆弧的切线

绘制 R48mm 圆弧的切线（图 1-1-24 中的上色粗实线）；绘制图中上色细实线，找到与 R25mm 圆的交点，关闭"正交"（快捷键___），以此交点为起点、与 R48mm 的圆的切点（按〈Shift+右键〉，在下拉列表框中找到切点）为终点，绘制直线。

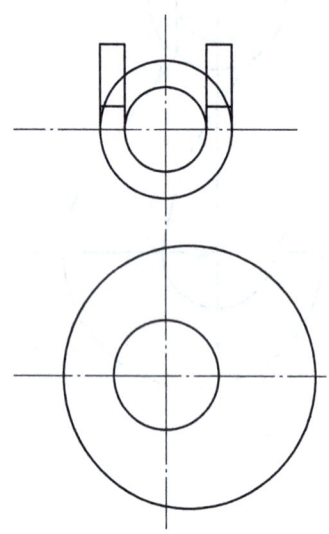
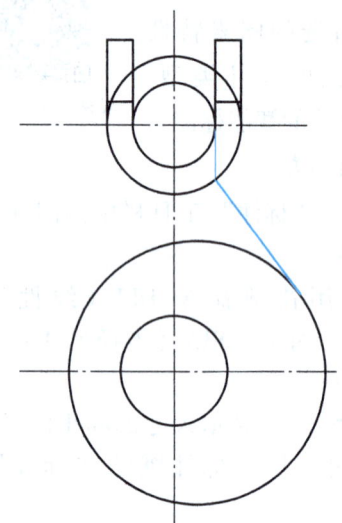

图 1-1-23 绘制主体已知线段　　　　　图 1-1-24 绘制 R48mm 圆弧的切线

三、绘制中间线段

1. 绘制 R23mm 圆弧

R23mm 圆弧与_____相切，圆心在水平点画线上，因此以_____的圆心为圆心，以___为半径画圆（图 1-1-25 中的细实线大圆）作为辅助圆，与水平点画线的交点即为 R23mm 圆弧的圆心，绘制 R23mm 圆（图 1-1-26 中的上色圆），删除辅助圆，保持图面整洁，如图 1-1-27 所示。

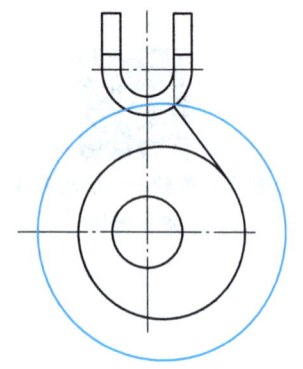
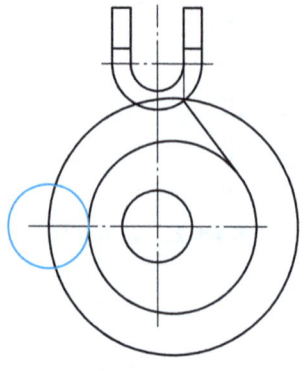
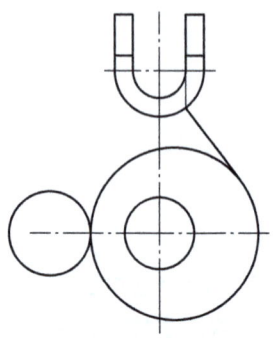

图 1-1-25 绘制辅助圆　　　图 1-1-26 绘制 R23mm 圆　　　图 1-1-27 删除辅助圆

模块1 抄绘零件图

2. 绘制 R40mm 圆弧

微课：吊钩——绘制
中间线段

R40mm 圆弧与_____相切，圆心在水平点画线以下 15mm 的水平线上，因此以_____的圆心为圆心，以____为半径画圆（图 1-1-28 中的细实线大圆）作为辅助圆，作水平点画线的等距线（快捷键____）为辅助线，如图 1-1-29 所示。_____即为 R40mm 圆弧的圆心，作 R40mm 圆（图 1-1-30 中的上色圆），删除辅助圆、辅助线，保持图面整洁。

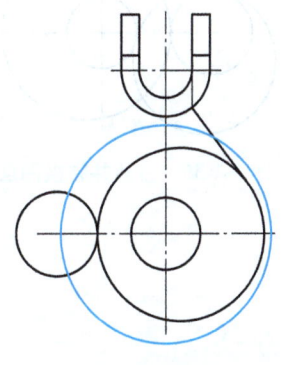 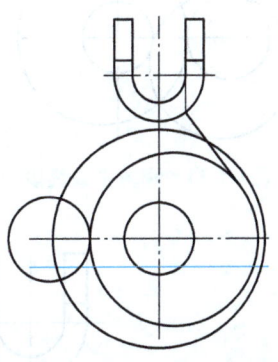 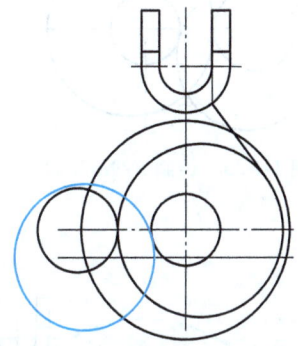

图 1-1-28　绘制辅助圆　　　　图 1-1-29　绘制辅助线　　　　图 1-1-30　绘制 R40mm 圆

四、绘制连接线段

1. 绘制 R20mm 圆弧

绘制与 R25mm 圆弧和直线相切的 R20mm 圆弧，单击"圆"命令，切换为"两点_半径"方式，如图 1-1-31 所示。按住〈Shift〉键的同时单击鼠标右键，在快捷菜单中选择"切点"，如图 1-1-32 所示。单击直线上任意一点，重复操作，选择切点，在 R25mm 圆上单击一点，输入半径 20mm，完成 R20mm 圆的绘制，如图 1-1-33 所示。利用"裁剪"命令（快捷键_____）修剪多余线段，如图 1-1-34 所示。

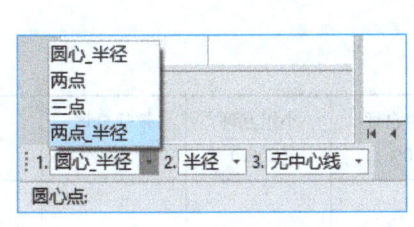 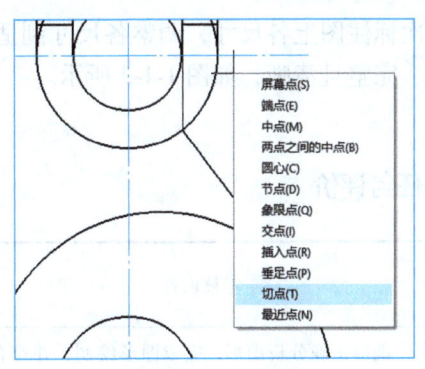

图 1-1-31　绘制切线　　　　　　图 1-1-32　选择切点

利用"打断"（快捷键_____）将图 1-1-24 中的上色直线段在与圆弧的切点处打断为两段，将上段切换至细实线图层，表示作图的辅助线，而非轮廓线，如图 1-1-35 所示。

2. 绘制 R4mm、R120mm 圆弧

用同样的方法绘制 R4mm、R120mm 圆，如图 1-1-36 所示。裁剪多余线段，保持图面整洁，如图 1-1-37 所示。

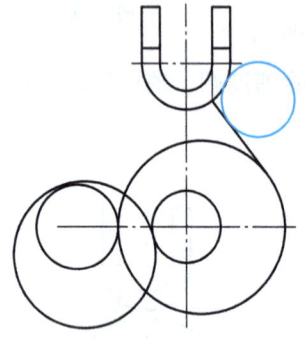

图 1-1-33　绘制 R20mm 圆

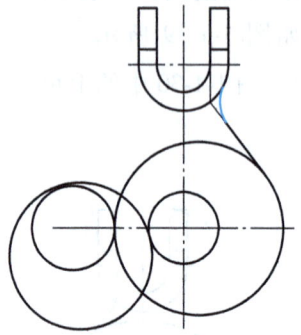

图 1-1-34　修剪多余线段

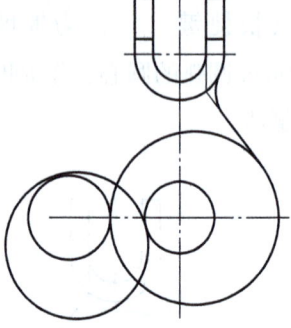

图 1-1-35　打断并转换图层

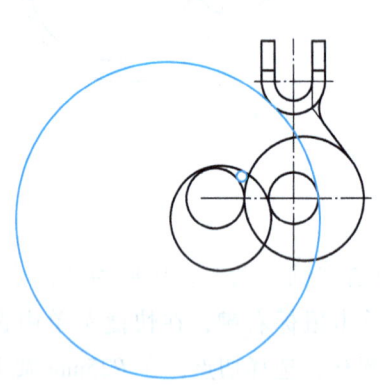

图 1-1-36　绘制 R4mm、R120mm 圆

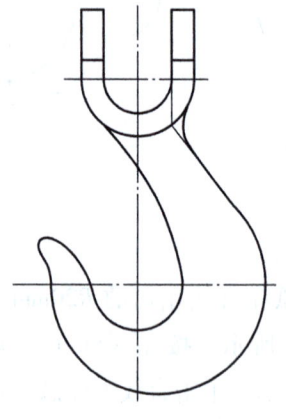

图 1-1-37　裁剪多余线段

微课：吊钩——绘制连接线段

五、尺寸标注

依次标注图上各尺寸，调整各尺寸到适宜的位置，保证尺寸标注正确、完整且清晰，如图 1-1-2 所示。

微课：吊钩——尺寸标注

任务评价

序号	考核内容	学生自评（30%）	小组互评（20%）	教师总评（50%）	分值
1	能够正确分析图形，完成图形绘制，并符合制图标准				50
2	能够正确、完整地标注图形尺寸，并对尺寸进行合理布置				30

模块 1　抄绘零件图

（续）

序号	考核内容	学生自评（30%）	小组互评（20%）	教师总评（50%）	分值
3	绘图过程中能够尝试使用快捷键				10
4	能够积极、有效地帮助其他同学				10
	小计				—
	总评				
	完成时间	分钟			
精进计划：					

举一反三

完成图 1-1-38～图 1-1-40 所示三个平面图形的绘制，巩固计算机辅助绘图技能。

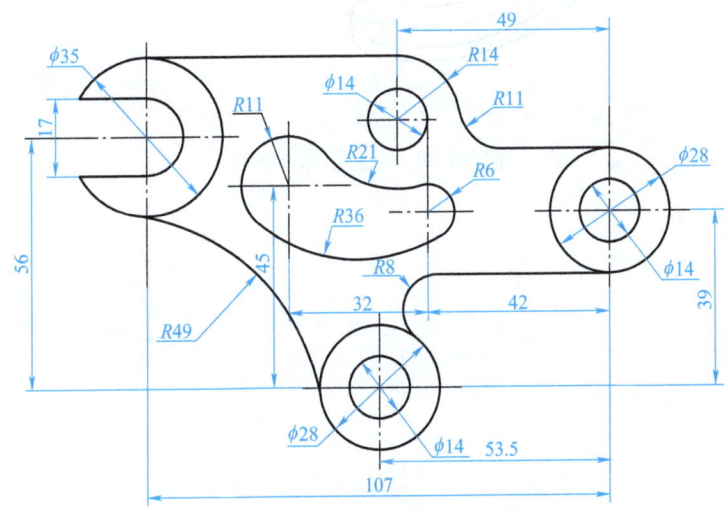

图 1-1-38　平面图形（一）

微课：绘制
平面图形（一）

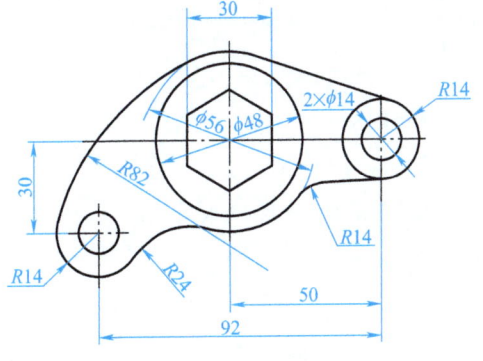

图 1-1-39　平面图形（二）

微课：绘制
平面图形（二）

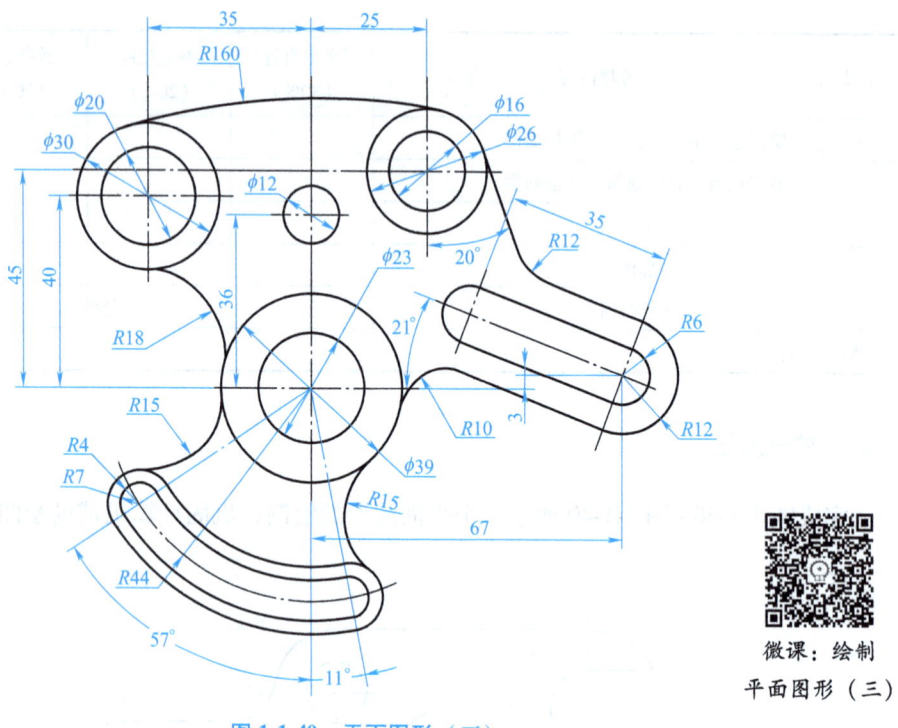

图 1-1-40 平面图形（三）

微课：绘制
平面图形（三）

模块 1　抄绘零件图

任务 2　抄绘组合体三视图

智行引航

"横看成岭侧成峰，远近高低各不同。不识庐山真面目，只缘身在此山中。"苏轼的《题西林壁》描述了他在游历庐山时见到的庐山不同的形态变化，以及由此引发的哲思：只有远离要观察的事物，跳出固有视角，才能全面把握事物真实的面貌。这也说明看待问题时要从多角度入手，摆脱主观成见。像任务一一样，仅仅从一个角度绘制吊钩，不能全面展示吊钩的形态，还需要补充几处断面图来展示吊钩的截面形状，如图 1-2-1 所示。**对于大多数不太复杂的组合体，通常通过三个相互垂直的方向的投影（即三视图）即可完整表达其形状**，图 1-2-2 所示为组合体三视图。

在绘制三视图时，除需要掌握任务一的平面图形绘制方法外，还需要会绘制样条曲线、剖面线、在涉及三视图之间关系时需要注意"**主、俯视图长对正，主、左视图高平齐，俯、左视图宽相等**"，尺寸标注时将尺寸合理布置于三个视图上等。请同学们学习本任务内容，完成轴承座三视图的绘制。

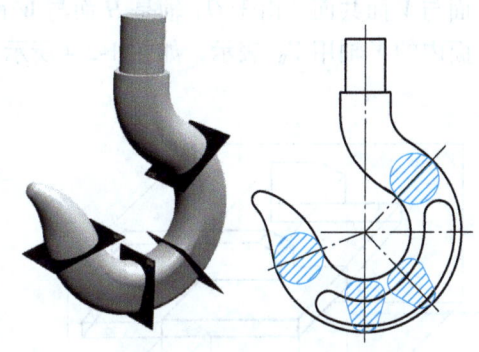

图 1-2-1　吊钩

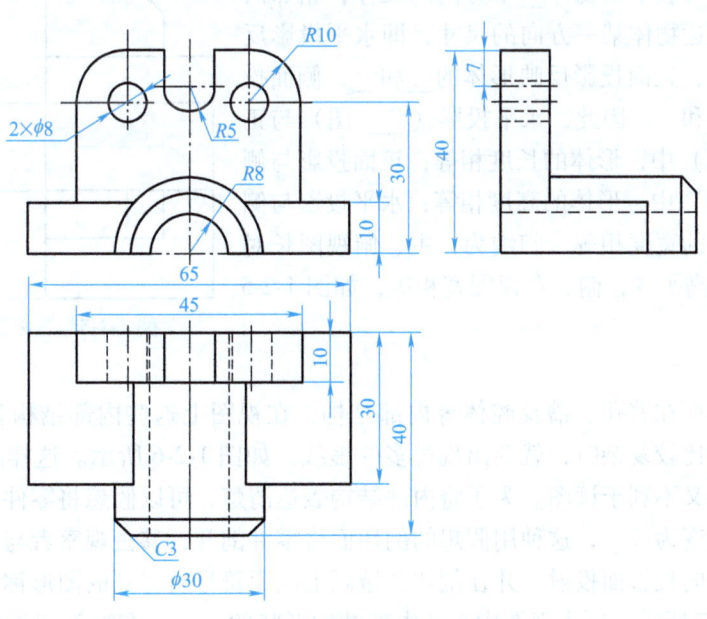

图 1-2-2　组合体三视图

知识导入

一、组合体表达方案

1. 三视图

空间形体是具有_____、_____、_____的三维形体，用一个正投影显然不能确定其空间形状。一般来说，需要建立一个由相互垂直的三个投影面组成的投影面体系，并作出形体在该投影面体系中的三个正投影才能充分表达出这个形体原有的空间形状，如图 1-2-3 所示。三面投影图是画在一个平面上的三个投影图，三面投影体系的展开方法：保持 V 投影面不动，将____投影面绕 OX 轴向下旋转 90°，将____投影面绕 OZ 轴向右旋转 90°，使 H 面和 W 面与 V 面共面，由于 OY 轴是 H 面与 W 面的交线，展开后在 H 面内的 Y 轴用 Y_H 表示，在 W 面内的 Y 轴用 Y_W 表示，如图 1-2-4 所示。

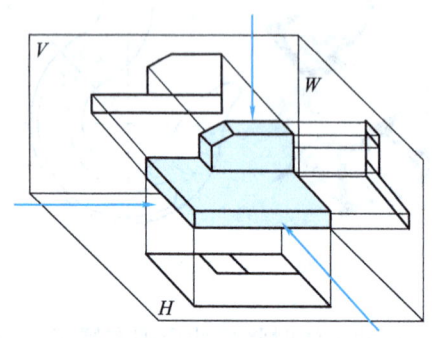

图 1-2-3 形体的三面投影

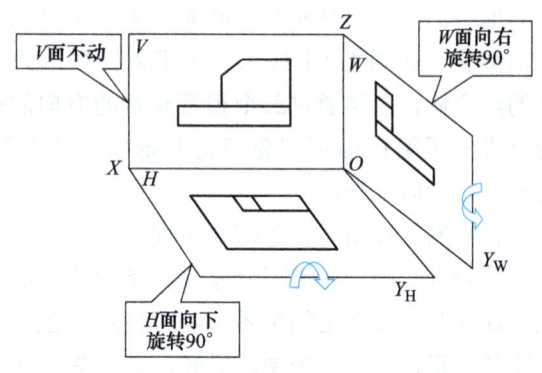

图 1-2-4 三面投影体系的展开方法

每一投影图可表示出物体__个方向的尺寸，相邻两投影图可同时表达物体某一方向的尺寸，即水平投影反映形体的__和__，正面投影反映形体的__和__，侧面投影反映形体的__和__。因此，水平投影（____图）与正面投影（____图）中，形体的长度相等；正面投影与侧面投影（____图）中，形体的高度相等；水平投影与侧面投影中，形体的宽度相等。归纳为：主、俯视图长对正，主、左视图高平齐，俯、左视图宽相等，如图 1-2-5 所示。

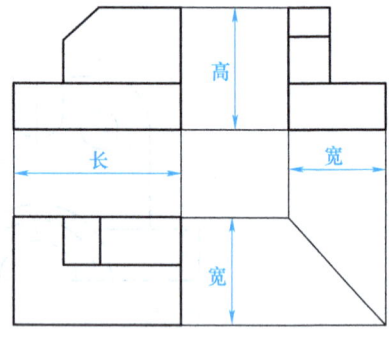

图 1-2-5 三视图投影规律

2. 剖视图

机件中往往存在着孔、槽及腔体等内部结构，在视图上这些内部结构就需要用____表达，当内部结构比较复杂时，就会出现过多的虚线，如图 1-2-6 所示。这样既不利于标注尺寸和技术要求，又不利于读图。为了将内部结构表达清楚，可以假想将零件____，使原本不可见的内部结构变为____，这种用假想的剖切面将零件剖开，移去观察者与剖切面之间的部分，将其余部分向投影面投射，并在剖切区域画上剖面符号所得到的图形称为_____，简称剖视，如图 1-2-7 所示。原主视图中表达内部结构形状的____，在被剖切面剖开后的视图中成为_____，这样的表示法就给标注尺寸和读图带来了方便。

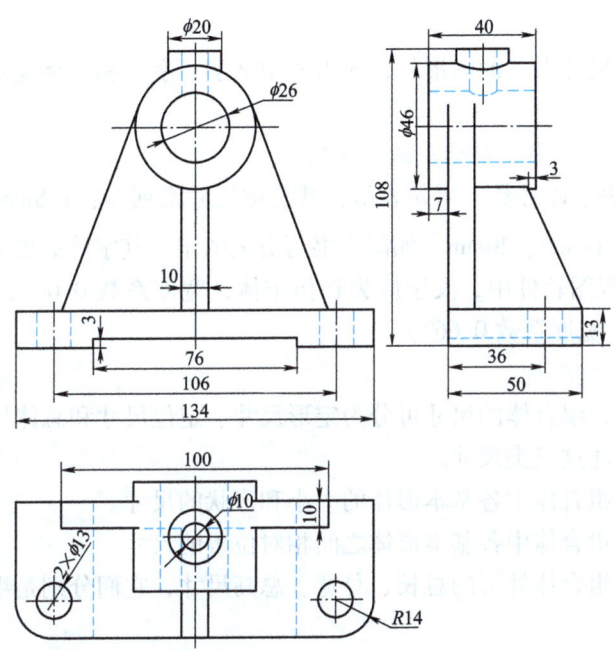

图 1-2-6　内部结构复杂的组合体三视图

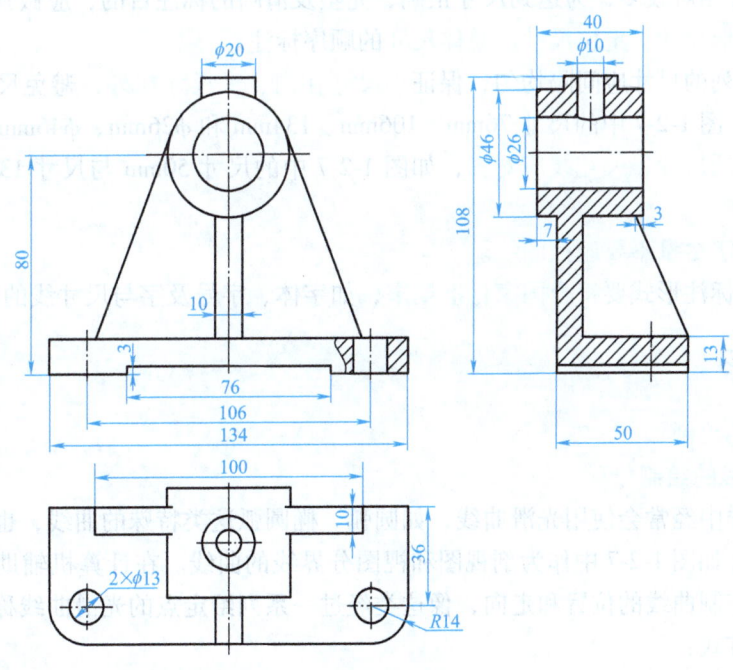

图 1-2-7　剖视后的组合体三视图

剖视图根据剖切范围的不同，可以分为全剖视图（图 1-2-7 中的＿＿＿图）、半剖视图和局部剖视图（图 1-2-7 中的＿＿＿图）。局部剖视图与视图用＿＿＿分界，左视图中肋板位置没有画剖面线的原因是＿＿＿＿＿＿＿＿＿＿＿＿＿＿＿＿＿。

当使用剖视图后，一些内部结构尺寸就可以标注在剖视图上了，如＿＿＿＿＿＿＿。

二、组合体尺寸标注

图样上除了表达机件形状的图形外,还需要用文字、字母和数字说明机件的大小和技术要求等内容。

1. 国家标准中关于文字、字母和数字的规定

1)字体高度代表字体号数,用 h 表示,其公称尺寸系列为:1.8mm、2.5mm、3.5mm、5mm、7mm、10mm、14mm、20mm。如需要书写更大的字,其字体高度应按 $\sqrt{2}$ 的比率递增。

2)在 CAXA 工程图软件中,汉字应为长仿宋体,宽度系数 0.667,字母和数字使用西文字体(isocp 字体,宽度系数 0.667)。

2. 标注尺寸的基本方法

从形体分析出发,组合体的尺寸可分为定形尺寸、定位尺寸和总体尺寸。其实质就是在形体分析的基础上标注这三类尺寸。

____尺寸:确定组合体中各基本形体的大小和形状的尺寸。

____尺寸:确定组合体中各基本形体之间相对位置的尺寸。

____尺寸:确定组合体外形的总长、总宽、总高尺寸,它们分别是组合体长、宽、高三个方向上的最大尺寸。

3. 调整尺寸标注

组合体尺寸相对较多,为达到尺寸正确、完整及清晰的标注目的,应做到以下几点:

1)按照定形尺寸、定位尺寸、总体尺寸的顺序标注。

2)平行排列的尺寸应间隔均匀,保证小尺寸在内、大尺寸在外,避免尺寸线与尺寸界线交叉,例如,图 1-2-7 中的尺寸 76mm、106mm、134mm 和 φ26mm、φ46mm、108mm。

3)同一层的尺寸,尺寸线应对齐,如图 1-2-7 中的尺寸 50mm 与尺寸 134mm 的尺寸线对齐。

4)尺寸数字尽量不要遮挡图线。

5)各尺寸标注形式要符合国家标准要求,如字体、字号及字与尺寸线的位置关系等。

技能练习

一、图形的绘制

1. 样条曲线的绘制

在机械图样中经常会使用光滑曲线,如圆弧、椭圆弧这类特殊的曲线,也有形状完全随机的光滑曲线,如图 1-2-7 中作为剖视图和视图分界线的曲线。在计算机辅助绘图时,需要用几个定点来控制曲线的位置和走向,像这类经过一系列给定点的光滑曲线称为样条曲线。

命令启动方式:

1)单击"绘图"工具栏中的图标。

2)使用快捷命令 SPLINE 或 SPL。

命令启动后,注意观察命令栏中的立即菜单,如图 1-2-8 所示。

图 1-2-8 "样条曲线"命令

选项"1."的默认状态是"直接作图",则按提示输入一系列控制点,系统就会自动生成一条光滑的样条曲线,如图1-2-9所示。选择"从文件读入",则屏幕弹出"打开样条数据文件"对话框,从中可选择数据文件,单击"确认"后,系统可根据文件中的数据绘制样条。绘制样条曲线时,可通过选项"3."中的选项进行开曲线和闭合曲线间的切换。

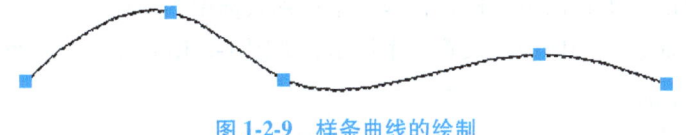

图1-2-9 样条曲线的绘制

微课:样条曲线

2. 剖面线的绘制

命令启动方式:

1)单击"绘图"工具栏中的图标 。

2)使用快捷命令HATCH或H。

命令启动后,注意观察命令栏中的立即菜单,如图1-2-10所示。

图1-2-10 "剖面线"命令

选项"1."的默认状态是"拾取点",通过拾取封闭曲线内的一点,可以选取此封闭曲线所围成的区域,如图1-2-11所示。选项"2."的默认状态是"选择剖面图案",此状态下可以根据需要选择填充的图案形式及其疏密程度等,如图1-2-12所示。若切换至"无图案",则会默认选用上一次的图案(首次默认金属剖面图案,即_____)。单击"确定"按钮后,一组按立即菜单上用户定义的剖面线立刻在环内画出,此操作简单、方便且迅速,适合应用于各式各样的封闭区域。

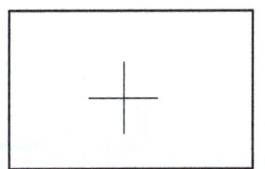

图1-2-11 拾取封闭曲线内一点

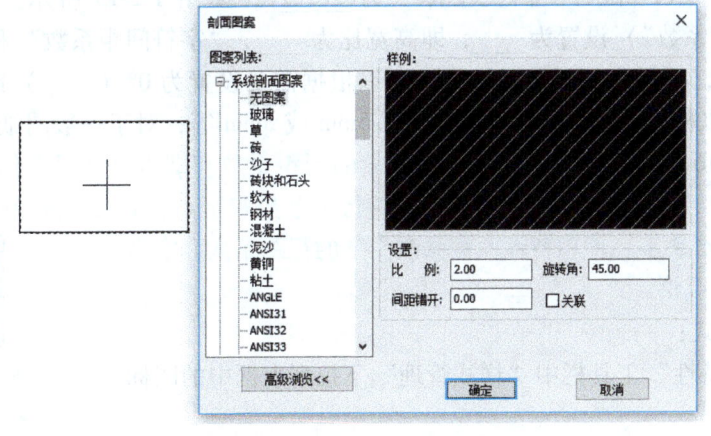

图1-2-12 选择剖面图案

微课:剖面线的绘制

二、标注样式的设置

标注样式包括尺寸数字、字母及汉字等的文字样式和尺寸三要素（_____、_____、_____）的大小、长短及距离等的尺寸样式。

1. 设置文本风格

命令启动方式：

1）单击"特性"工具栏中"样式管理"下拉列表框中的图标。

2）使用快捷命令〈Ctrl+T〉，设置文本风格，如图 1-2-13 所示。

微课：设置文本风格

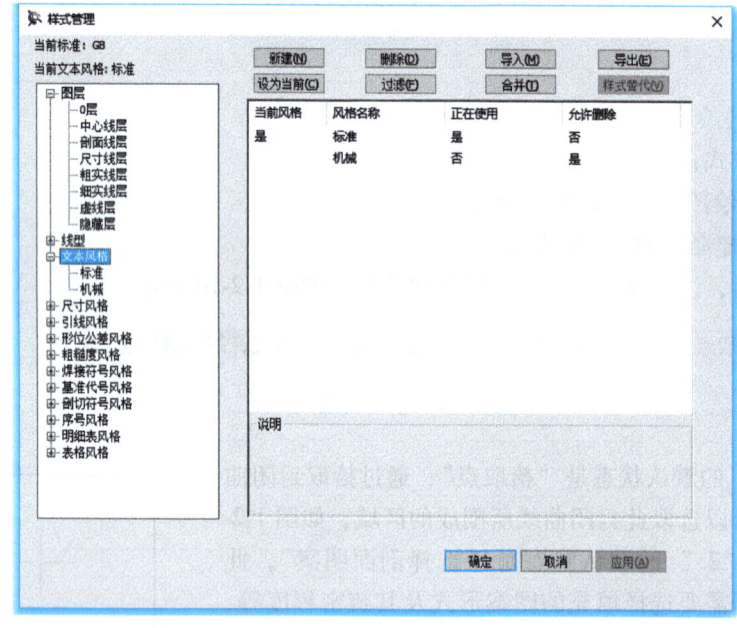

图 1-2-13　设置文本风格[一]

选择文本风格时，可以新建一种文本风格，也可以在原有文本风格的基础上修改某些设置以达到用户的要求。在机械制图中，一般设置文本风格名称为 GB（_____），"中文字体"为_____，如图 1-2-14 所示，"西文字体"为_____，如图 1-2-15 所示。"中文宽度系数"（"西文宽度系数"）设置为_____，即高宽比为_____，"字符间距系数"和"行距系数"一般采用默认值，无须改动。"倾斜角"可以根据需要设置为 0°（_____）或 15°（_____）。"缺省字高"可以根据需要设置为 2.5mm、3.5mm 或 5mm 等，对于一般图纸，设置 3.5mm 即可，如图 1-2-16 所示。值得注意的是风格中的行距系数和缺省字高只会作用于新建文字时，当切换风格后不会改变图纸中已有文字的行距系数和字高，如需更改已有的文字风格，可以选中相应图纸文字，使用特性面板修改文字的行距系数和字高。

2. 设置尺寸风格

命令启动方式：

1）单击"特性"工具栏中"样式管理"下拉列表框中的图标 _____。

微课：设置尺寸风格

[一] 此处"形位公差"应为"几何公差"、"明细表"应为"明细栏"，为了与软件中的选项保持一致，这里保留"形位公差"和"明细表"。

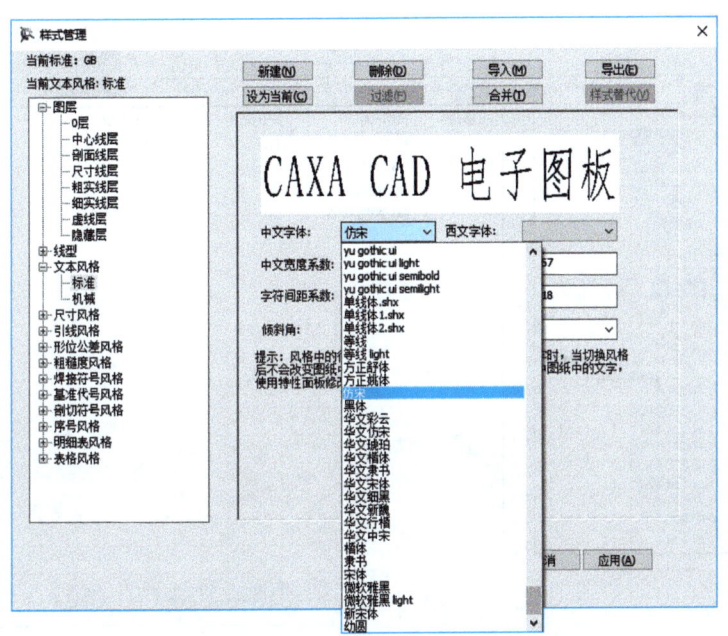

图 1-2-14 设置中文字体

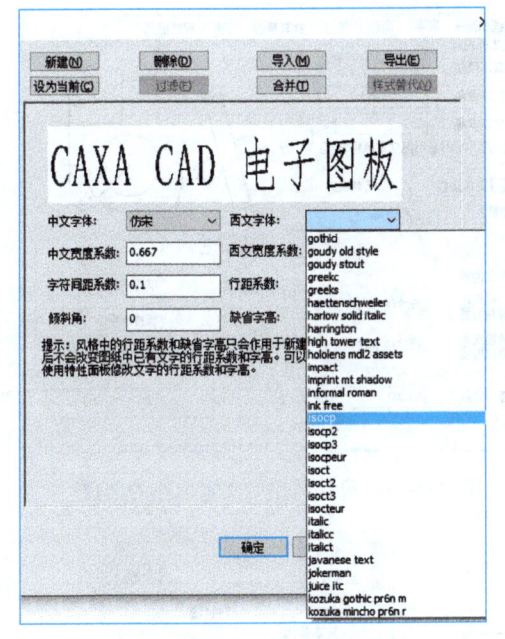

图 1-2-15 设置西文字体

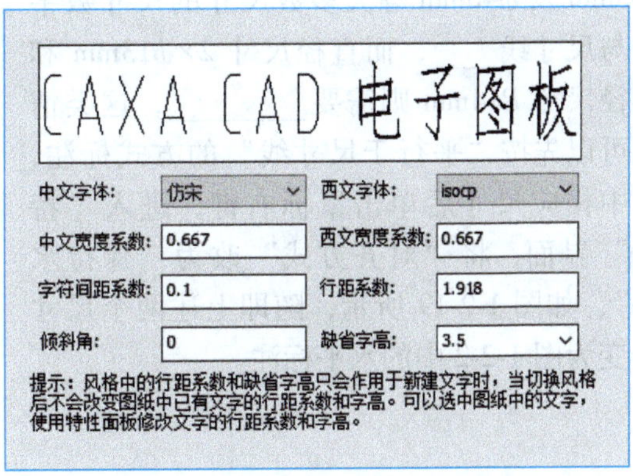

图 1-2-16 文本风格中其他参数设置

2) 使用快捷命令〈Ctrl+T〉，设置尺寸风格，如图 1-2-17 所示。

选择尺寸风格时，可以新建尺寸风格，也可以在原有尺寸风格的基础上修改某些设置以达到用户的要求。在机械制图中，一般设置尺寸风格名称为 GB（＿＿＿），系统默认有 GB 样式，除"文本风格"需要选择刚设置的"GB"样式外，其他项目基本符合国家标准要求，不需要改动，如图 1-2-18 所示。"文字字高"默认为"0"，指的是直接使用 GB 文本风格字

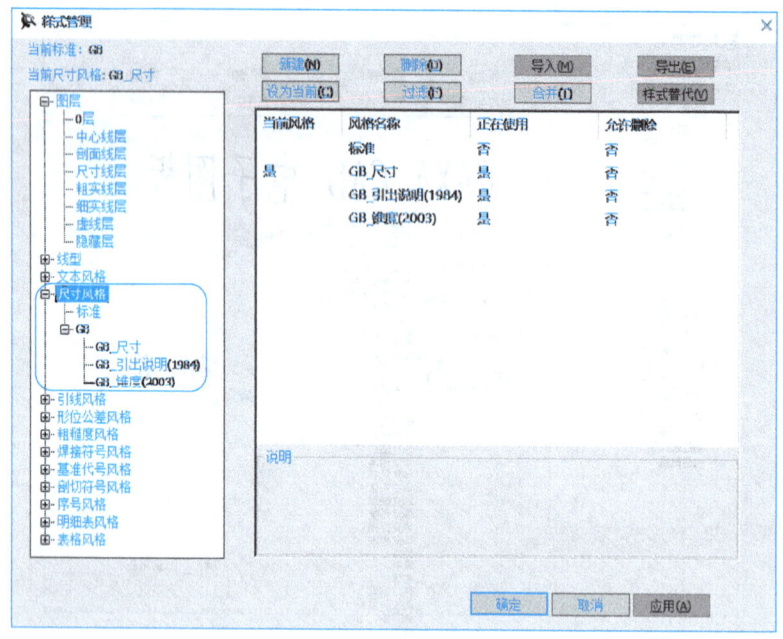

图 1-2-17 设置尺寸风格

高，即____，也可以根据需要填写相应数字作为尺寸风格字高。"文本对齐方式"可按默认设置，"一般文本"为_____标注。例如，图 1-2-6 中的尺寸 40mm、108mm 及 ϕ46mm 等大多数尺寸的尺寸数字均与尺寸线____，而直径尺寸 2×ϕ13mm 和半径尺寸 R14mm 则需要_____，这类情况可以先按"平行于尺寸线"的方式标注，选中相应尺寸后单击鼠标右键，进入"特性"界面，将"对齐方式"改为"保持水平"，如图 1-2-19 所示，随即上述两个尺寸会变为图 1-2-2 中的水平标注。

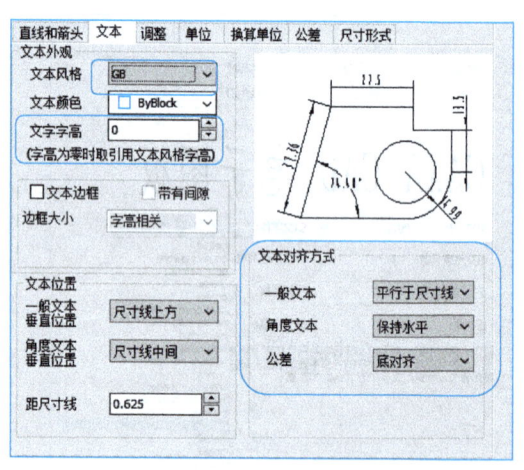

图 1-2-18 尺寸风格中文本风格的选择

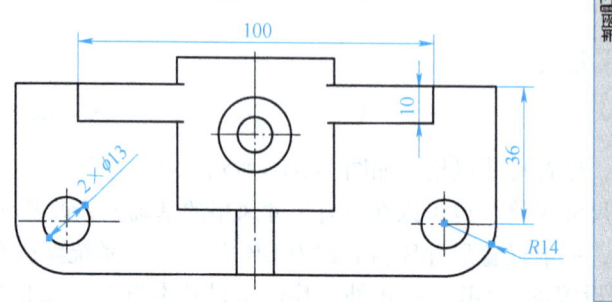
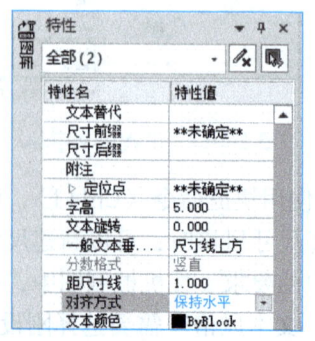

图 1-2-19 修改半径、直径尺寸的对齐方式

模块 1　抄绘零件图

三、图幅的设置

图幅即图纸幅面，常用的基本幅面有 A4（210mm×297mm）、A3（297mm×420mm）、A2（420mm×594mm）、A1（594mm×841mm）和 A0（841mm×1189mm）五种。图幅设置即为一张图纸指定图纸幅面、图纸比例及图纸方向等参数，还可以调入图框和标题栏，并设置当前图纸内所绘装配图中序号和明细表的当前风格等。

命令启动方式：

1）单击"菜单"→"幅面"→"图幅设置"。

2）使用快捷命令 SETUP，"图幅设置"对话框如图 1-2-20 所示。

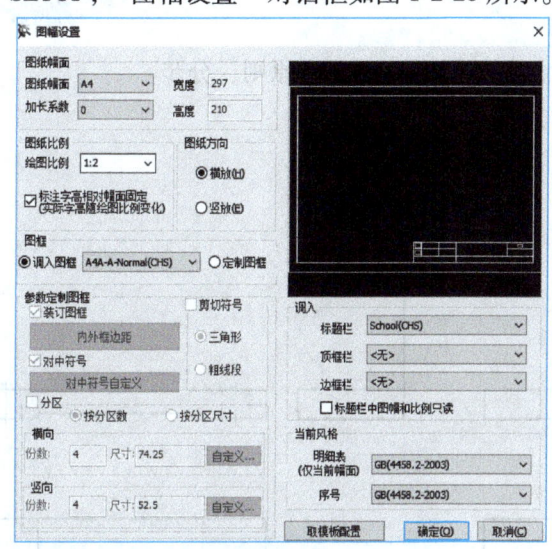

微课：设置图幅

图 1-2-20　"图幅设置"对话框

任务实施

一、绘制基准，定位布图

绘制轴承座长、宽、高三个方向的基准（图 1-2-21），长度方向基准是_____（面 A），用____线表示，宽度方向基准是_____（面 B），用____线表示，高度方向基准是____（面 C），用____线表示。主视图中绘制____和____基准，左视图中绘制____和____基准，俯视图中绘制____和____基准，如图 1-2-22 所示。

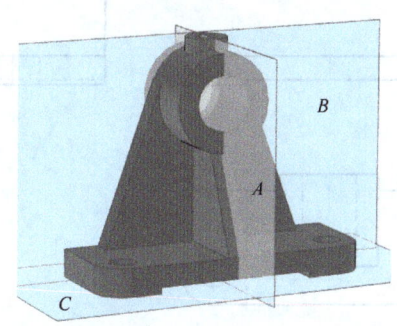

图 1-2-21　轴承座长、宽、高三个方向基准

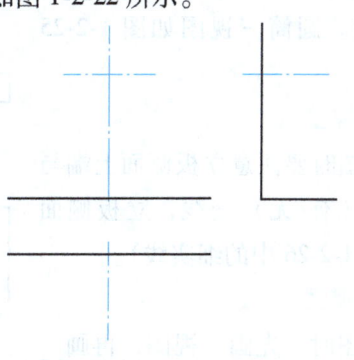

图 1-2-22　定位布图

微课：轴承座——定位布图

二、绘制三视图

1. 形体分析

将轴承座分成五部分：底板（形体 __）、圆筒（形体 __）、立板（形体 __）、肋板（形体 __）及凸台（形体 __），如图 1-2-23 所示。从 ___ 至 __，从 ___ 至 ___，先 ___ 后 ___，根据各部分的依附关系，绘制轴承座三视图，顺序为 _____、_____、_____、_____、_____。

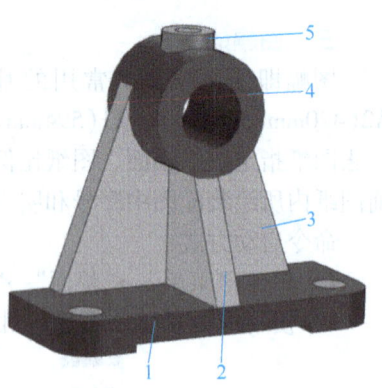

图 1-2-23　轴承座形体分析

2. 绘制底板三视图

绘制底板三视图时，要遵循先实后空的原则，分步完成，如图 1-2-24 所示。

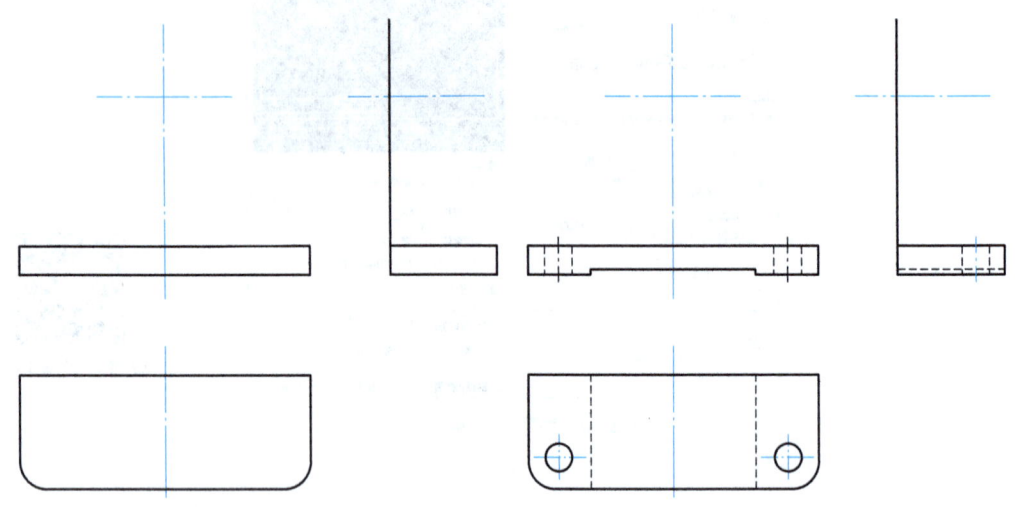

图 1-2-24　绘制底板三视图

3. 绘制圆筒三视图

按照先下后上的原则，应该先绘制立板和肋板，但立板和肋板要借助最上面的圆筒才能画出，因此底板完成后需要先绘制圆筒，再绘制立板和肋板。圆筒三视图如图 1-2-25 所示。

4. 绘制立板三视图

绘制立板三视图时要注意立板侧面上端与圆筒相切，相切 __（有/无）交线，立板侧面延伸到切点处（图 1-2-26 中的细实线）。

5. 绘制肋板三视图

绘制肋板三视图时，先画 __ 视图，再画 __ 视图和 __ 视图。绘制过程需要注意以下三点：

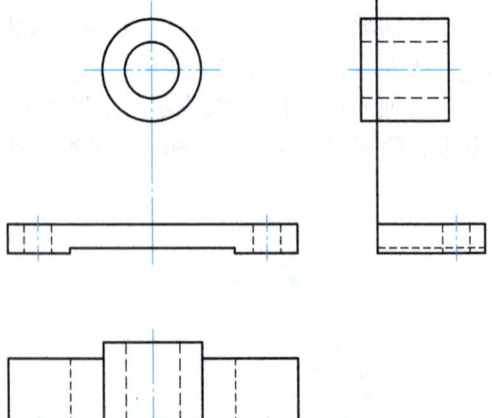

图 1-2-25　绘制圆筒三视图

1）俯视图中处理肋板与立板相交部分的边界要清晰。

2）俯视图中肋板轮廓一部分为实线、另一部分为虚线。

3）左视图中肋板上边界高于圆筒下轮廓线（图1-2-27中的局部放大图），应与主视图中肋板与圆筒外轮廓的交点高平齐。

6. 绘制凸台三视图

凸台三视图中的主、俯视图（图1-2-28）都比较容易绘制，绘制左视图中的相贯线时，可以使用找点法精确绘制，也可以使用近似法绘制（图1-2-29）。

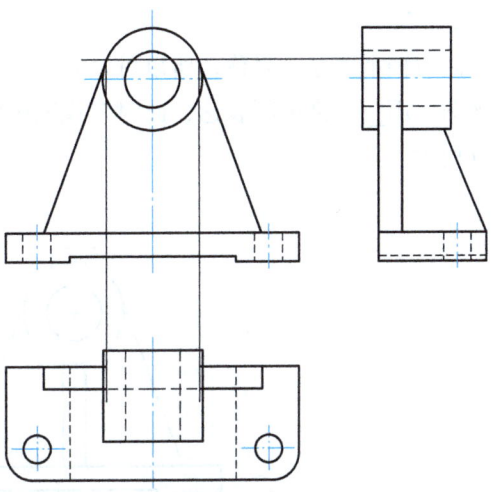

图1-2-26 绘制立板三视图

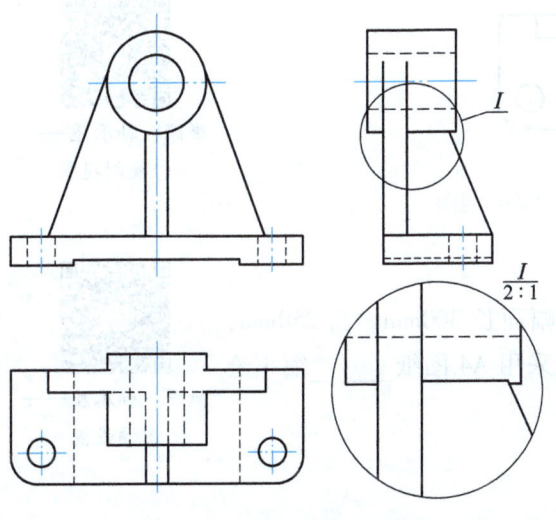

图1-2-27 绘制肋板三视图

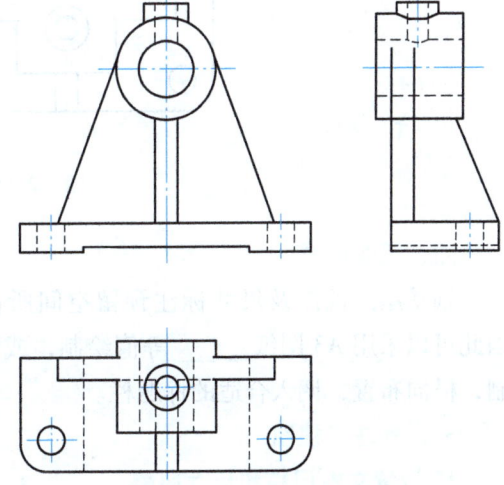

图1-2-28 绘制凸台三视图

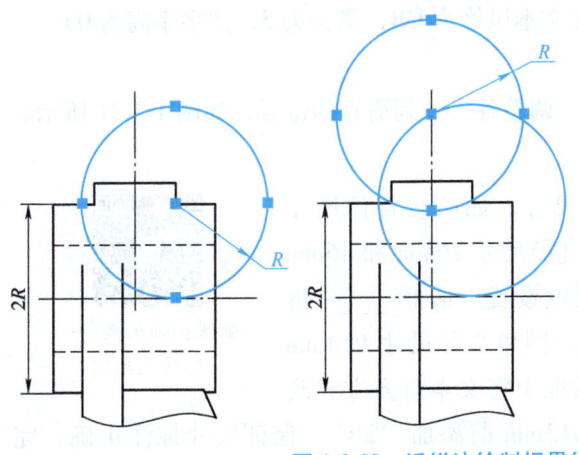

图1-2-29 近似法绘制相贯线

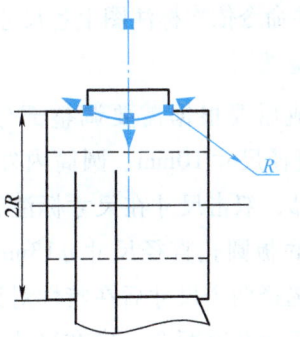

微课：轴承座——绘制三视图

三、转换剖视图

因为轴承座左右对称，所以可以采用全剖的左视图来表达其内部结构，底板圆孔可以在主视图上用____剖视图表达，此时三视图中的虚线或是变为实线或是可以省略不画，如图1-2-30所示。

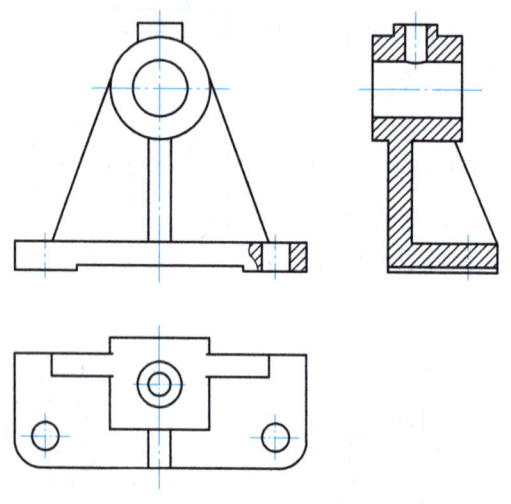

图 1-2-30　转换剖视图

微课：轴承座——转换剖视图

四、图幅设置

轴承座三视图及尺寸标注预留空间所占幅面长 300mm、高 250mm，因此可以采用 A3 图纸_____等值绘制，或者采用 A4 图纸_____缩小绘制，横向布置，调入合适的标题栏。

微课：轴承座——图幅设置

五、标注三视图

1. 设置文本风格和尺寸风格

按要求设置文本风格 GB（中文字体为仿宋，西文字体为 isocp，中/西文宽度系数为 0.667，缺省字高为 3.5mm）、尺寸风格 GB（文本风格为 GB，箭头为 5，文字字高为 0）。

2. 尺寸标注

使用尺寸标注命令依次标注图上各尺寸，调整各尺寸到适宜的位置，如图 1-2-31 所示。

3. 调整尺寸标注

尺寸标注完成后要根据需要调整部分尺寸，如凸台直径尺寸 20mm 及其圆孔直径尺寸 10mm、圆筒内外直径尺寸 26mm 和 46mm 前均应添加符号 ϕ，双击尺寸在尺寸标注属性设置对话框____一格中添加 ϕ 即可。底板圆孔直径尺寸 ϕ13mm、圆角半径尺寸 R14mm 需要水平标注，选择两个尺寸后在特性对话框中将文本对齐方式改为_____。底板圆孔有两个，应在尺寸 ϕ13mm 前添加"2×"，保证尺寸标注正确、完整且清晰，如图 1-2-32 所示。

微课：轴承座——标注三视图

模块 1 抄绘零件图

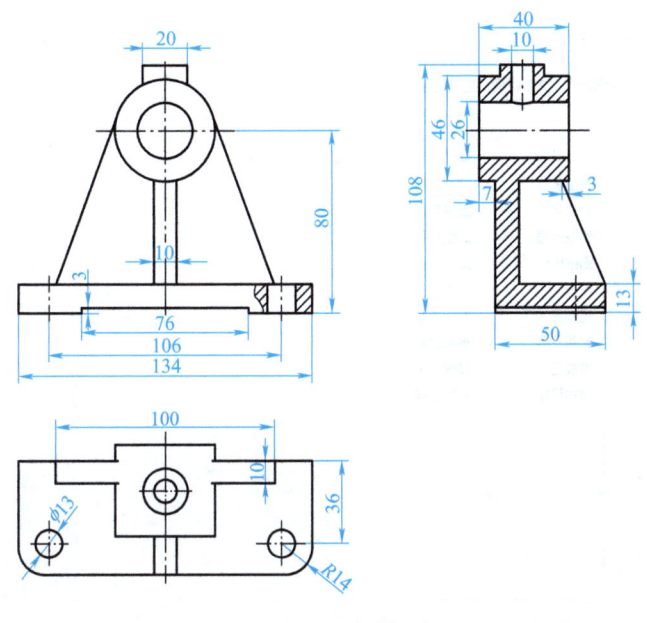

图 1-2-31 尺寸标注

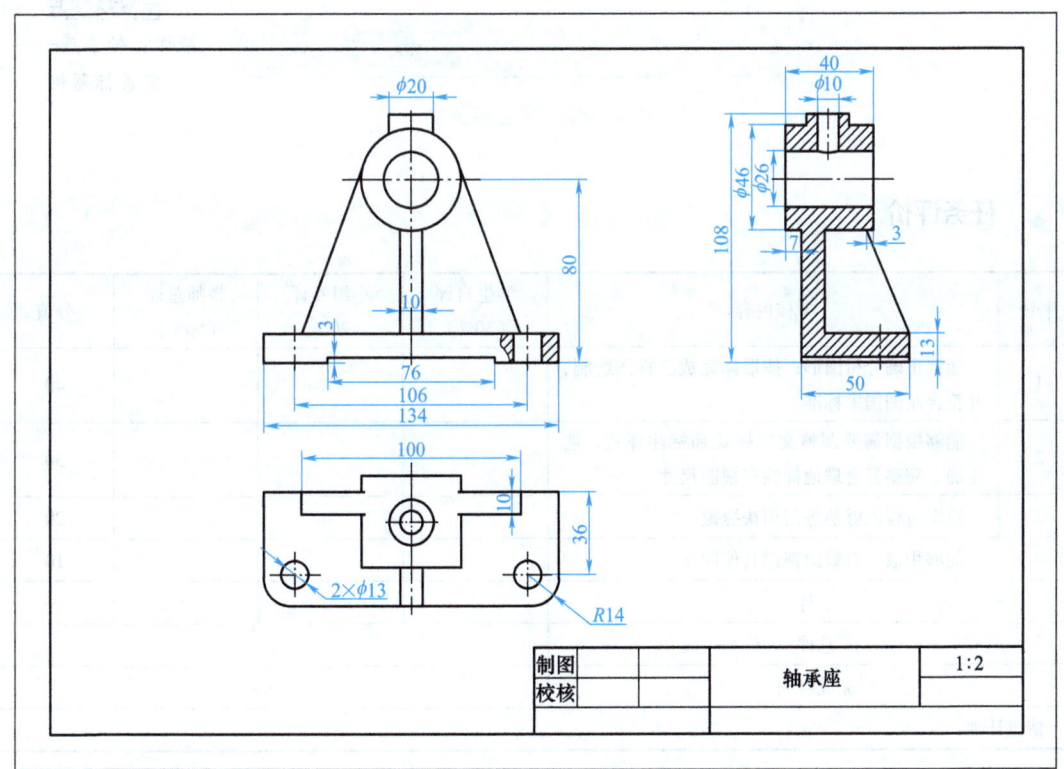

图 1-2-32 调整尺寸标注

六、完善标题栏

双击标题栏，在对话框中填写图样相关信息，完善标题栏，如图 1-2-33 所示。

27

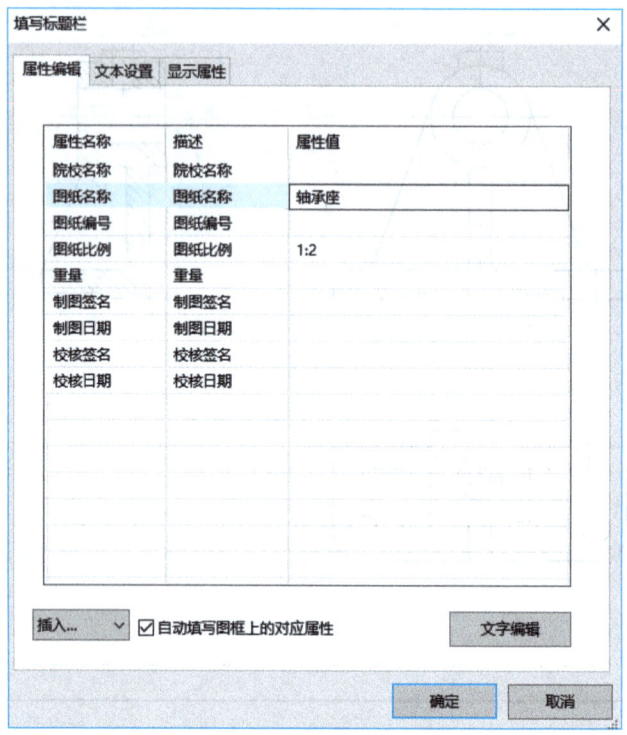

微课：轴承座——
完善标题栏

图 1-2-33　完善标题栏

任务评价

序号	考核内容	学生自评（30%）	小组互评（20%）	教师总评（50%）	分值
1	能够正确分析图形，按形体完成三视图绘制，并符合制图国家标准				40
2	能够根据需要调整文字样式和标注样式，能正确、完整且合理地标注三视图尺寸				30
3	绘图过程能够熟练使用快捷键				20
4	能够积极、有效地帮助其他同学				10
	小计				—
	总评				
	完成时间		分钟		

精进计划：

 举一反三

1）抄绘组合体三视图，如图 1-2-34 所示，并将其改为合适的剖视图，图幅、比例自定。

模块 1　抄绘零件图

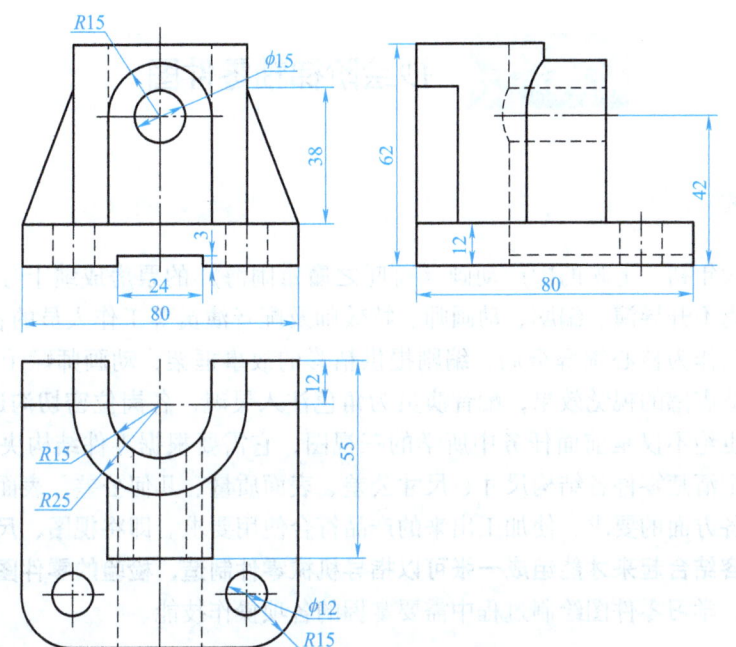

图 1-2-34　抄绘组合体三视图

微课：抄绘组合体三视图

2) 根据组合体轴测图（图 1-2-35）选择合适的表达方案表达组合体，图幅、比例自定。

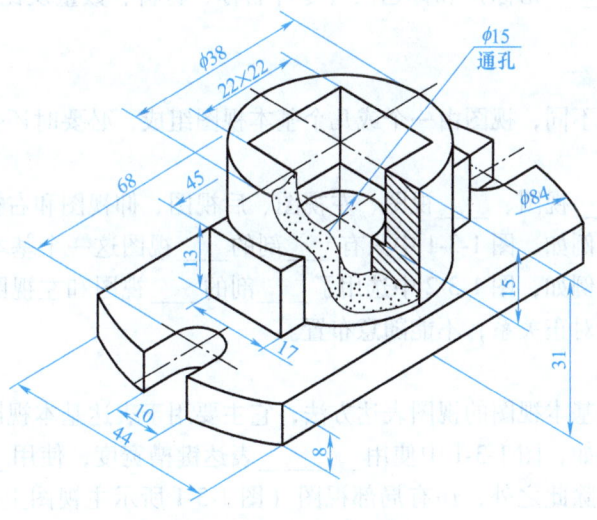

图 1-2-35　组合体轴测图

微课：组合体表达方案

29

任务3　抄绘阶梯轴零件图

智行引航

乙巳蛇年大年初一上映的国产动画《哪吒之魔童闹海》的票房成绩十分亮眼，这一动画作品的成功离不开导演、编剧、动画师、特效师及配音演员等工作人员的各项技术攻关、反复打磨。导演作为核心统筹全局，编剧提供精彩的故事框架，动画师赋予角色生动的动作，特效师打造震撼的视觉效果，配音演员为角色注入灵魂，各岗位**密切沟通、协同合作**。同理，零件图也绝不仅是前面任务中所学的三视图，它需要根据零件结构决定零件表达方案，并且要标记清楚零件各结构尺寸、尺寸公差、表面质量、几何公差、表面硬度、内部质量及热处理等各方面的要求，使加工出来的产品符合使用要求。即**将视图、尺寸、技术要求和标题栏等内容结合起来才能组成一张可以指导机械零件制造、检验的零件图**。下面以阶梯轴零件图为例，学习零件图绘制过程中需要掌握的各项操作技能。

知识导入

一张完整的零件图应包含：一组视图（正确、完整且清晰地表达零件的_____）、全部尺寸（正确、完整、清晰且合理地表达零件各部分的____和_____）、技术要求（零件制造和检验应达到的____指标）和标题栏（零件名称、材料、数量及比例等_____），如图 1-3-1 所示。

一、零件表达方案

根据零件结构的不同，视图由一个或几个基本视图组成，必要时还会有辅助视图。

1. 基本视图

基本视图是指____视图、____视图、左视图、后视图、仰视图和右视图，零件图中至少会有一个____视图，例如，图 1-3-1 中只有____剖的____视图这一个基本视图，其他基本视图可根据需要选用，例如，图 1-3-2 中选用了____剖的____视图和左视图。在绘制基本视图时应注意各视图间的对正关系，不能随意布置。

2. 辅助视图

辅助视图有别于基本视图的视图表达方法，它主要用于表达基本视图无法表达或不便于表达的形体结构，例如，图 1-3-1 中使用_____表达键槽宽度，使用_____表达退刀槽处结构及尺寸。除此之外，还有局部视图（图 1-3-1 所示主视图上侧的图、图 1-3-3 所示俯视图下侧的图）、斜视图（图 1-3-3 所示主视图右下侧的图）等其他辅助视图。在绘制辅助视图时要注意标注准确无误、字母对应及箭头方向明确等。

二、零件尺寸标注

零件图上的尺寸是加工和检验零件的重要依据，是零件图的重要组成部分之一。标注尺寸时，除了要正确、完整且清晰外，还要结合实际情况，尽量标注____。要求图样上所标注的尺寸既要符合零件的设计要求，又要符合生产实际，便于加工和测量，且利于装配。

模块 1 抄绘零件图

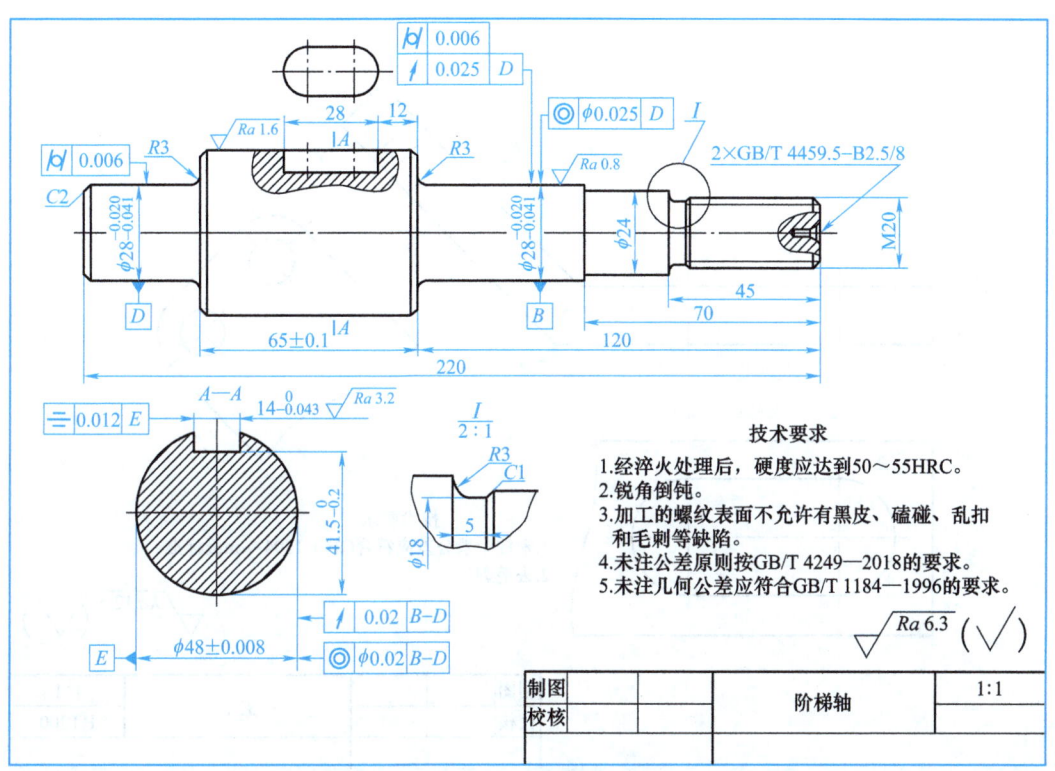

图 1-3-1 阶梯轴零件图

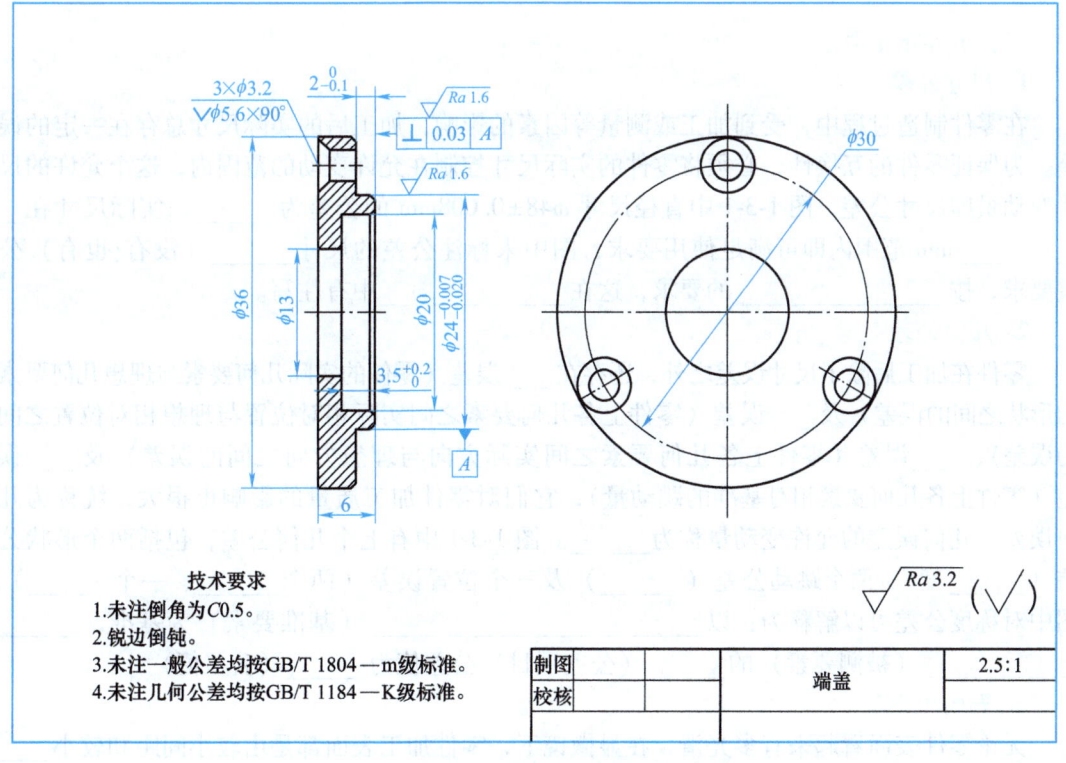

图 1-3-2 某端盖零件图

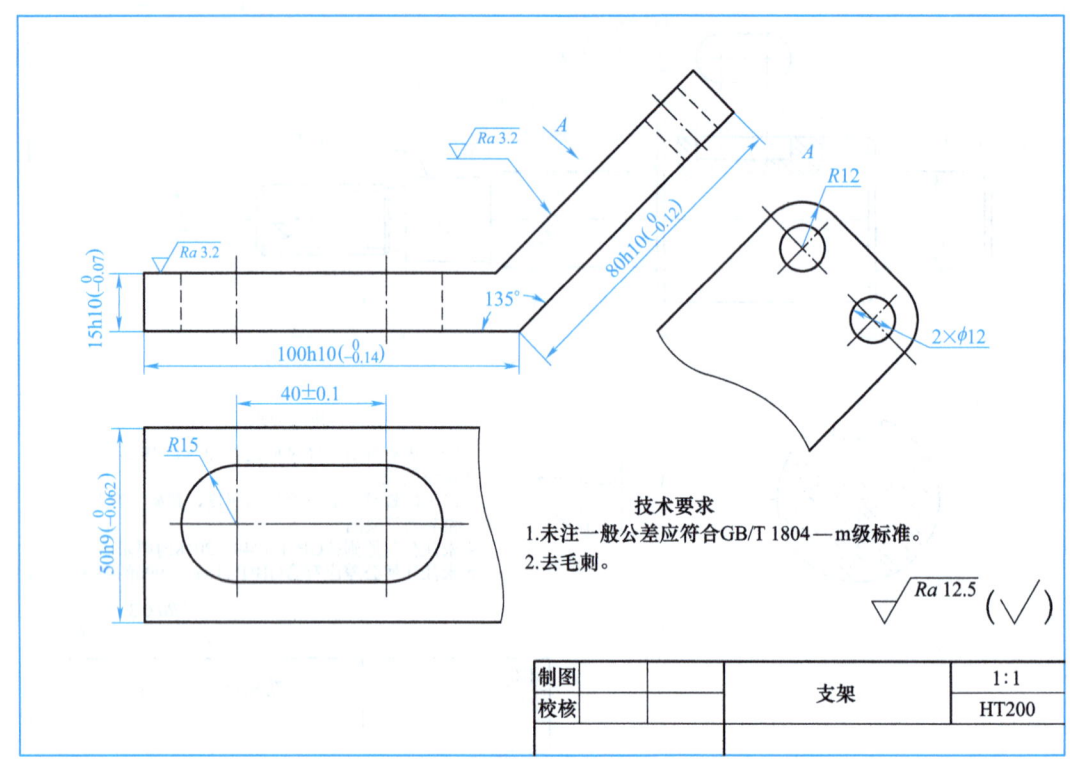

图 1-3-3 支架零件图

三、零件技术要求

1. 尺寸公差

在零件制造过程中,受到加工或测量等因素的影响,加工后的实际尺寸总存在一定的误差。为保证零件的互换性,必须将零件的实际尺寸控制在允许变动的范围内,这个允许的尺寸变动量即尺寸公差,图 1-3-1 中直径尺寸 $\phi48\pm0.008$mm 的公差为_____,实际尺寸在____~_____mm 范围内即可满足使用要求,图中未标注公差的尺寸_____(没有/也有)公差要求,按_____的要求,这在_____中有注写。

2. 几何公差

零件在加工后除了尺寸误差之外,还存在____误差(零件的实际几何要素与理想几何要素的形状之间的误差)及____误差(零件上各几何要素之间实际相对位置与理想相对位置之间的误差)、____误差(零件上各几何要素之间实际方向与理想方向之间的误差)及____误差(零件上各几何要素相对基准的跳动量),它们对零件加工质量的影响也很大,统称为几何误差。几何误差的允许变动量称为_____。图 1-3-1 中有七个几何公差,包括两个形状公差(_____度)、两个跳动公差(_____)及三个位置误差(两个_____、一个_____)。图中对称度公差可以解释为:以_____(基准要素)为基准,_____(被测要素)的_____(公差项目)公差值为_____(公差值)。

3. 表面粗糙度

无论零件表面看起来有多光滑,在显微镜下,零件加工表面都是由较小间距和较小____所组成的。这是由于在加工过程中刀具和_____有摩擦、切削分离时会产生塑性变形、加工系统存在高频_____等因素所造成的。这些微小峰、谷所组成的微观几何形状特征称为_____，它是评定零件表面质量的一项重要技术指标。表面粗糙度有轮廓的算数平均偏差____（图 1-3-1 中 $\phi28_{-0.041}^{-0.020}$ mm 圆柱面的表面粗糙度 Ra 的上限值为 $0.8\mu m$）和轮廓的最大高度____（应用较少）。机械零件中常用的 Ra 数值有 0.4、0.8、1.6、____、6.3 及 12.5 等，数值越小，表面质量越____，表面越_____（粗糙/光滑）。

4. 表面处理及热处理

表面处理是改善零件表面性能的各种处理方式，如渗碳淬火、表面镀涂等。通过表面处理，可以提高零件表面的硬度、耐磨性、耐蚀性及美观性等。

热处理是对固态金属或合金采用适当方法加热、保温和冷却，以获得所需要的组织结构与性能的加工方法，如淬火、退火、回火、正火及调质等。

对于零件的特殊加工、检查、试验、结构要素的统一要求及其他说明应根据零件的需要注写。一般用文字注写在技术要求里，如图 1-3-1 所示。

技能练习

一、轴/孔上倒角、圆角的绘制

倒角、圆角的绘制命令在"常用"→"修改"下的过渡命令中，如图 1-3-4 所示。下拉列表框中有"圆角""多圆角""倒角""外倒角"及"内倒角"等形式，用户可以根据需要选择相应的过渡形式。下面介绍"圆角""倒角"及"外倒角"命令的使用方法及效果，其他形式用户可以自行探索。

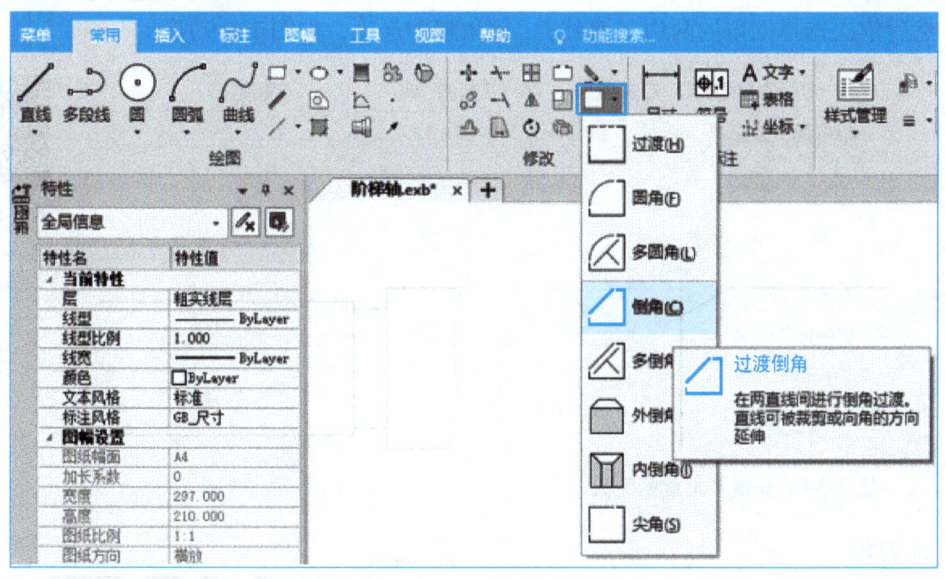

图 1-3-4　过渡命令

1. 圆角

为避免在零件的台肩等转折处由于应力集中而产生裂纹，所以加工时常使用圆角过渡。

"圆角"命令如图 1-3-5 所示，使用选项"1."可以对其进行裁剪方式的切换，选项的含义如下：

1）裁剪：裁剪掉过渡后所有边的多余部分，如图1-3-6a所示。

2）裁剪起始边：只裁剪掉起始边的多余部分，起始边也就是用户拾取的第一条曲线，如图1-3-6b所示。

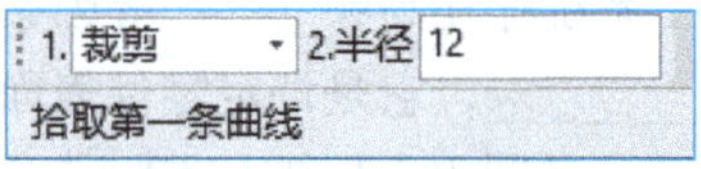

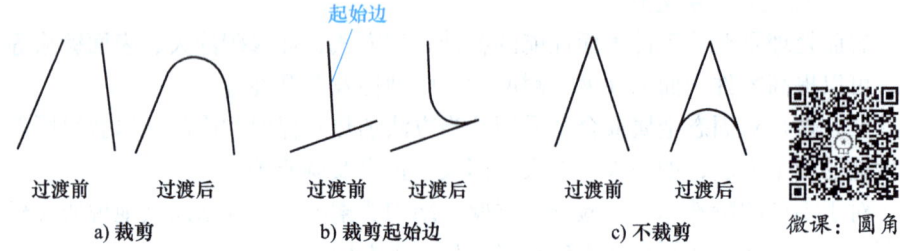

图1-3-5 "圆角"命令

3）不裁剪：执行过渡操作以后，原线段保持原样，不被裁剪，如图1-3-6c所示。

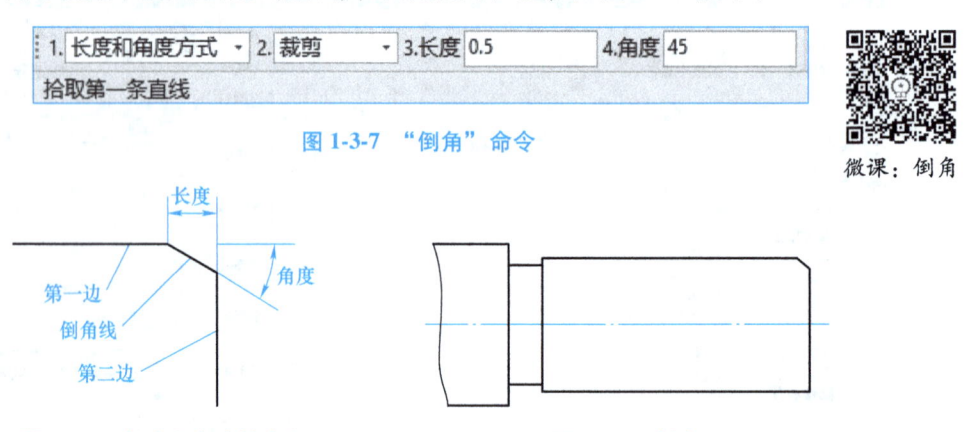

图1-3-6 圆角过渡中的裁剪方式

设置半径，依次选择两边，圆角随即产生。

2. 倒角

为了去除零件上因机加工产生的毛刺，便于零件装配，加工时常使用倒角过渡。

"倒角"命令如图1-3-7所示，可根据需要选择长度和宽度方式或长度和角度方式，长度和角度的定义如图1-3-8所示。从选项"2."中选择裁剪的方式，操作方式及各选项的含义与圆角中介绍的一样，此处不再赘述。在选项"3."、选项"4."中设置相应长度、角度参数，然后依次选择倒角的两边（直线），倒角随即产生，如图1-3-9所示。

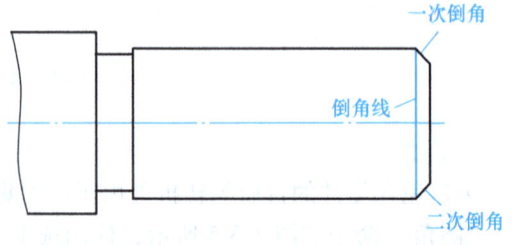

图1-3-7 "倒角"命令

图1-3-8 长度和角度的定义

图1-3-9 倒角

3. 外倒角

对于轴套类零件，倒角往往是环绕外圆一周的，体现在平面视图中就是在矩形两相邻的角上都作倒角，但倒角命令一次只能作一个倒角，需要重复操作，并且还需额外添加倒角线，如图1-3-10中的上色直线所示，操作起来相对烦琐。

图1-3-10 利用倒角命令作轴端倒角

CAXA 工程图软件中的外倒角命令可以简洁、快速地作出轴端倒角。"外倒角"命令如图 1-3-11 所示。与倒角命

图 1-3-11 "外倒角"命令

令相比，外倒角命令少了裁剪方式的选择，这是因为外倒角一定是需要裁剪的。外倒角命令同样可以选择长度和宽度方式或长度和角度方式，同时设置相应长度、宽度或角度参数。与倒角不同的是，在依次选择需要作倒角的三边后，外倒角随即产生，如图 1-3-12 所示。

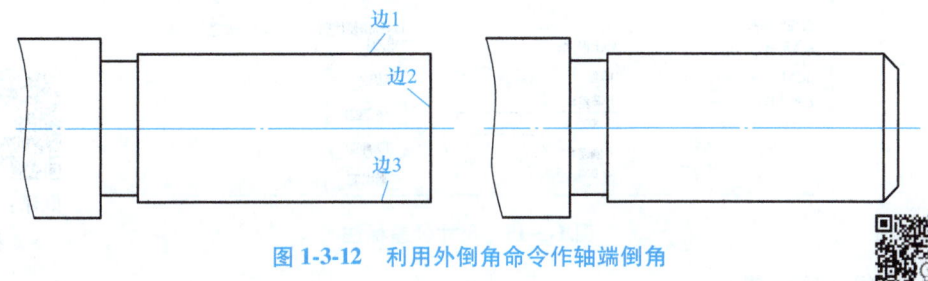

图 1-3-12 利用外倒角命令作轴端倒角

二、局部放大图绘制

局部放大图可以使用"直线""圆弧"等命令绘制，也可以使用 CAXA 工程图软件中独有的"局部放大"命令，如图 1-3-13 所示。

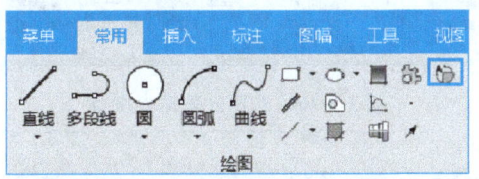

图 1-3-13 "局部放大"命令图标

"局部放大"命令如图 1-3-14 所示，可以选择圆形边界或矩形边界、加引线或不加引线、保持剖面线图样比例或缩放剖面线图样比例，根据需要填写放大倍数和符号，根据命令栏命令按步完成局部放大图的生成和标记。

图 1-3-14 "局部放大"命令

三、尺寸公差标注

尺寸公差标注在尺寸标注完成后进行。双击尺寸，进入尺寸编辑状态，如图 1-3-15 所示。在"公差与配合"下，"输入形式"根据需要选择代号、偏差、配合或对称，"输出形式"选择代号、偏差、代号（偏差）等。对于图 1-3-1 所示尺寸 $\phi 48\pm 0.008$ mm，"输入形式"选择"对称"，"输出形式"选择"偏差"，"上偏差"输入"0.008"即可。对于图 1-3-3 所示尺寸 $100h10(_{-0.14}^{0})$ mm，"输入形式"选择____，"公差代号"输入____，"输出形式"选择____。

○ 此处应为"极限与配合"，为了与软件中的选项保持一致，这里保留"公差与配合"。

○ 此处应为"上极限偏差"，为了与软件中的选项保持一致，这里保留"上偏差"。

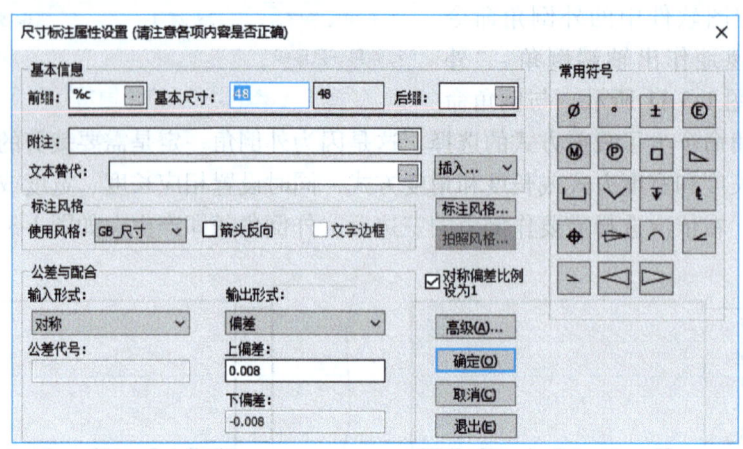

图 1-3-15　尺寸公差标注

微课：尺寸公差标注

四、几何公差标注

单击"标注"→"符号"→"形位公差"，如图 1-3-16 所示。随即弹出"形位公差（GB）"对话框，如图 1-3-17 所示，在区域 1 选择相应的几何公差符号，在区域 2 填写公差值，在区

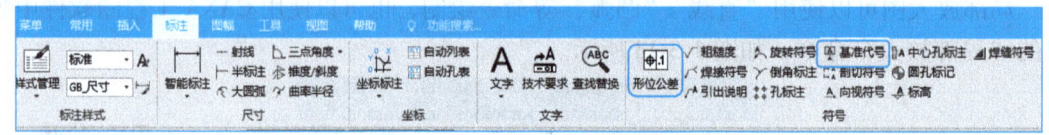

图 1-3-16　几何公差命令图标

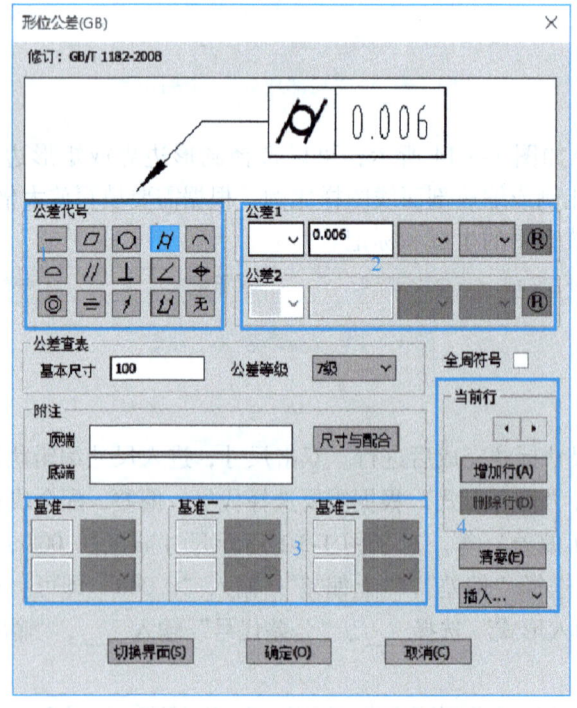

图 1-3-17　"形位公差（GB）"对话框

微课：几何公差标注

域 3 填写基准。若需要同时标注多个几何公差，则可以在区域 4 单击"增加行"，继续填写。若有需要删除的几何公差，可以调整当前行位置到需要删除的行，然后单击"删除行"即可。编辑完成后单击"确定"，在立即菜单中选择"水平标注"或者"铅垂标注"以适应标注需求，然后根据提示拾取标注元素并输入引线转折点，完成几何公差的标注。

几何公差需要与基准代号搭配使用，单击"标注"→"符号"→"基准代号"，如图 1-3-16 所示。注意观察"基准代号"命令，如图 1-3-18 所示，选项"1."～"3."可以按默认设置，"基准名称"可以根据需要改成相应字母。

图 1-3-18 "基准代号"命令

五、表面粗糙度标注

单击"标注"→"符号"→"粗糙度"[⊖]，执行"粗糙度"命令，其立即菜单如图 1-3-19 所示。选项"1."可选择"简单标注"或"标准标注"。

微课：表面粗糙度标注

简单标注只标注表面处理方法和表面粗糙度值，表面处理方法可通过选项"3."选择，选项有"去除材料""不去除材料"和"基本符号"，表面粗糙度值可通过选项"4."输入，选项"2."可选择标注形式，选项有"默认方式"或"引出标注"。

图 1-3-19 "粗糙度"命令立即菜单

在选项"1."中选择标准标注后会弹出如图 1-3-20 所示的对话框。对话框中包括了表面粗糙度的各种标注："基本符号""上限值""下限值"以及说明标注等等，用户可以在预显框里看到标注结果，确认无误后单击"确定"按钮。

六、文字技术要求标注

单击"标注"→"文字"→"技术要求"，执行技术要求命令，"技术要求库"对话框如图 1-3-21 所示。标注文字技术要求时，可以在区域 1 的技术要求类型中选择合适的条目，也可以在区域 2 中直接填写。若文字字体、字号等格式不合适，可在"标题设置"和"正文设置"中设置，完成后单击"生成"按钮，在图样相应位置通过选择技术要求区域的两个角点完成技术要求内容的放置。

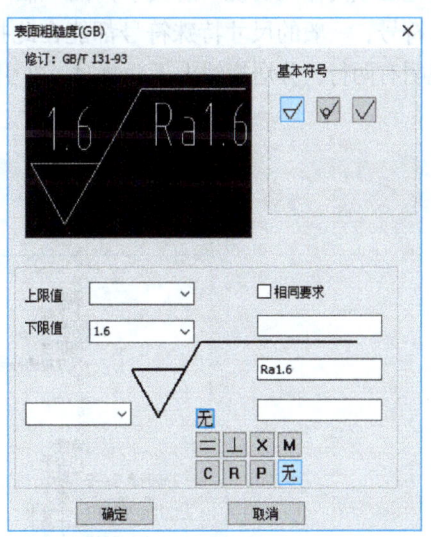

图 1-3-20 表面粗糙度标准标注

⊖ 此处应为"表面粗糙度"，但鉴于类似处来自软件，因此暂保留"粗糙度"。

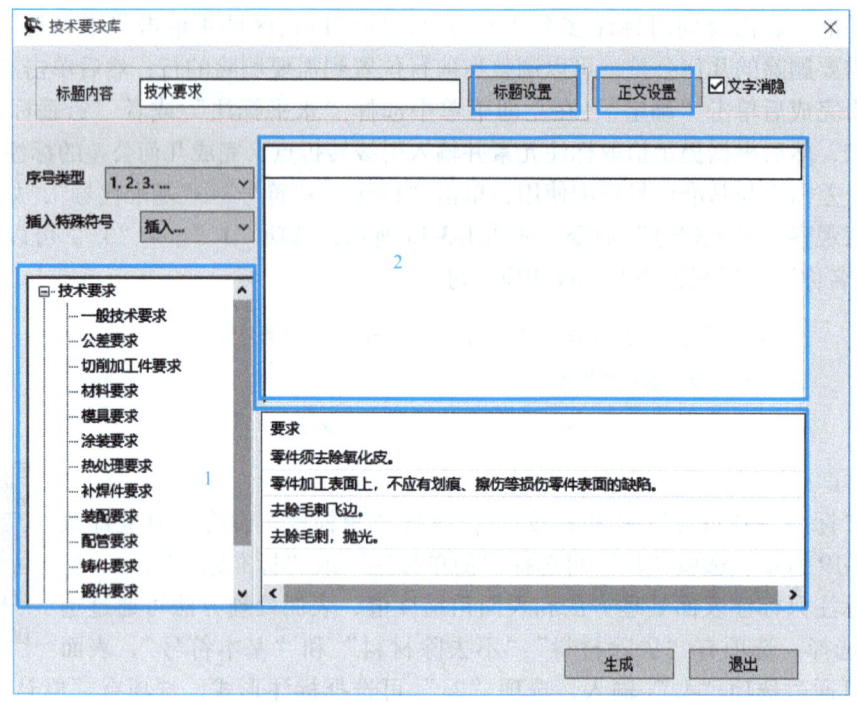

图 1-3-21 "技术要求库"对话框

七、引出说明标注

图 1-3-1 所示的轴两端的中心孔的标注需要使用引出说明。单击"标注"→"符号"→"引出说明",执行引出说明命令,"引出说明"对话框如图 1-3-22 所示,在蓝色区域内输入要说明的文字,在"插入特殊符号"下拉列表框中选择所需的特殊符号,一般的尺寸特殊符号都能在此找到,基本能满足使用需求。如果引出的说明有两行,分居横线上下两侧时,在引出说明书写区域分两行输入即可。

微课:引出说明标注

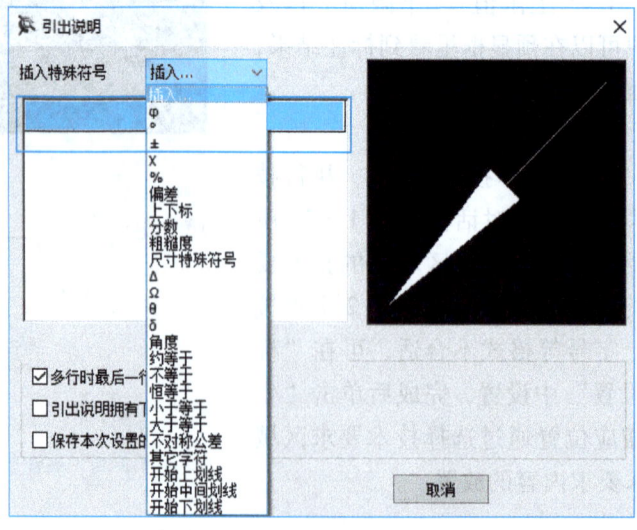

图 1-3-22 "引出说明"对话框

任务实施

一、绘制基准,定位布图

绘制阶梯轴轴向、径向两个方向的基准(图 1-3-23),径向基准是_____,用_____线表示,轴向基准是_____,用_____线表示,如图 1-3-24 所示。

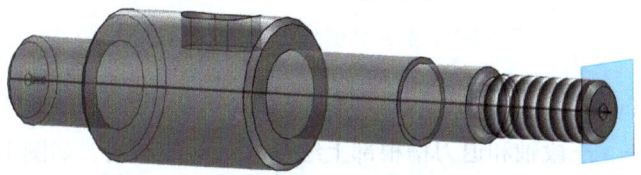

图 1-3-23　阶梯轴轴向、径向两个方向的基准

微课:阶梯轴——绘制基准,定位布图

图 1-3-24　定位布图

二、绘制主视图

1. 形体分析

将整根阶梯轴分成五个部分:直径不同的五段轴段、退刀槽、_____、键槽及_____,如图 1-3-25 所示。

2. 绘制五段轴段主视图

绘制五段轴段主视图,即五个同轴叠加的矩形,如图 1-3-26 所示。

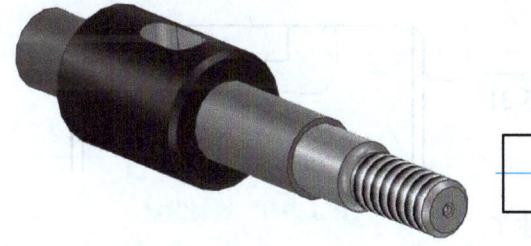

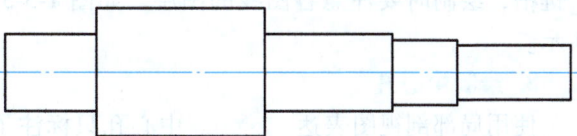

图 1-3-25　阶梯轴形体分析　　　　图 1-3-26　绘制五段轴段主视图

3. 绘制退刀槽

绘制 5mm×φ18mm 的退刀槽,如图 1-3-27 所示。

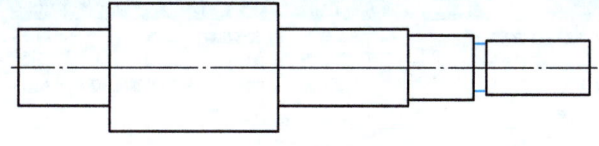

图 1-3-27　绘制退刀槽

4. 绘制轴上倒角

从左向右在第一、二、五段轴上绘制 $C2$mm、$C1$mm 倒角，如图 1-3-28 所示。

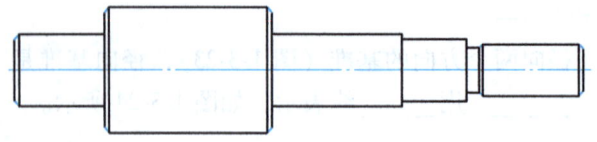

图 1-3-28　利用外倒角命令绘制轴上倒角

5. 绘制轴上圆角

从左向右在第一、三段轴和退刀槽根部上绘制 $R3$mm 的圆角，如图 1-3-29 所示。

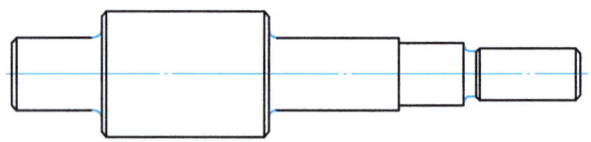

图 1-3-29　利用圆角命令绘制轴上圆角

6. 绘制螺纹

以上步骤都是在粗实线图层绘制的，轴右端外螺纹的小径用_____表达，因此这一步操作应注意将图线绘制在细实线图层。亦可利用等距线功能偏移轴线到小径所在位置，裁剪掉多余图线，注意此时的图线是点画线，要更改图线图层为_____图层，如图 1-3-30 所示。

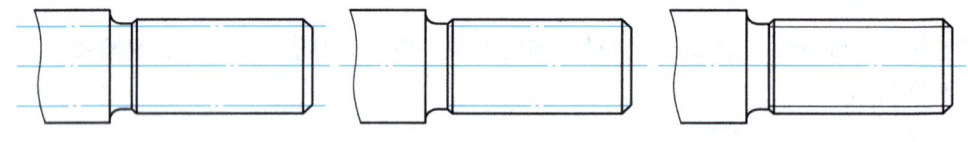

图 1-3-30　绘制螺纹

7. 绘制键槽

使用局部剖视图表达键槽。键槽是 A 型_____键槽，绘制时要注意各图线的图层，如图 1-3-31 所示。

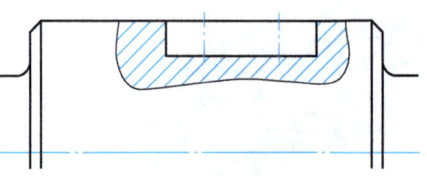

图 1-3-31　绘制键槽

8. 绘制中心孔

使用局部剖视图表达_____。中心孔只标注了代号，所以需要查表确定具体尺寸。CAXA 工程图软件中有可以直接调用的常用图形库，调用方式为单击"插入"→"图库"→"常用图形"，如图 1-3-32 所示。根据提示，逐层选择，如图 1-3-33 所示。将此中心孔整体粘贴至适当位置即可。

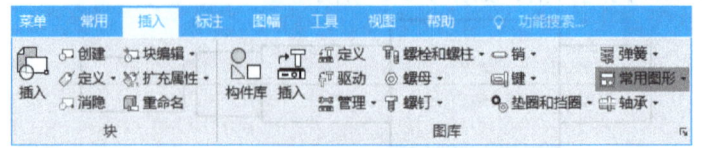

图 1-3-32　调用常用图形

微课：阶梯轴——
绘制主视图

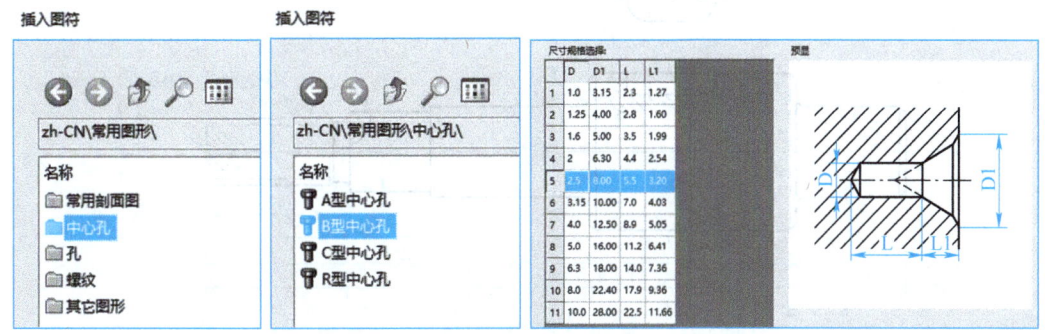

图 1-3-33 逐层选择

三、绘制辅助视图

阶梯轴零件图中的辅助视图包括移出断面图、局部放大图和局部视图，如图 1-3-34 所示。

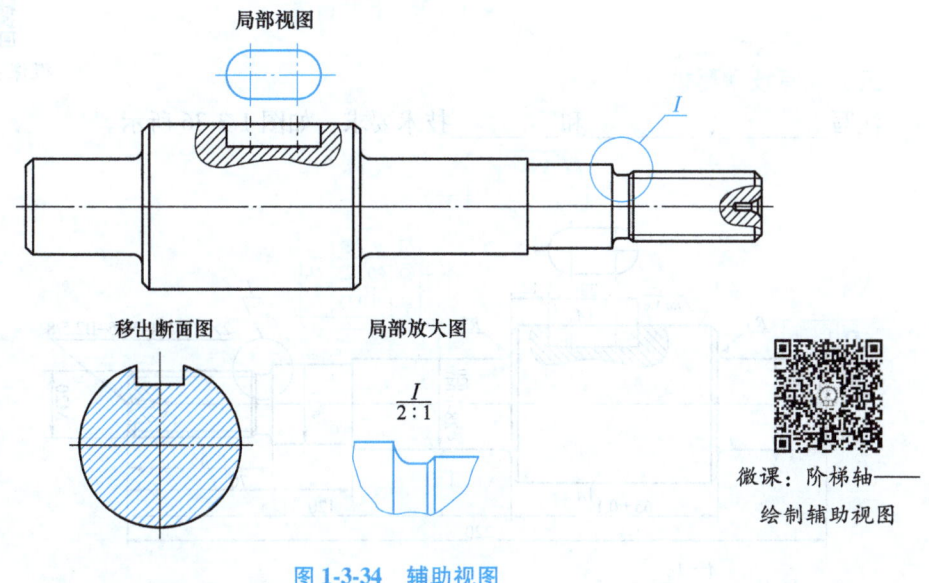

图 1-3-34 辅助视图

微课：阶梯轴——绘制辅助视图

1. 绘制键槽处移出断面图

绘制移出断面图时要注意图层的切换。

2. 生成退刀槽处局部放大图

利用局部放大命令生成退刀槽处局部放大图，注意设置"放大倍数"为"2"。

3. 绘制键槽处局部视图

键槽的宽、长和位置可从主视图、移出断面图中得知，直接按尺寸绘制即可。

四、尺寸标注

使用尺寸命令标注尺寸，尺寸类型有直径、半径、倒角及线性等，此时可以将尺寸公差标注一并标上，如图 1-3-35 所示。

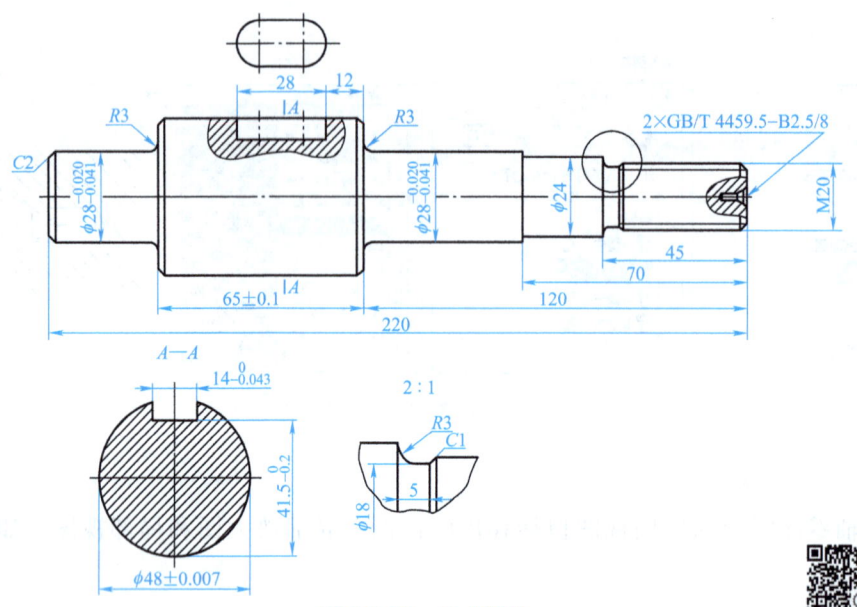

图 1-3-35 尺寸标注

五、注写技术要求

注写_____、_____和_____技术要求，如图 1-3-36 所示。

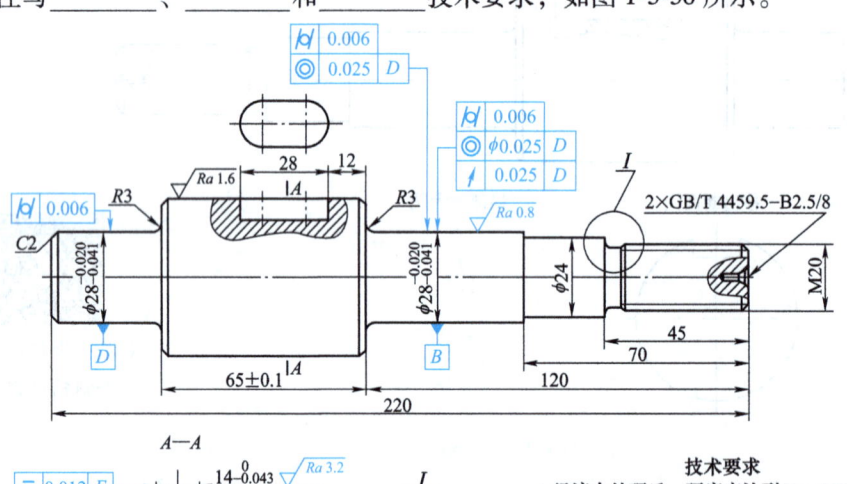

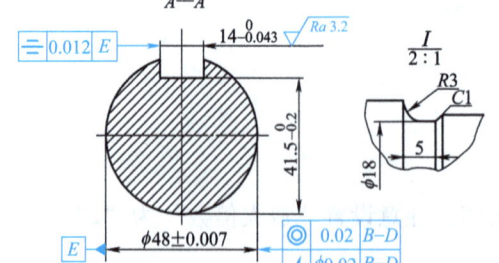

图 1-3-36 注写技术要求

六、图幅设置

阶梯轴零件图经过合理布置，放置在_____幅面的图纸中，_____绘制，_____布置，调入标题栏并填写完成，如图 1-3-1 所示。

模块1 抄绘零件图

任务评价

序号	考核内容	学生自评（30%）	小组互评（20%）	教师总评（50%）	分值
1	能够调用常用图形、使用局部放大图完成零件图的绘制，并符合制图国家标准				40
2	能够正确、完整且合理地标注零件尺寸、表面粗糙度、几何公差及文字技术要求				30
3	绘图过程中能够熟练使用快捷键				20
4	能够积极有效地帮助其他同学				10
	小计				—
	总评				
	完成时间		分钟		
精进计划：					

举一反三

1）抄绘脚踏板零件图，如图 1-3-37 所示。

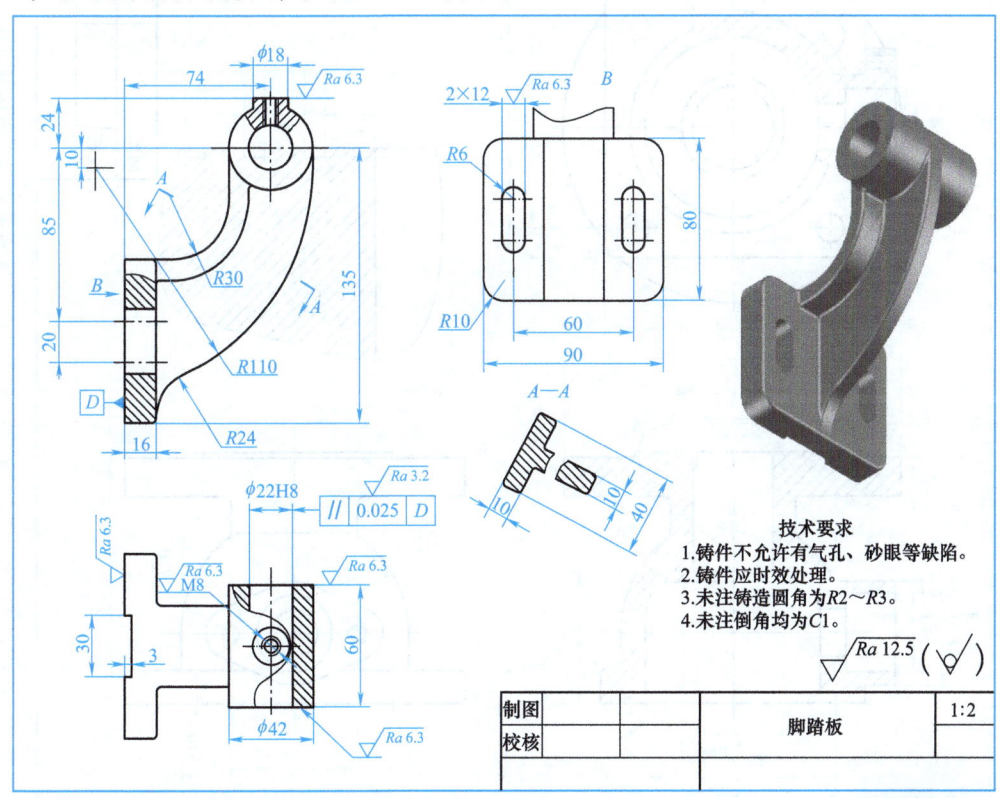

图 1-3-37　脚踏板零件图

微课：抄绘脚踏板零件图

2）抄绘阀体零件图，如图 1-3-38 所示。

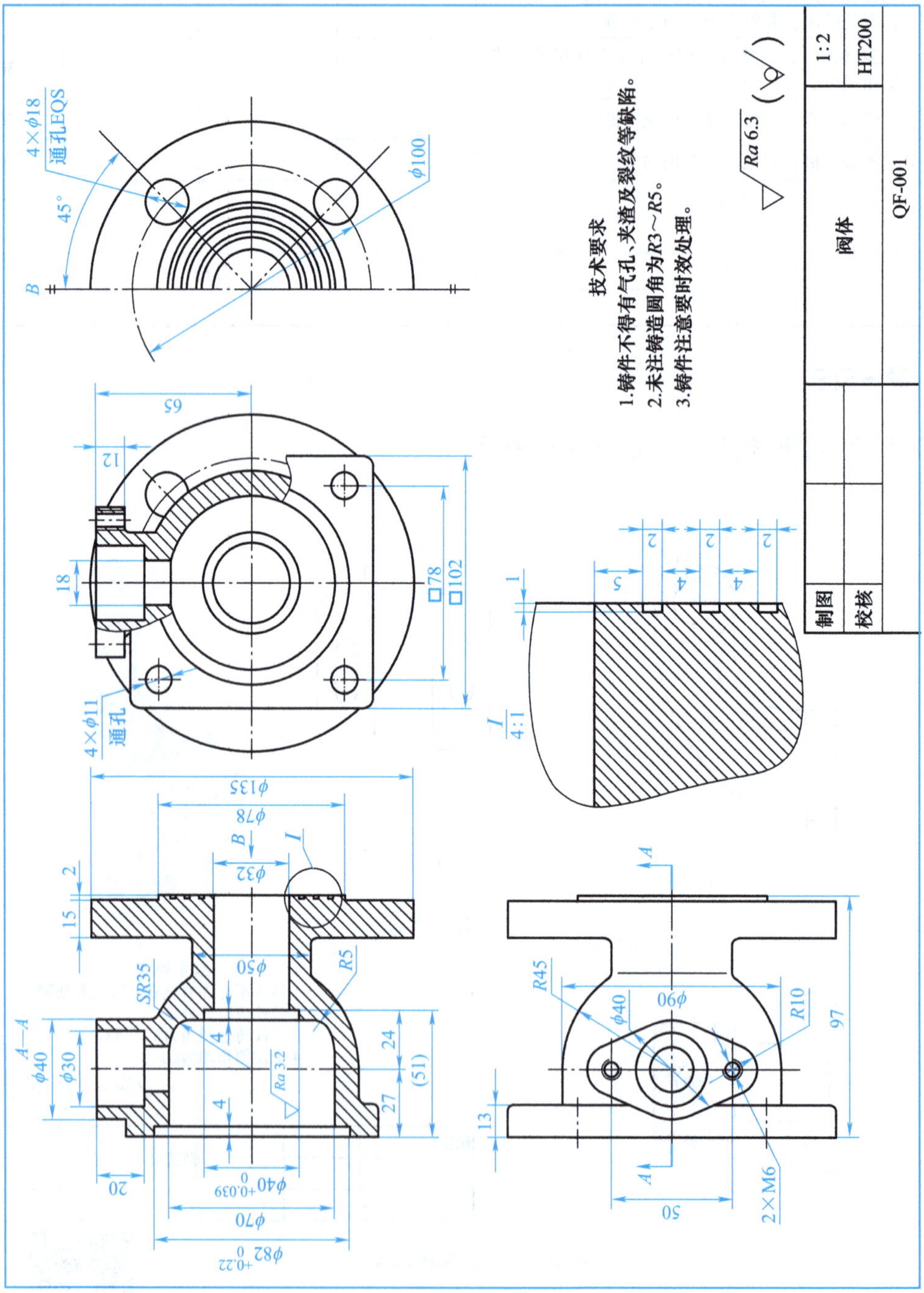

图 1-3-38 阀体零件图

模块 1　抄绘零件图

任务 4　输出打印零件图

 智行引航

提到打印，想必大家都不陌生，但有时因为参数设置错误、操作不当等失误会使打印失败，浪费耗材的同时还影响工作效率。因此**掌握正确的输出打印方法，也是践行节约环保理念、提高学习工作效率的重要途径**。

使用计算机软件将图样绘制完成后，需要保存留档，有时还需要输出打印或者保存成 PDF 格式，以方便生产、检验及装配现场使用。工程图支持 Windows 操作系统下的任何打印机，在电子图板系统内无须单独安装打印机，只需在 Windows 操作系统下安装即可。电子图板支持按各种参数打印图样，除电子图板自身的打印功能外，还有专门的打印工具可以进行单张、排版和批量打印，大大提高了打印出图效率。通过本任务的学习，学生可掌握零件图的输出打印方法，能够根据需要将零件图输出打印出来。

 知识导入

打印是指按指定参数由输出设备打印输出图形，电子图板的打印功能与大多数应用程序类似，都是要确定打印的内容并设置打印参数后，由打印机输出要打印的内容。

输出打印包括：

1）选择打印设备，对当前打印设备的设置进行简单修改。
2）选择图纸幅面。
3）设定打印区域。
4）调整打印方向及打印位置。
5）设定打印比例等操作步骤。

 技能练习

一、调用打印功能

调用打印功能的方式如下：

1）单击快速启动工具栏的 图标。
2）单击"文件"下的 图标。
3）按〈Ctrl+P〉快捷键。
4）执行"plot"命令。

调用打印功能后，弹出如图 1-4-1 所示的对话框。

二、打印参数设置

打印参数设置主要包括打印机设置、纸张设置、图形方向设置、输出图形设置、拼图设置、映射关系设置、定位方式设置、打印偏移设置、保存风格及编辑线型等。各项含义如下：

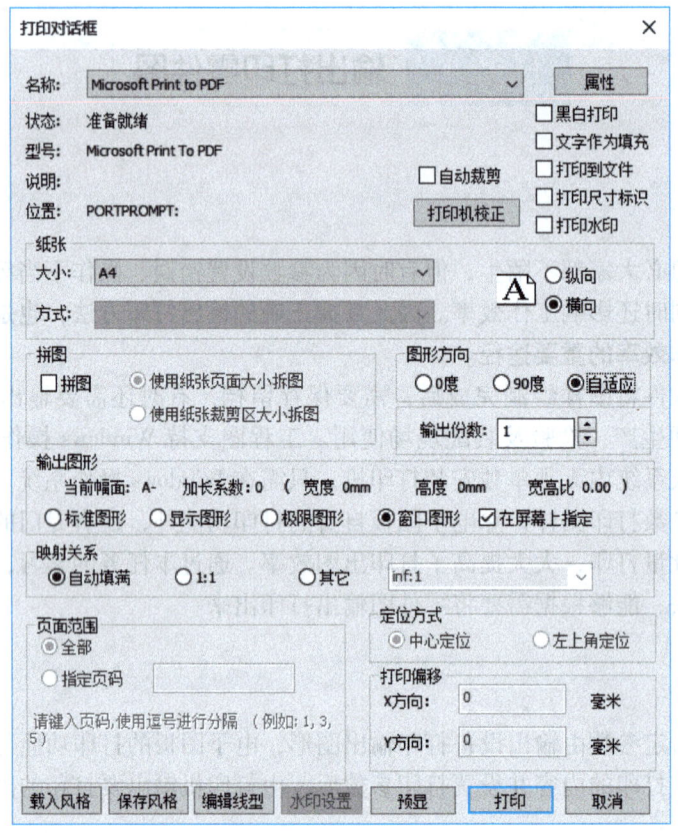

图 1-4-1　打印对话框

1）打印机：在此区域内选择打印机，并且相应地显示打印机的状态。在"名称"下拉列表框中选择不同的打印输出类型，可输出 PDF、PNG、TIF 及 JPG 文件类型，设置好参数后直接保存为相应的文件。

2）自动裁剪：根据打印机属性自动裁剪图样。

3）打印机校正：可以对选择的打印机进行校正。

4）黑白打印：此功能在不支持无灰度的黑白打印的打印机上，可达到更好的黑白打印效果，不会出现某些图形颜色变浅看不清楚的问题，进一步加强了电子图板输出设备的能力。

5）文字作为填充：在打印时，可设置是否对文字进行消隐处理。

6）打印到文件：如果不将文档发送到打印机上打印，而是要将结果发送到文件中，则可选中"打印到文件"复选按钮。选中后，系统将控制绘图设备的指令输出到一个扩展名为 .prn 的文件中，而不是直接送往绘图设备中。输出成功后，用户可单独使用此文件，在没有安装 EB⊖ 的计算机上输出。

⊖　EB（Eb.exe）是 CAXA 软件中的一个应用程序文件，它是 CAXA 电子图板的一部分，负责支持 CAXA 的正常启动运行及保存文件。

7）纸张：在此区域内可设置当前所选打印机的纸张大小以及纸张的方向。

8）拼图：选中"拼图"复选按钮，系统自动用若干张小号图样拼出大号图形，拼图的张数根据系统当前纸张大小和所选图纸幅面的大小来决定。

使用纸张页面大小拆图表示在拼图打印时按照打印机的可打印区大小而不是按照纸张大小进行拆图打印。使用纸张裁剪区大小拆图表示按照打印机的实际裁剪区大小进行拆图打印。

9）图形方向：在此区域内可设置图形的旋转角度为"0度""90度"或"自适应"。

10）输出图形：指待输出图形的范围，系统规定输出的图形可从标准图形（指输出当前系统定义的图纸幅面内的图形）、显示图形（指输出在当前屏幕上显示出的图形）、极限图形（指输出当前系统所有可见的图形）和窗口图形（指输出在用户指定的矩形框内的图形）四个范围内选取。

11）映射关系：指屏幕上的图形与输出到图纸上的图样比例关系。自动填满指输出的图形完全在图纸的可打印区内。1∶1指输出的图形按照1∶1的关系进行输出。如果图纸幅面与打印纸大小相同，由于打印机有硬裁剪区，可能导致输出的图形不完全，要想得到1∶1的图样，可采用拼图。其它指按照用户自定义的比例进行输出图形。

12）页码范围：输出多张图样时，可选择"全部"或"指定页码"。

13）定位方式：当在"映射关系"选中"1∶1"或"其它"选项时，可以选择"中心定位"（是指图样的原点与纸张的中心相对应，打印结果是图样在纸张中间）或"左上角定位"（是指图框的左上角与纸张的左上角相对应，打印结果是图样在纸张的左上角）。

14）打印偏移：将打印定位点移动（X，Y）距离。

15）载入风格和保存风格：对打印对话框当前配置进行保存，保存后可以通过"载入风格"加载保存过的配置。

16）预显：单击此按钮后，系统在屏幕上模拟显示真实的绘图输出效果。

三、编辑线型

打印图形时往往需要输出与图形中效果不同的线条，如调整线宽、线型比例或按颜色调整线宽和颜色等，软件中提供了非常方便的设置方法。

单击打印对话框中的"编辑线型"按钮，弹出如图1-4-2所示的"线型设置"对话框。

1. 线宽设置

可以按纸张大小输入标准线型的输出宽度，下拉列表框中列出了国家标准规定的线宽系列值。用户可选取其中任意一组，也可在框中输入数值。线宽的有效范围为0.13mm～2.0mm。

1）按实体指定线宽打印：按图形绘制时的宽度直接打印。

2）按细线打印：所有线条均按细线打印。

3）按颜色打印：用户在打印图样时，可以根据线型的颜色确定线型的宽度，并按照设置输出图样。由于系统默认选择"按细线打印"，因此，此时需要确保"按细线打印"未选中。

选择"按颜色打印"，单击"按颜色指定打印线宽"按钮，弹出如图1-4-3和图1-4-4所示的对话框。

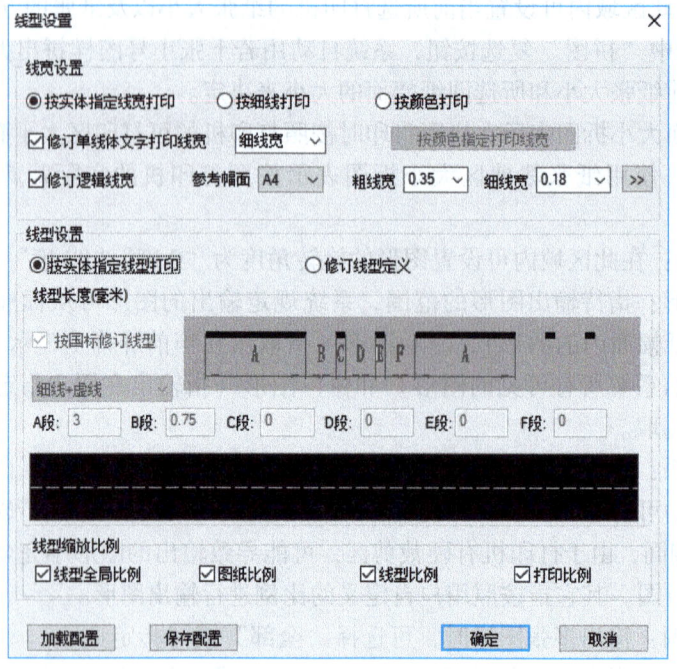

图 1-4-2 "线型设置"对话框

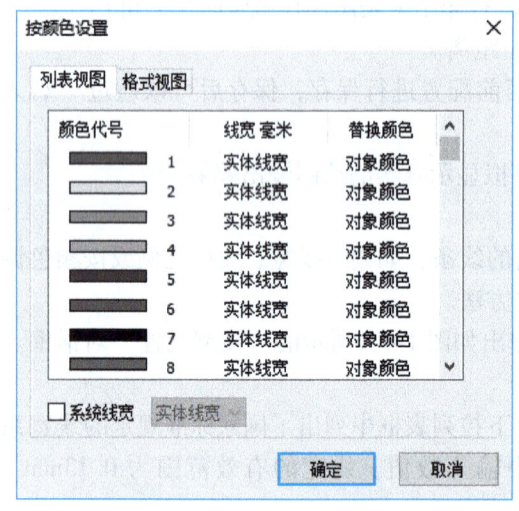

图 1-4-3 按颜色设置—列表视图

图 1-4-4 按颜色设置—格式视图

设置分为"列表视图"和"格式视图"两部分,"列表视图"可以进行一对一的修改功能,"格式视图"可以进行多对一的修改,如果想把多种线型修改为一种颜色或线宽的话,使用"格式视图"修改比较方便。在"列表视图"选项卡中双击"实体线宽"按钮,输入线型宽度,也可以勾选"系统线宽"选项,在下拉列表框中选择系统给定的线宽。在此对话框中可以使用〈Shift〉键或〈Ctrl〉键选择对象颜色,并一次指定颜色或线宽。

"按颜色设置"对话框中的参数会自动保存,再次打开时则默认为按上次设置修改。

模块 1　抄绘零件图

2. 线型设置

1）按实体指定线型打印：按图形绘制时的线型直接打印。

2）修订线型定义：根据需要修订线型各段长度。当勾选"按国标修订线型"复选按钮时，则按标准线型进行打印，反之则按用户自定义线型进行打印。

四、打印预显

在确定打印参数后，进行实际打印操作前可以通过单击图 1-4-1 所示对话框中的"预显"按钮，以便对将要打印的效果进行查看，打印预显界面如图 1-4-5 所示。

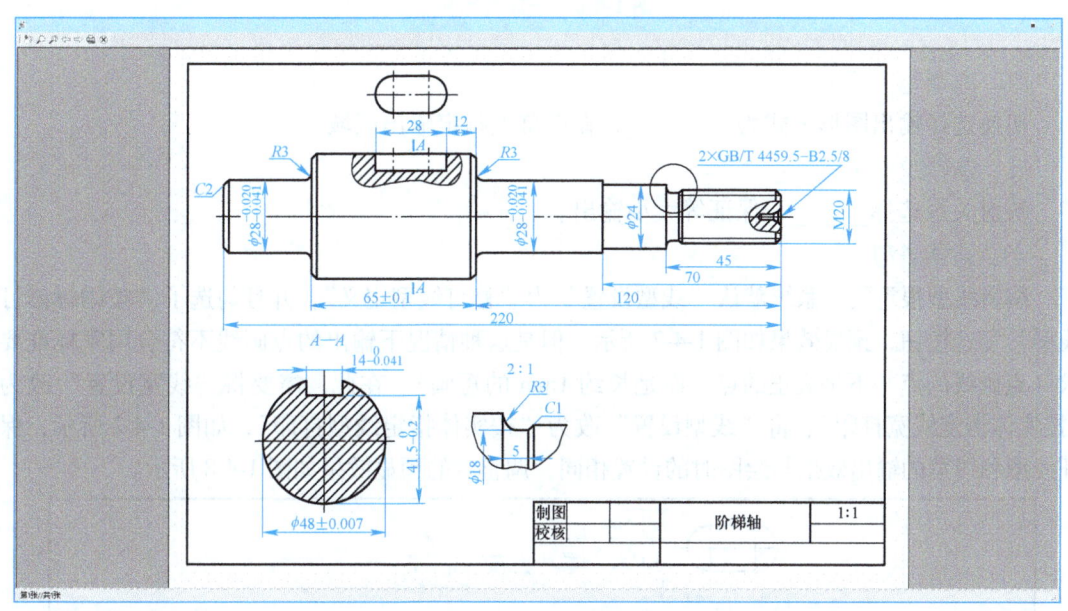

图 1-4-5　打印预显界面

1）可以单击 工具条上的平移、缩放及显示框口等图标浏览打印窗口，也可以使用鼠标滚轮进行窗口的平移或缩放。

2）单击 图标即进行实际打印操作。

3）单击 图标关闭打印预显界面。

4）当需要打印的多张图样时，可以单击 或 图标进行切换。

任务实施

根据所学知识，将模块 1 任务 3 所抄绘的阶梯轴零件图输出为 PDF 格式文件，保持图层设置的线宽、线型及颜色，1∶1 等大小，保存命名为"阶梯轴"。

一、启动打印命令

调用打印功能。

二、选择打印机

选择打印机为"_____"，如图 1-4-6 所示，保存为 PDF 格式。

三、选择纸张大小及方向

根据传动轴零件图实际情况，选择____图纸____向布置。

49

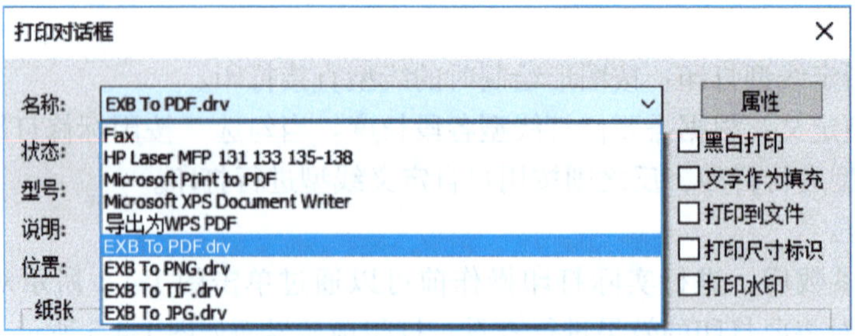

图 1-4-6　选择打印机

四、选择输出图形

切换选择输出图形方式为_____，在屏幕上指定输出区域。

五、选择映射关系

映射关系选择_____，保证等大小输出。

六、编辑线型

编辑线型很重要，系统默认"线型设置"为"修订线型定义"，并且勾选了"按国标修订线型"复选按钮，预显效果如图 1-4-7 所示，但是这种情况下输出的点画线不符合国家标准要求（点画线的点并不是真正的点，而是长约 1mm 的短画）。在此，需要将"线宽设置"改为"按实体指定线宽打印"、将"线型设置"改为"按实体指定线型打印"，如图 1-4-2 所示，保证线型和线宽的输出效果与绘图时的设置相同，调整后的预显效果如图 1-4-8 所示。

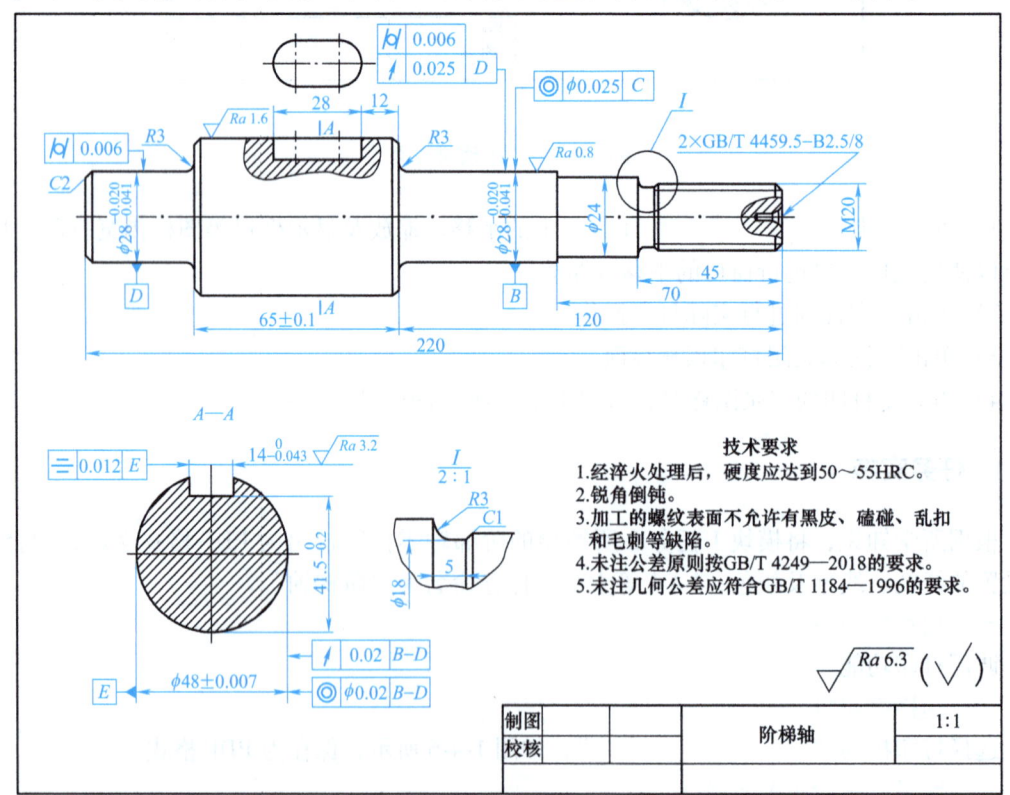

图 1-4-7　系统默认设置下预显效果

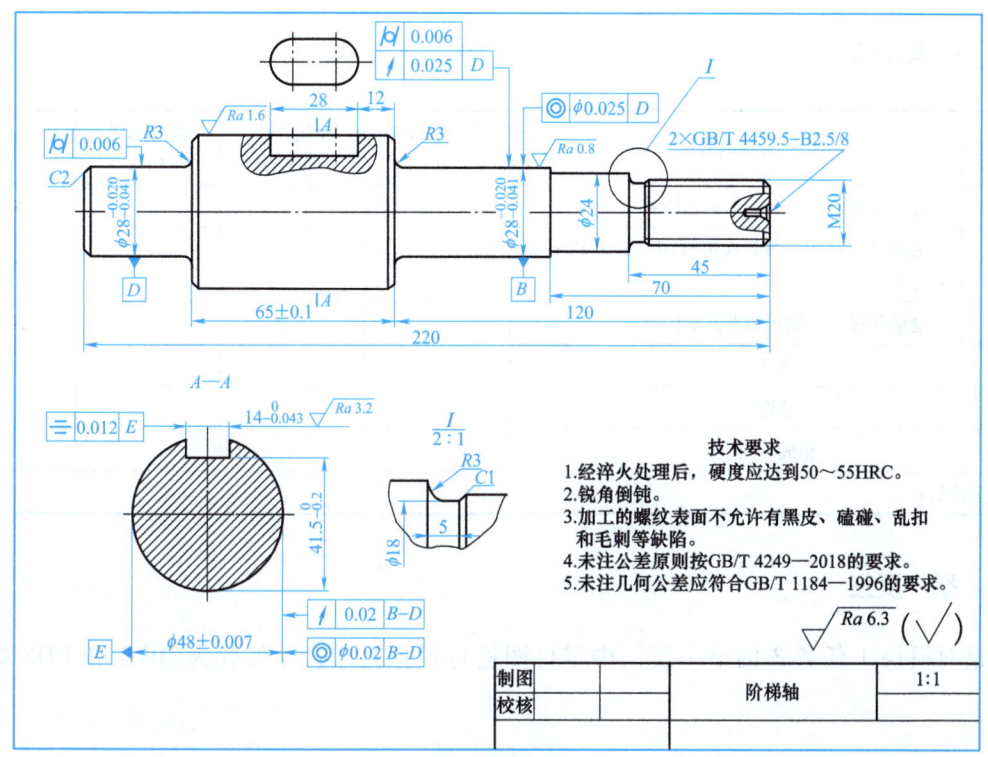

图 1-4-8　调整后的预显效果

七、预显

单击"预显"按钮,框选输出范围,查看预显效果。如果符合要求,则返回上一步,单击"打印"按钮;如果不符合要求,则进行修改,重新预显。

八、打印

单击"打印"按钮,框选输出范围,弹出"另存为"对话框,"文件名"命名为_____,选择合适的文件夹,单击"保存"按钮,如图 1-4-9 所示。

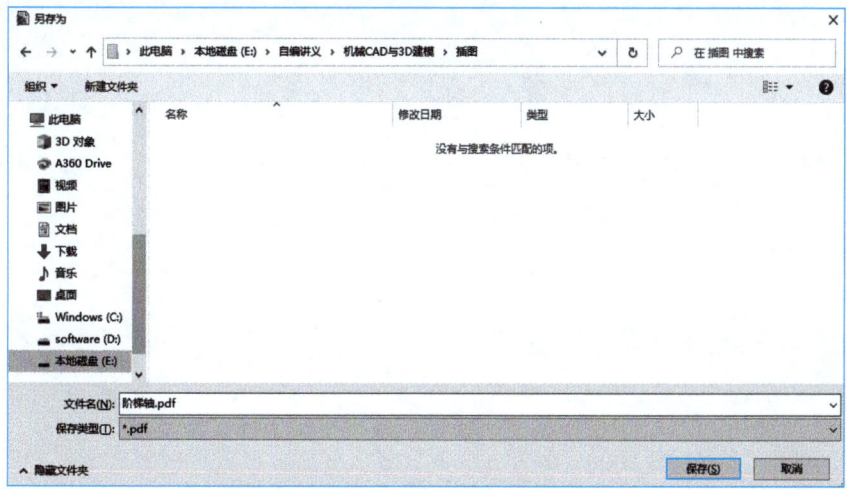

图 1-4-9　PDF 文件保存设置

任务评价

序号	考核内容	学生自评（30%）	小组互评（20%）	教师总评（50%）	分值
1	能够按要求保存 DWG 格式文件				40
2	能够设置打印参数，模拟打印，输出 PDF 格式文件				40
3	能够积极、有效地帮助其他同学				20
	小计				—
	总评				
	完成时间		分钟		

精进计划：

 举一反三

请对模块 1 任务 3 的举一反三中零件图进行模拟打印，并保存为 DWG 和 PDF 格式文件。

模块 2　　创建机械零件三维模型

模块1中介绍了零件二维图的绘制，但是现实的产品设计都是先做三维模型模拟零件，对其进行各种分析，符合使用要求时，再去生成零件图，这样可以大大缩短设计周期。因此，机械设计从业人员必须要掌握三维建模技能。目前市面上三维建模软件很多，国产软件虽然起步晚，但近几年来发展迅速，涌现出了许多优秀产品，数码大方的CAXA 3D实体设计就是其中之一。利用系统提供的实体特征创建工具，用户可以通过在草图中建立的有效二维轮廓截面或轨迹来建立相应的三维实体，还可以对三维实体进行某些修改与编辑，使生成的实体特征满足实际设计要求。其独有的三维球、智能操作柄等工具使得模型修改更加直观、方便。本模块将结合CAXA 3D实体设计2023软件重点介绍实体特征生成的基础知识，包括拉伸、旋转等特征以及智能图素元素建模方法，主要内容包含创建轮盘类零件模型、创建轴套类零件模型、创建叉架类零件模型及创建箱体类零件模型等。

任务 1　　创建轮盘类零件模型

 智行引航

轮盘类零件广泛应用于航空航天、汽车制造及能源等重要领域，各行各业对其性能和质量的要求不断提高。为满足需求，研发人员必须**敢于突破传统思维，勇于尝试新材料、新工艺及新方法**。这种创新精神不仅是推动轮盘类零件技术进步的核心动力，也是我国从制造大国迈向制造强国的关键所在。

常见的轮盘类零件有法兰盘、轴承端盖、泵盖、齿轮、蜗轮、链轮、带轮、飞轮、手轮及离合器中的摩擦盘等。轮盘类零件主要有传递运动及动力（如齿轮、蜗轮、链轮、带轮、飞轮及手轮等）和轴向定位及密封（如轴承端盖、发动机端盖及泵盖等）的作用。轮盘类零件的主要结构形状是回转体，其特点是径向尺寸大，轴向尺寸小，一般为铸件或锻件，目前塑料件的各种轮盘类零件也越来越多，如齿轮、带轮及手轮等。由于轮盘类零件常由铸、锻件毛坯经机械加工而成，故其工艺结构主要有铸造圆角、起模斜度、退刀槽、砂轮越程槽、键槽、螺纹及倒角等。有些零件还带有各种形状的凸缘、轮辐和肋板等局部结构。轮盘类零件的立体图如图2-1-1所示。

在轮盘类零件建模的过程中，主要会用到拉伸、旋转等主要特征进行建模，下面以偏心盘实例介绍CAXA 3D实体设计2023中的建模方法，偏心盘如图2-1-2所示。

图 2-1-1　轮盘类零件的立体图

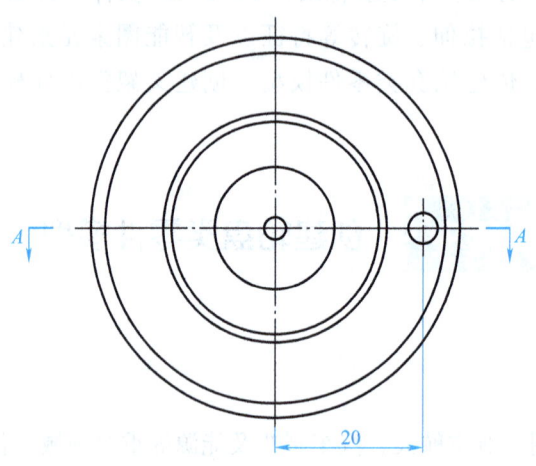

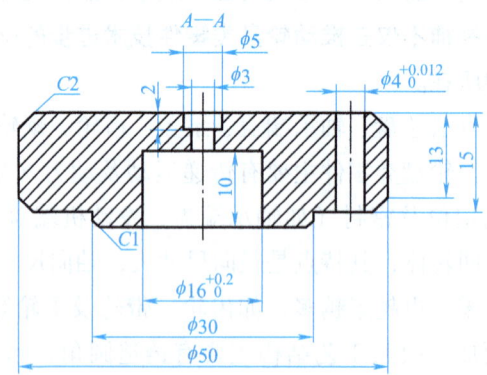

图 2-1-2　偏心盘

 知识导入

平面工程图分析

1. 表达方案

轮盘类零件一般需要两个以上的视图进行表达。

1）轮盘类零件主要是在车床上加工的，所以应按形状特征和加工位置选择主视图，轴线＿＿＿＿＿＿；对于不以车床加工为主的零件，可按形状特征和工作位置确定。

2）根据轮盘类零件的结构特点，当零件具有对称平面时，内、外形状都需要表达，可作＿＿剖视图；当零件无对称平面时，可作＿＿剖视图或＿＿＿＿剖视图。

3）为了表达零件上均匀分布的孔、槽、肋及轮辐等结构，可选用一个端面视图，用一个左视图表达凸缘和四个通孔的分布情况。

4）表达其他结构形状（如轮辐）时，可选用移出断面图或重合断面图。细小结构，常采用＿＿＿＿＿＿图。

2. 尺寸标注

1）零件在宽度方向和高度方向上的主要基准是回转轴线，长度方向上的主要基准是安装的接触面。

2）定形尺寸和定位尺寸都比较明显，在圆周上分布的小孔的定位直径是这类零件的典型定位尺寸，多个小孔一般采用"6×φEQS"形式标注，EQS 就是＿＿＿，意味着等分圆周。没有特殊要求时，角度定位尺寸可不标注。

3）内、外结构形状仍要分开标注，方便读图。

3. 轮盘类零件的建模方法与步骤

（1）准备工作　分析平面工程图的尺寸及实体特征，拟订建模步骤。

（2）实体建模　按照宽度方向和高度方向、定形尺寸和定位尺寸与内、外结构形状建模即可。

 技能练习

一、CAXA 3D 实体设计 2023 软件的基础操作

CAXA 3D 实体设计 2023 软件图标如图 2-1-3 所示。

1. 软件的启动方式

可以采用以下两种方式启动 CAXA 3D 实体设计 2023 软件。

方式 1：双击桌面快捷方式图标。

按照安装说明正确安装 CAXA 3D 实体设计 2023 软件后，若设置在 Windows 操作系统的桌面上出现了 CAXA 3D 实体设计 2023 快捷方式图标，那么双击该快捷方式图标（图 2-1-3），即可启动该软件。

图 2-1-3　软件图标

微课：软件的启动、退出及交互界面

方式 2：使用"开始"菜单方式。

以 Windows 10 操作系统为例，在屏幕左下角单击"开始"按钮，然后在"所有程序"级联菜单中展开"CAXA"程序组，选择"CAXA 3D 实体设计 2023"启动命令，即可打开软件 CAXA 3D 实体设计 2023 软件程序。

2. 软件的退出方式

可以采用以下两种方式退出 CAXA 3D 实体设计 2023 软件。

方式 1：在功能区中单击"菜单"按钮，然后在打开的应用程序中单击"退出"按钮。

方式 2：单击 CAXA 3D 实体设计 2023 软件界面右上角的"关闭"按钮。

3. 软件的交互界面

首次启动 CAXA 3D 实体设计 2023 软件时，系统弹出如图 2-1-4 所示的"欢迎来到 CAXA"对话框。在该对话框的"开始使用"选项卡中，由用户根据自身需求选择"3D 设计环境""图纸""零件"或"打开已有文件"按钮来新建或打开文件，也可以双击"最近文档"按钮打开最近文档。

该对话框还提供了一个"学习中心"选项卡，便于用户通过"技术资料""视频教程""用户手册"和"技术论坛"来进行相应学习。用户可以设置在启动时不显示"欢迎来到 CAXA"对话框。

图 2-1-4 "欢迎来到 CAXA"对话框

CAXA 3D 实体设计 2023 软件的三维设计工作界面如图 2-1-5 所示，它主要由功能区、设计显示区（图形窗口）、设计树与属性查看栏、设计元素库及状态栏等组成。其中，功能区将实体设计的功能按类别进行分组，方便用户设计操作。功能区中包含快速启动工具栏（简称快速启动栏），它位于软件界面的左上方，上面集中了用户最常用的几个操作功能。设计树与属性查看栏下方提供有"设计环境""属性"等选项卡，当使用"设计环境"选项卡时，显示有设计树，设计树以树图表的形式显示当前设计环境中所有内容，包括设计环境以及其中的零件、零件内智能图素、群组、产品\装配\组件、视向和光源等。设计元素库提供图素、高级图素、钣金、工具、颜色、纹理及动画等类别的设计元素，设计元素的作用在于通过拖放式操作直接生成三维实体或直接应用相应设计元素。状态栏位于界面底部，主要提供操作提示、单位、视图尺寸、视向设置、配置设置、设计模式选择、拾取工具及拾取过滤器等内容。

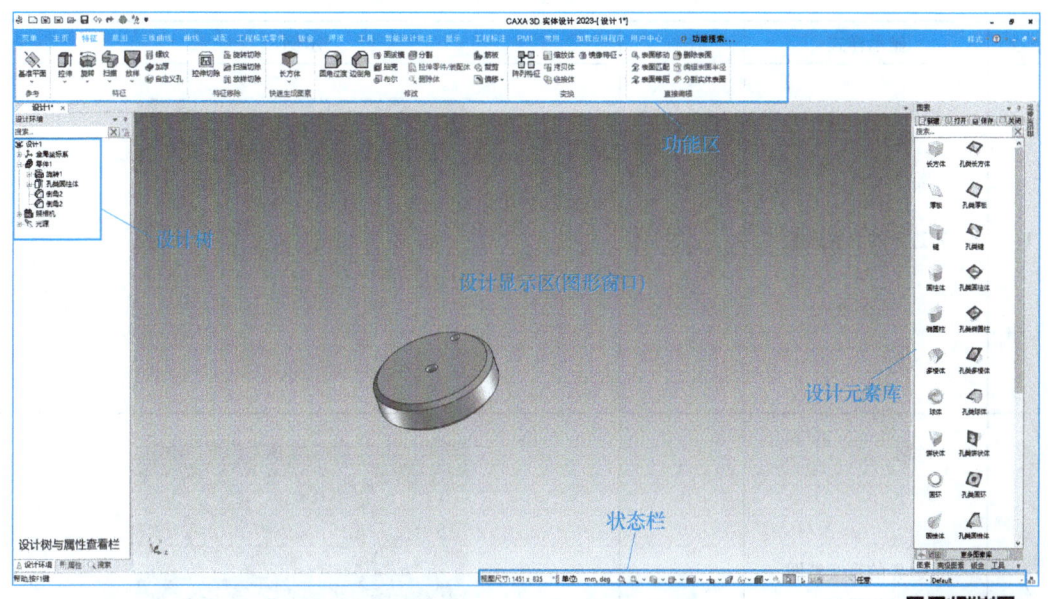

图 2-1-5 三维设计工作界面

4. 软件的保存、打开与新建

CAXA 3D 实体设计 2023 软件中模型的保存、打开与新建与 office 软件的操作一致，图标相同，直接单击相应图标即可完成动作。

微课：CAXA 3D 实体设计 2023 软件的工作界面

5. 三维模型的显示与操作

用户在设计时应能把握三维模型的显示状态。状态栏提供了与三维模型显示状态相关的常用工具按钮，如图 2-1-6 所示。例如"局部放大""动态缩放""平移""指定面""指定视向点""定制视向""主视图""俯视图""左视图""右视图""后视图"及"仰视图"

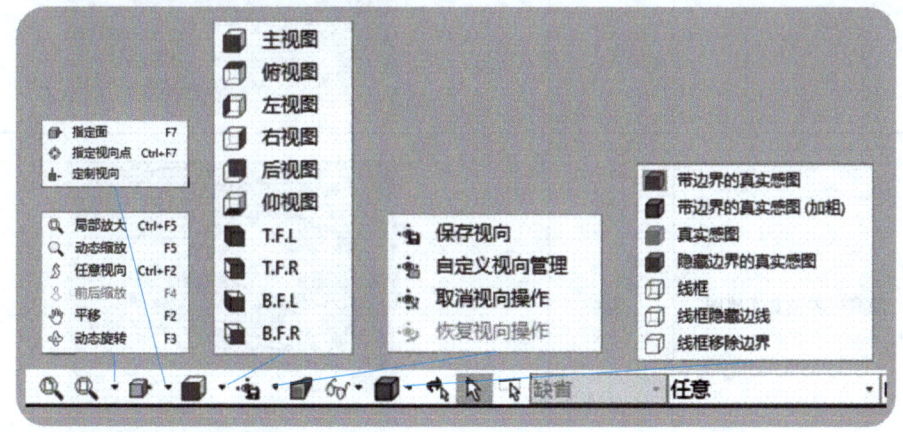

图 2-1-6 状态栏

等，还可以根据需要设置三维模型的显示样式，包括带边界的真实感图、带边界的真实感图（加粗）、真实感图、隐藏边界的真实感图、线框、线框隐藏边线及线框移除边界。

三维模型各显示样式及其示例见表 2-1-1。

表 2-1-1　三维模型各显示样式及其示例

序号	显示样式	图标	示例
1	带边界的真实感图		
2	带边界的真实感图（加粗）		
3	真实感图		
4	隐藏边界的真实感图		

模块2　创建机械零件三维模型

（续）

序号	显示样式	图标	示例
5	线框		
6	线框隐藏边线		
7	线框移除边界		

在实际设计工作中，经常使用鼠标滚轮来快速调整视图显示，具体操作方法见表2-1-2。

表2-1-2　使用鼠标滚轮快速调整视图显示的操作方法

序号	视图操作	操　作　方　法
1	视图平移	按住〈Shift〉键的同时按住鼠标滚轮，此时移动鼠标可使视图快速平移
2	视图缩放	将光标置于绘图区域，直接滚动鼠标滚轮可缩放显示模型视图。或者同时按住〈Ctrl〉键和鼠标滚轮，向前、向后移动也可实现视图缩放显示
3	视图翻转	将光标置于绘图区域，按住鼠标滚轮并移动鼠标可翻转视图

二、实体设计基础

1. 智能图素应用

智能图素是个很重要的概念元素，它是CAXA 3D 实体设计 2023 中独特的三维造型元素。在实体设计中，大多数的零件的创建都是从单个图素（既可以是标准智能图素，也可以是自定义的图素）开始的。标准智能图素是指CAXA 3D 实体设计中已经定义好的图素，如长方体、圆柱体及键等常见的

微课：使用鼠标滚轮
快速调整视图显示

59

几何实体。标准智能图素按照形状等方式进行分类，同一类的标准智能图素便构成了一个设计元素库。使用时，只需从设计元素库中将所需的标准智能图素拖动到设计环境中来即可。

（1）选取图素及认识其编辑状态　要对零件的整体或其中的某些图素或表面进行编辑时，首先需要选择所需的编辑对象。用户可以通过"选择过滤器"来选择过滤编辑对象。例如，如果要编辑零件的某智能图素，可以先从状态栏中的"选择过滤器"下拉列表框中选择"智能图素"选项，如图2-1-7所示。激活后，就能快速地通过单击鼠标的方式来拾取智能图素对象。

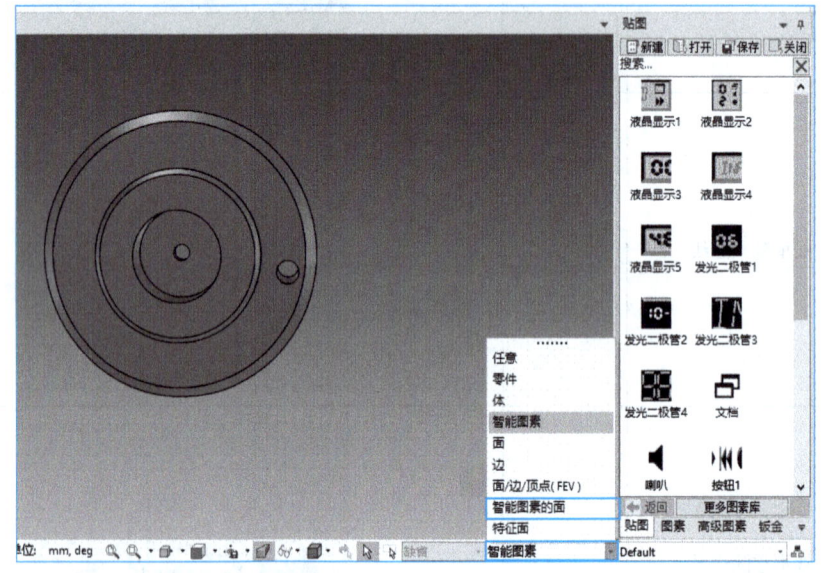

图 2-1-7　选择过滤编辑对象

当"选择过滤器"被设置为"任意"时，可以通过单击鼠标的方式来实现不同编辑状态的快速转换。第一次单击零件将进入零件的编辑状态；第二次单击零件将进入智能图素编辑状态，此时会在智能图素上显示黄色的包围盒和六个方向的操作柄。在智能图素编辑状态下进行的操作仅作用于被选定的图素。要在智能图素编辑状态下选定另一个图素，只要单击它即可。

智能图素的编辑状态有两种，一种是包围盒操作柄模式，另一种是特征草图操作柄模式，可以通过单击智能图素编辑状态下的小图标来进行两种状态之间的切换，如图2-1-8所示。

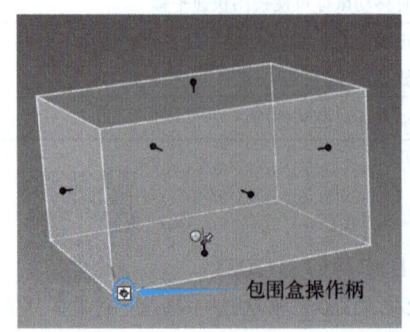
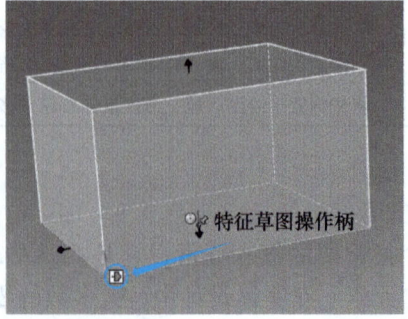

微课：选取图素及认识其编辑状态

图 2-1-8　智能图素的编辑状态

第三次单击智能图素将进入表面编辑状态，光标（单击）在的面或边会呈绿色加亮显示。

（2）包围盒与操作柄应用　包围盒的主要作用是调整零件的尺寸。在默认状态下，单击实体两次，进入智能图素编辑状态，系统显示一个黄色的包围盒和六个方向的操作柄。此时，将光标放置在操作柄处，会出现一个手形、双箭头和一个字母（字母表示操作柄调整的方向，字母可以为 L、W 或 H，其中 L 表示长度方向，W 表示宽度方向，H 表示高度方向），长按鼠标左键拖动操作柄，可以看到正在调整的尺寸值，拖动鼠标直到获得满意的尺寸时松开鼠标左键，此时出现一个显示有调整尺寸值的尺寸框，可以在该框中输入精确的尺寸值来完成调整零件的尺寸，如图 2-1-9 所示。

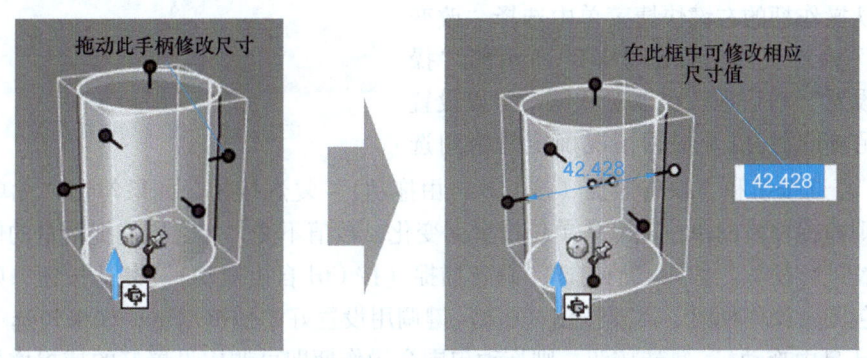

图 2-1-9　通过可视化修改包围盒尺寸来实现零件尺寸的更改

如果要利用包围盒精确地定义所选图素的尺寸数值，其常用方法是单击两次零件，使所指的智能图素处于编辑状态，出现包围盒，当单击包围盒某操作柄时，将弹出一个尺寸框显示其相应的尺寸值，如图 2-1-10 所示，此时可以在该尺寸框中输入数值来修改尺寸。

在智能图素编辑状态下，可以结合〈Ctrl〉键选择智能图素包围盒的多个操作柄，同时拖动操作柄来修改多个尺寸。在拖动的同时，所属图素的定位锚也会随之移动，这是因为在这种情况下，图素的尺寸是关于定位锚对称修改的。

通过单击对称的操作柄，可以将操作柄编辑状态在对称编辑状态和非对称编辑状态之间进行切换，如图 2-1-11 所示，当显示一对操作柄时表示其处于对称编辑状态。

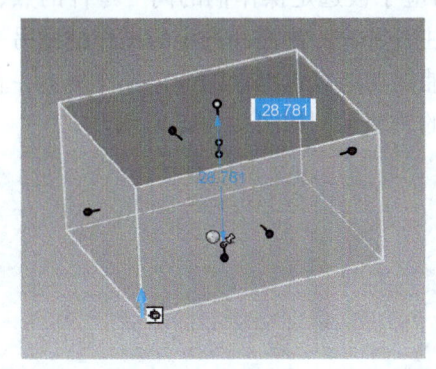

图 2-1-10　单击操作柄显示其尺寸值

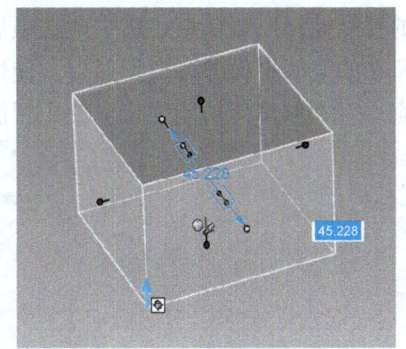

图 2-1-11　对称编辑状态

在实际设计中，还可以巧妙地使用操作柄的右键快捷菜单进行相关操作。将光标移动到包围盒的操作柄上，当出现手形和双箭头时单击鼠标右键，弹出如图 2-1-12 所示的快捷菜单。下面介绍该快捷菜单中各命令的功能用途。

1）编辑包围盒：主要用于编辑当前包围盒的尺寸。例如，对于一个长方体图素，从操作柄的右键快捷菜单中选择"编辑包围盒"命令，弹出如图 2-1-13 所示的"编辑包围盒"对话框，从中修改当前包围盒的尺寸，然后单击"确定"按钮。

2）改变捕捉范围：用于设置操作柄拖动捕捉范围。从操作柄的右键快捷菜单中选择"改变捕捉范围"命令，弹出如图 2-1-14 所示的"操作柄捕捉设置"对话框，在该对话框中可以设置"线性捕捉增量"，以及根据情况确定是否勾选

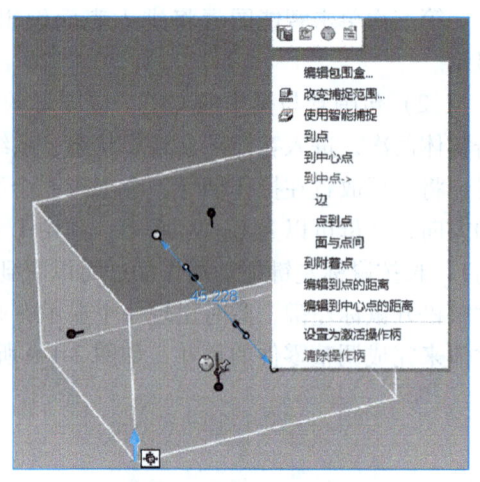

图 2-1-12　操作柄的快捷菜单

"无单位"复选按钮和"缺省捕捉（按 Ctrl 自由拖动）"复选按钮。如果勾选"无单位"复选按钮，则捕捉增量的单位随默认单位设置而变化，数值不变，反之则捕捉增量的值会随默认单位设置进行换算。如果取消勾选"缺省捕捉（按 Ctrl 自由拖动）"复选按钮，则在拖动智能图素包围盒操作柄时，需要按住〈Ctrl〉键调用设置好的捕捉增量；如果勾选"缺省捕捉（按 Ctrl 自由拖动）"复选按钮，则拖动包围盒操作柄即可调用设置好的捕捉增量，而按住〈Ctrl〉键可自由拖动操作柄，不受捕捉增量的约束。

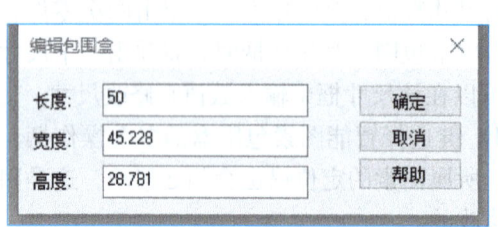

图 2-1-13　"编辑包围盒"对话框

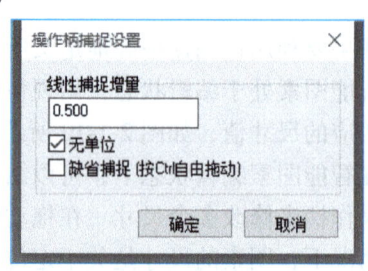

图 2-1-14　"操作柄捕捉设置"对话框

3）使用智能捕捉：选中此选项，可以显示对应于被选定操作柄的同一零件的点、边和面之间的智能捕捉反馈信息。选中此选项后，按住〈Shift〉键拖动选定的操作柄到另一个图素的面所在的空间平面即可实现捕捉。使用智能捕捉功能在包围盒的选定操作柄上一直处于激活状态，直到取消此功能为止。使用智能捕捉的典型示例如图 2-1-15 所示。

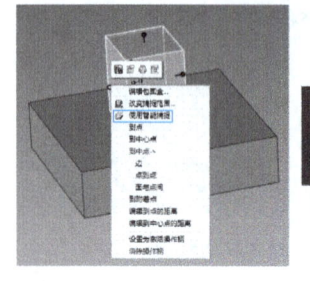 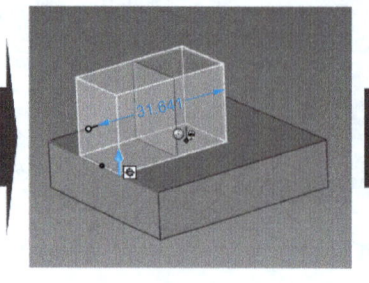 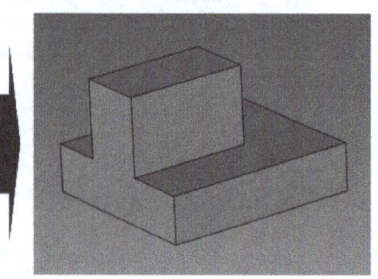

图 2-1-15　使用智能捕捉的典型示例

4)到点:用于对齐零件上的任意点。选择此选项,可以将选定操作柄的关联面与设计环境中另一对象上的某一点对齐。如果操作柄捕捉增量为默认设置,则在使用该功能时会受到捕捉增量的影响。

5)到中心点:用于与圆锥曲面、圆柱面、椭圆面或环面中心对齐。选择此选项,可以将选定操作柄的关联面与设计环境中某一对象的中心对齐。

在智能图素编辑状态下,用户还需要注意箭头旁边的方框中的标识,通常将方框标识看作是操作柄开关,用来在两个不同的智能图素编辑环境(包围盒操作柄状态和特征草图操作柄状态)之间切换。图 2-1-16 所示的标识表示包围盒操作柄状态,图 2-1-17 所示的标识表示特征草图操作柄状态(也称形状设计状态),只需单击操作柄开关标识即可完成两个状态之间的切换,也可以在操作柄开关处单击鼠标右键,并从快捷菜单中选择"形状设计"或"包围盒"选项实现切换。

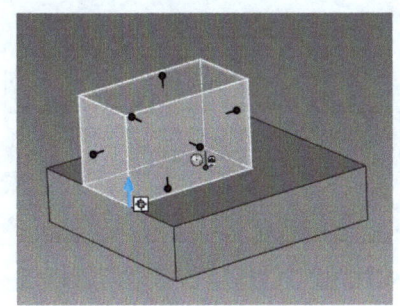 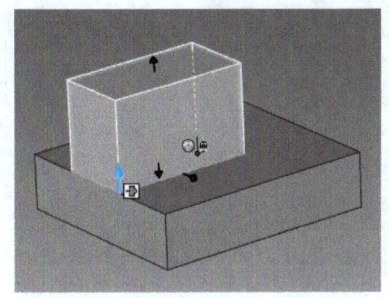

图 2-1-16　包围盒操作柄状态　　　　　图 2-1-17　特征草图操作柄状态

在包围盒操作柄状态下,可以通过拖动操作柄修改围绕智能图素的包围盒的长度、宽度和高度。

在特征草图操作柄(形状设计)状态下,可以直接修改构成智能图素的草图尺寸和特征操作值。

在智能图素编辑状态下,当显示包围盒操作柄时,单击操作柄切换图标,特征草图操作柄就显示出来了。根据选定图素的类型,可显示特征草图操作柄中的一种或多种显示样式,具体见表 2-1-3。利用这些图素操作柄可以对图素进行可视化编辑、精确编辑等,使用方法和包围盒操作柄应用类似,这里不再赘述。

表 2-1-3　图素操作柄的显示样式

序号	显示样式	显示位置	备注
1	红色的三角形拉伸操作柄	位于拉伸设计的起始和结束截面	—
2	红色的菱形草图操作柄	位于所有类型图素截面草图的边上	如果要查看轮廓操作柄,必须把光标移动到草图的边上
3	方形旋转操作柄	位于旋转设计的起始截面	—

微课:包围盒与操作柄的应用　　微课:编辑包围盒

2. 拖放操作

拖放操作在 CAXA 3D 实体设计中应用较多，如使用鼠标左键从设计元素库中将所需的智能图素拖动到图形区域，然后松开鼠标左键即可创建一个实体，这样可提高设计效率。用户可以根据需要通过在设计元素库中的图素处单击鼠标右键为其设置"拖放后激活三维球"，这样当将设计元素库中的该图素拖动到设计环境中时，该图素便会带有三维球，如图 2-1-18 所示，便于模型操作。此外，用户还需要掌握鼠标右键的拖放操作和用拖放操作进行尺寸修改的操作，用鼠标右键拖放时出现的快捷菜单如图 2-1-19 所示。

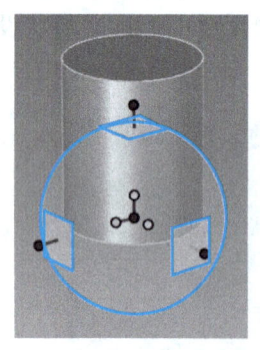
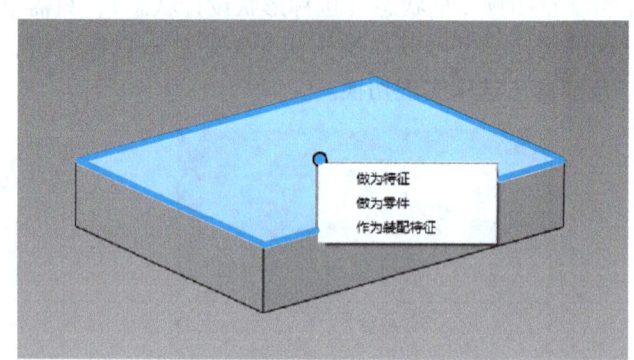

图 2-1-18　拖放后激活三维球　　　　图 2-1-19　用鼠标右键拖放时出现的快捷菜单

如果选中一个标准零件并进入智能图素编辑状态，系统默认显示黄色（图中呈上色部分）的包围盒和一个操作柄开关。单击操作柄开关可以在两种智能图素编辑环境（图 2-1-20）之间切换。在包围盒状态下，将光标移向一个操作柄时会出现一个手形和双箭头，长按鼠标左键并拖动操作柄可以修改尺寸。在形状设计状态下，拾取并拖动三角形操作柄可以修改拉伸方向的尺寸。

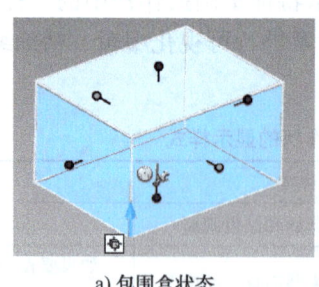
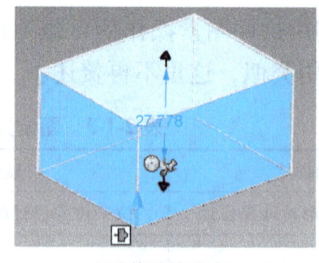

a）包围盒状态　　　　　　　b）形状设计状态

微课：拖放操作

图 2-1-20　两种智能图素编辑环境

3. 三维球工具

三维球是一个非常便捷且直观的三维图素操作工具。作为强大而灵活的三维空间定位工具，它可以通过平移、旋转和其他复杂的三维空间变换来精确定位任何一个三维物体。三维球还可以完成对智能图素、零件或组合件生成复制、直线阵列、矩形阵列和圆形阵列的操作。

三维球可以附着在多种三维物体之上。在选中零件、智能图素、锚点、表面、视向、光源及动画路径关键帧等三维元素后，可通过单击快速启动栏上的三维球工具图标，打开三维球，使三维球附着在这些三维物体之上，从而方便地对它们进行移动、相对定位和距离测量。在三维球状态下，按下〈空格〉键，使三维球与图素分离（三维球变成白色），然后对三维球（不带图素）进行移动、旋转等操作。图素及三维球的三种状态如图2-1-21 所示。

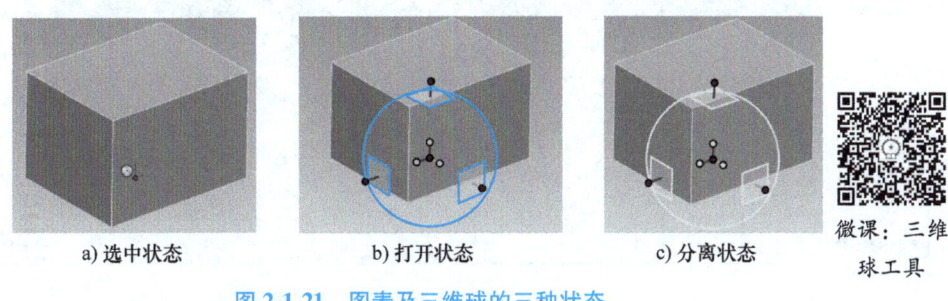

a) 选中状态　　　　b) 打开状态　　　　c) 分离状态

微课：三维球工具

图 2-1-21　图素及三维球的三种状态

三、特征创建方式

在三维建模中，特征创建的方式有拉伸、扫描、放样、智能图素法及旋转等。可以根据模型特点选取一种或多种合适的创建方式，往往不同用户创建同一模型的方法各不相同，根据本任务模型的特点，这里介绍两种特征创建的方式。

1. 智能图素法

将所需创建的模型分解为几个基本体（可在设计元素库中调用），按照相应的位置关系叠放，再按要求编辑尺寸即可。对于一些较复杂的形体，无法或者较难全部分解为基本体时，可以部分使用智能图素法创建，另外复杂的部分使用其他方法创建。

2. 旋转法

利用旋转把一个二维草图轮廓沿着零件的旋转轴旋转生成三维模型。例如，可以把一个直角三角形（二维）旋转生成一个锥体（三维）。旋转产生的图素在沿该旋转轴的方向上总是具有回转的特性，能够使用旋转特征创建的形体必须为回转体。

命令启动方式：单击"特征"工具栏中的图标。

若空间内没有任何图素，旋转命令启动后会直接进入草图绘制界面（图2-1-22），此时可以直接绘制二维曲线或图形。

若空间内有图素，旋转命令启动后，命令管理栏会询问是从设计环境中选择一个零件（新建的旋转特征与所选零件融合为一个整体，此时要选择需要成为一个整体的空间零件）还是新生成一个独立的零件（新建的旋转特征是独立的零件），如图 2-1-23a 所示，此时根据需要选择相应的选项即可。选择完成后进入旋转特征界面，如图 2-1-23b 所示，若空间中已有绘制完成的草图，则可直接选择；若空间中没有相应的草图，则单击如图 2-1-23b 中的 2D 草图图标，进入 2D 草图位置界面，如图 2-1-23c 所示。软件提供了十种 2D 草图放置类型，根据需要选择即可。

按照创建草图的过程绘制草图时，系统默认草图绕 Y 轴旋转，若需要绕草图中的其他

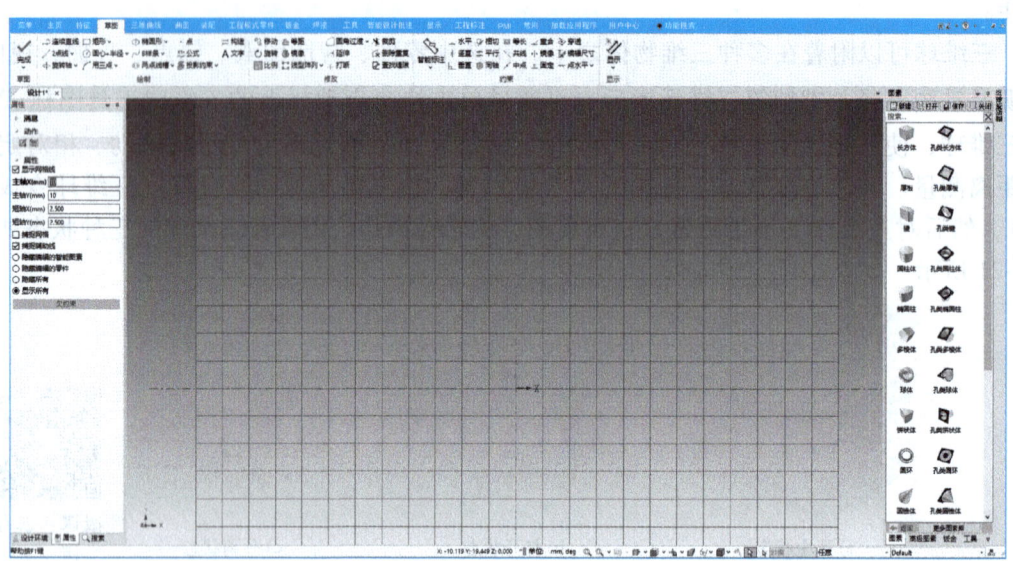

图 2-1-22　旋转命令下草图绘制界面

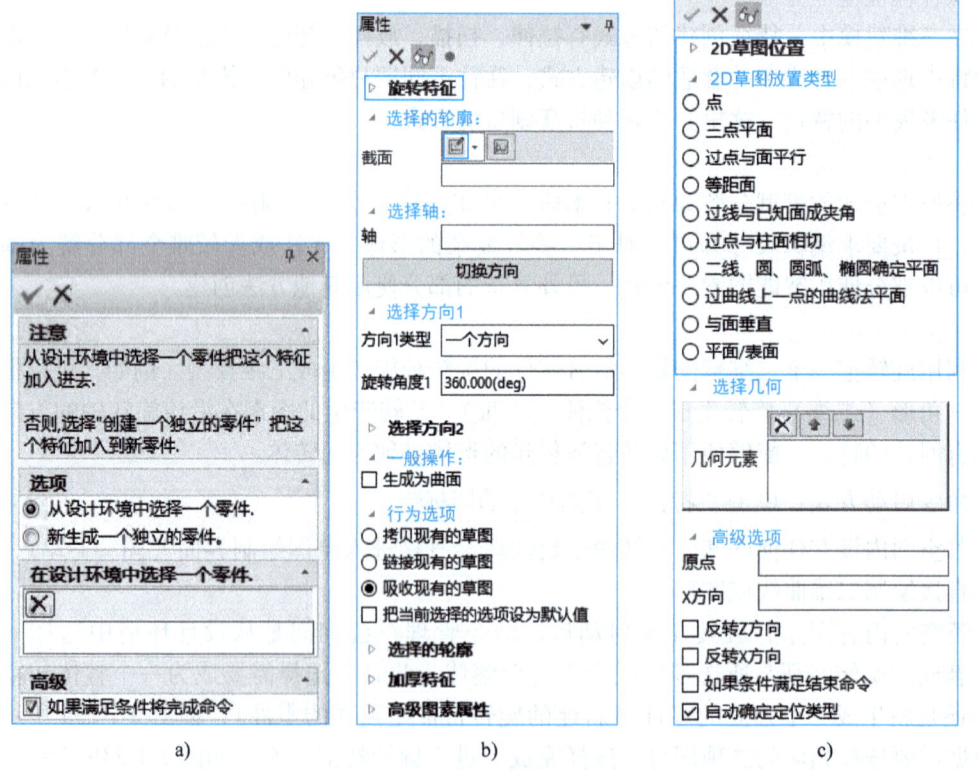

a)　　　　　　　　　　　b)　　　　　　　　　　　c)

图 2-1-23　空间内有图素时旋转的操作

位置旋转，则可以手动添加一个旋转轴，或者在旋转特征中选择一条线作为旋转轴。如果选择合理，则设计环境中会预显出旋转结果，如图 2-1-24 所示，此时用户可以进行更改。

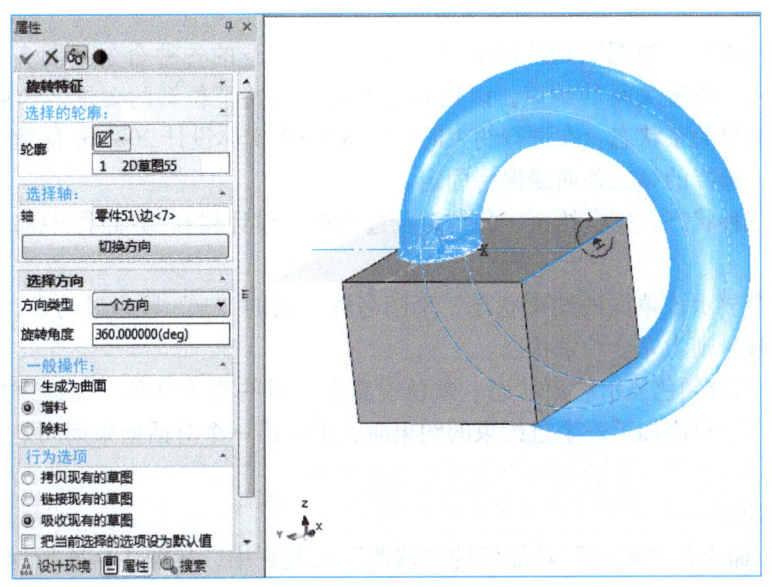

图 2-1-24 预显旋转结果

设置完成后,单击  确定,即可生成预显中的旋转体。

微课:旋转　　　　　　　微课:草图创建

四、创建草图

创建草图可以分为两步:草图绘制和草图约束。

1. 草图绘制

草图绘制是指对照零件图使用草图功能区中"绘制""修改"工具栏下的各种命令(图 2-1-25)绘制相应的图线,尺寸可不用太精确,保持各线段的比例即可。

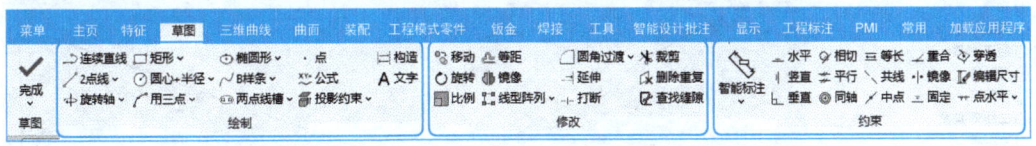

图 2-1-25 "草图"下的"绘制""修改"及"约束"工具栏

注意:

1)用于旋转、拉伸、扫描及放样的草图必须是封闭轮廓,不能有多线、重线,否则不能创建特征。

2)草图默认绕 Y 轴旋转,因此可以按照绕 Y 轴旋转来绘制草图,也可以在绘制完成后,在相应的位置添加一条旋转轴,系统会优先使用添加的旋转轴,还可以在"旋转特征"界面中选择统一零件上的某条边或轴线作为旋转轴。

2. 草图约束

草图约束是指用"草图"功能区中"约束"工具栏下的各种命令（图 2-1-25）对绘制的草图进行尺寸、位置关系的约束，以达到零件尺寸和特征位置的要求。约束条件可以编辑、删除或者恢复关系状态。在进行约束时，CAXA 3D 实体设计 2023 软件默认选择的第一条曲线重定位，选择的第二条曲线保持固定。

草图具有三种状态：完全约束、欠约束及过约束。设计树和 2D 草图中都能显示出草图的约束状态。

设计树中会显示该草图的约束状态，草图名称后面的"+"号为过约束，"-"号为欠约束，没有加减号则为完全约束状态。

2D 草图中通过颜色显示约束状态。默认设置下，过约束为红色，欠约束为黑色，完全约束为绿色。当用户添加了一个过约束的约束时，将弹出一个对话框来询问是否将该约束作为参考约束。

五、创建边倒角

"边倒角"命令在"特征"功能区的"修改"工具栏中，如图 2-1-26 所示。

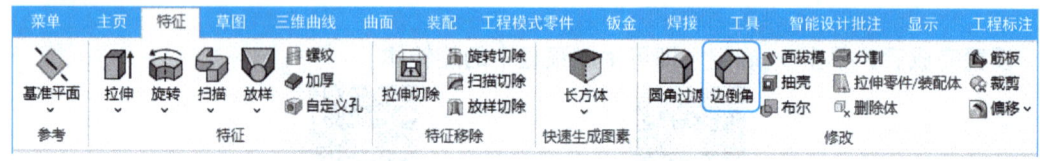

图 2-1-26 "边倒角"命令位置

单击"边倒角"命令，出现如图 2-1-27 所示的倒角特征界面。系统默认"倒角类型"为"距离"，适用于 45°倒角的情况，只需要输入一个距离，选择相应要作倒角的边即可。"两边距离""距离-角度"等类型适合非 45°的倒角，应用较少。

图 2-1-27 倒角特征界面

六、创建齿轮

齿轮主体部分的创建命令在设计元素库的"工具"模块中。拖拽齿轮至设计环境,弹出如图 2-1-28 所示的齿轮对话框,选择"齿轮类型"(默认为"直齿轮"),输入齿轮相关参数("齿数""齿廓""压力角""厚度""孔半径"及"分度圆半径"等),单击"确定"按钮,生成相应的齿轮轮齿主体,如图 2-1-29 所示。轮辐上的环槽、孔等特征可根据具体情况添加。

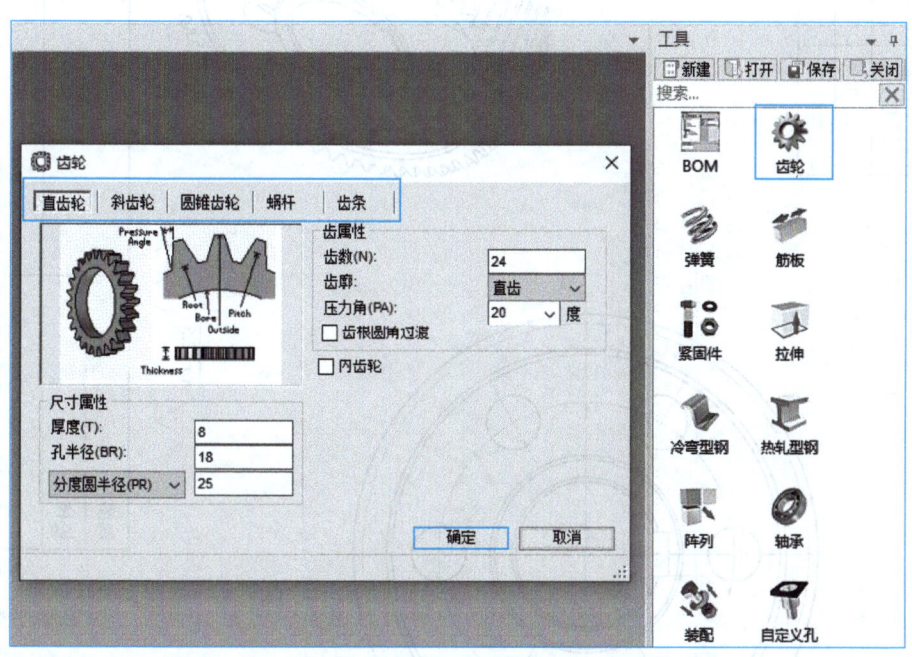

图 2-1-28 齿轮对话框

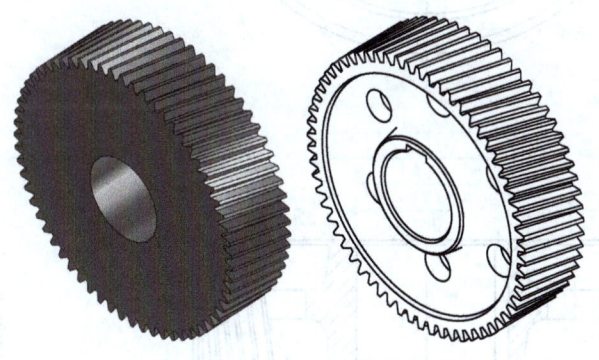

图 2-1-29 齿轮轮齿主体

七、创建有规律的多特征

机械零件中常有按一定规律分布的相同特征,如图 2-1-30 所示,斜齿轮零件图中圆周上均匀分布着六个孔。这类特征只需要创建一个,再对其进行阵列即可。

微课:阵列特征

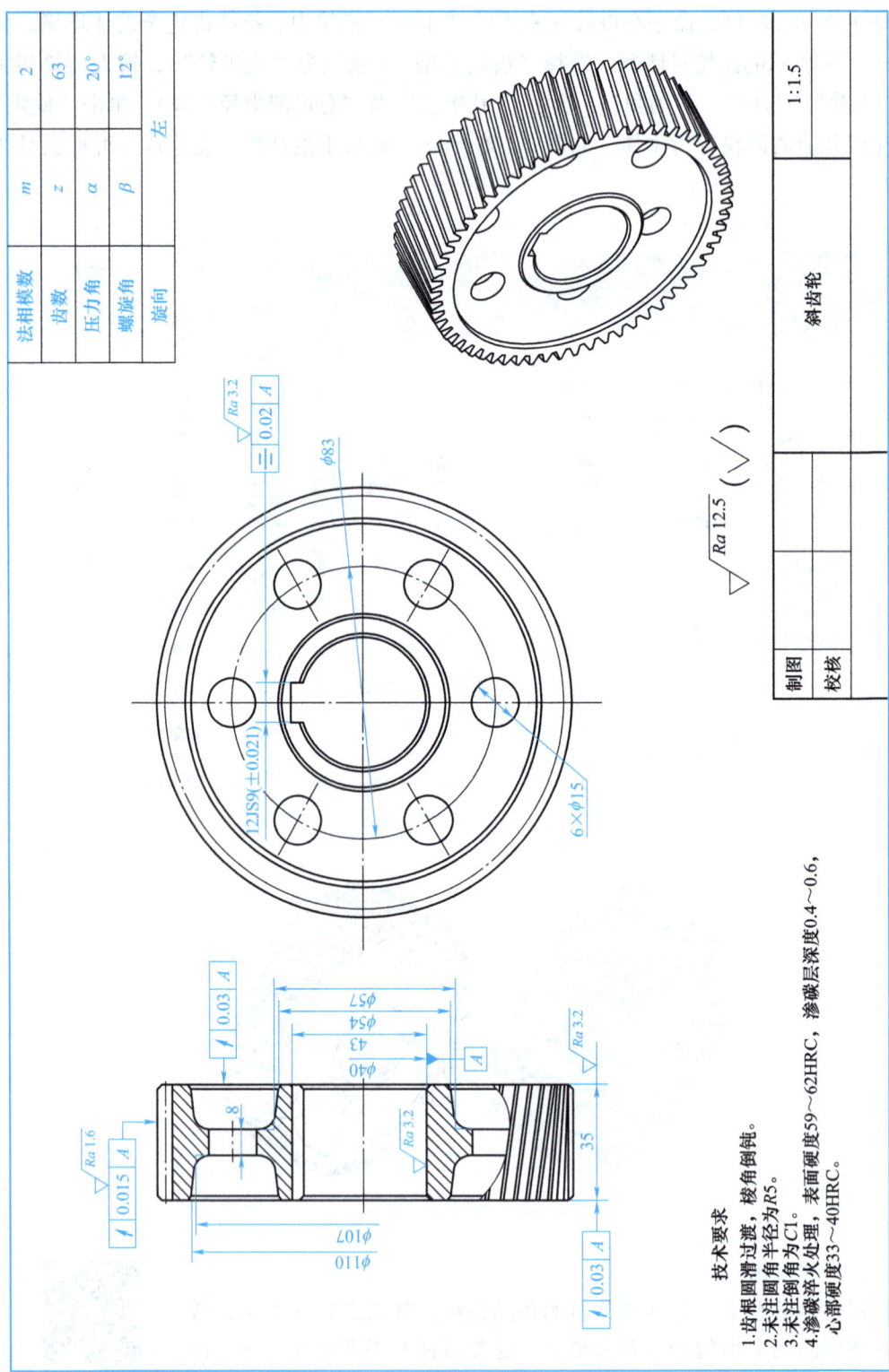

图 2-1-30 斜齿轮零件图

"阵列"命令在"特征"功能区的"变换"工具栏中，如图 2-1-31 所示。单击"阵列特征"，如图 2-1-32 所示，首先选择零件（即在哪一零件上进行阵列），进入阵列特征界面，选择"阵列类型"（默认"线型阵列"）、被阵列的特征、方向或轴，填写个数和间距等参数，单击左上角 ✓ 确定，即完成特征的阵列。

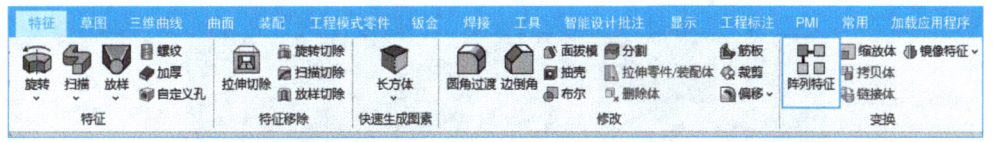

图 2-1-31 "阵列"命令位置

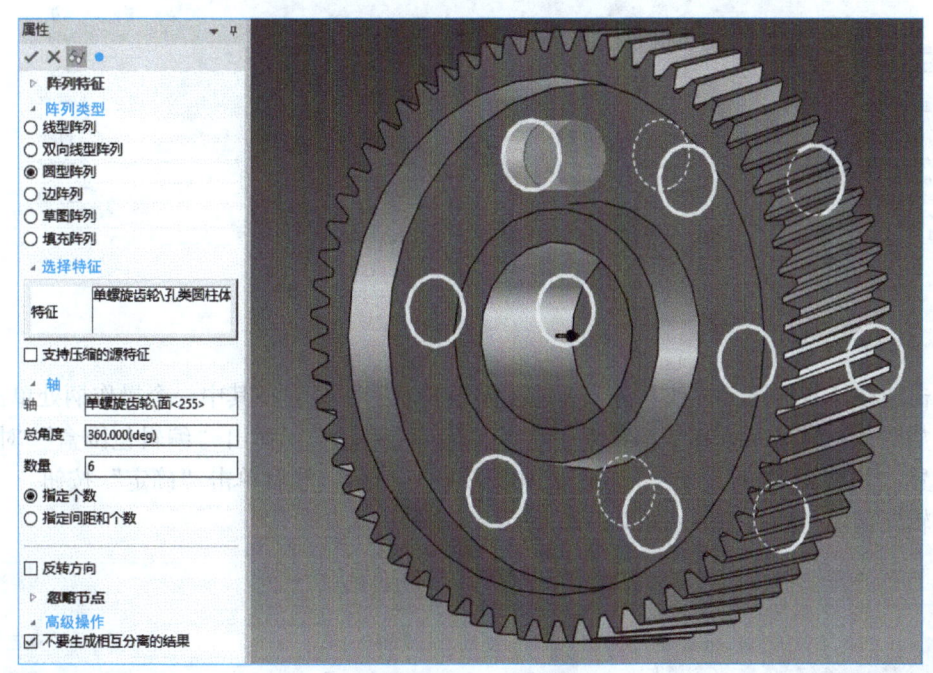

图 2-1-32 阵列特征界面

任务实施

分析偏心盘的结构，偏心盘属于回转体，由一个＿＿＿＿＿的圆柱、一个＿＿＿＿＿＿＿的圆柱、一个＿＿＿＿＿的圆柱孔、一个＿＿＿＿＿的圆柱孔及一个＿＿＿＿＿的圆柱孔＿＿＿＿＿叠加而成，一个＿＿＿＿＿＿的圆柱孔在距主体轴线＿＿＿的位置上叠加（偏心），有 C2mm 和 C1mm 的三处倒角。因此主体可以使用＿＿＿法或＿＿＿＿法创建，偏心的圆孔使用＿＿＿＿＿法创建，倒角可以使用边倒角命令在实体上添加，也可以在草图中添加，旋转时直接创建出倒角。

一、智能图素法创建

1. 拖入圆柱体

打开"图素"设计元素库，选择"圆柱体"智能图素，如图 2-1-33 所示。长按鼠标左键将该图素拖动到设计环境中的合适位置，然后松开鼠标左键，生成圆柱体标准智能图素。

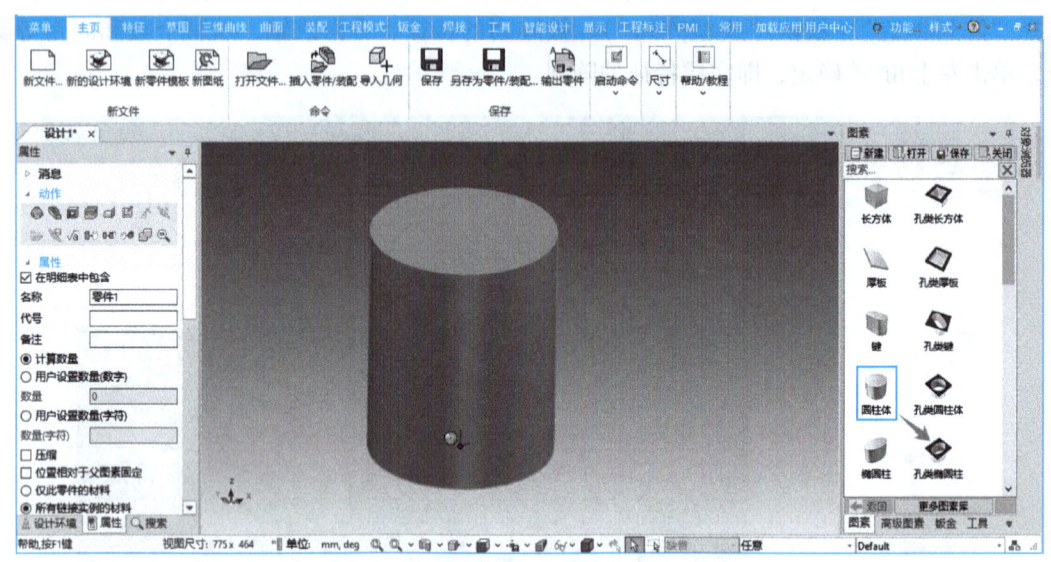

图 2-1-33　拖入圆柱体

2. 编辑包围盒尺寸

单击圆柱体智能图素，使其进入智能图素编辑状态。接着在其中一个操作柄处单击鼠标右键，如图 2-1-34 所示，在快捷菜单中选择"编辑包围盒"，弹出"编辑包围盒"对话框，分别设置"长度""宽度"和"高度"，如图 2-1-35 所示，然后单击"确定"按钮。

编辑好包围盒后的图形如图 2-1-36 所示。

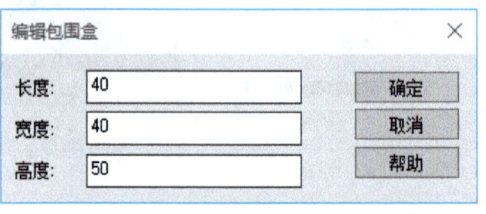

图 2-1-35　"编辑包围盒"对话框

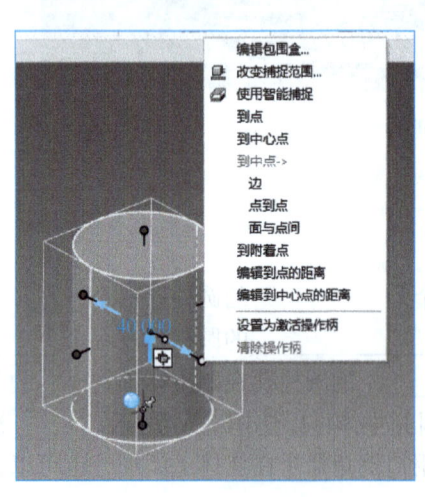

图 2-1-34　选择"编辑包围盒"

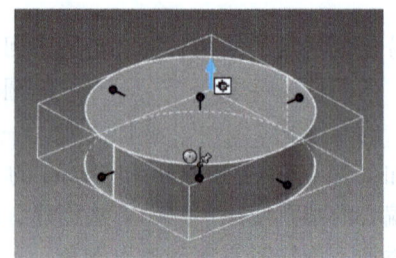

图 2-1-36　编辑好包围盒后的图形

3. 拖入圆柱体

在"图素"设计元素库中选择"圆柱体"智能图素，长按鼠标右键将该图素拖动到设计环境中,当光标移动到第一个圆柱体的上端面中心处时,会出现一个大的智能捕捉圆点,此时松开鼠标右键,出现如图 2-1-37 所示的快捷菜单,选择"作为特征"。按上述方法编辑包围盒,得到如图 2-1-38 所示的偏心盘圆台模型。

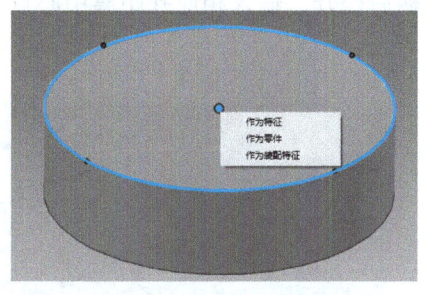
图 2-1-37 选择"作为特征"

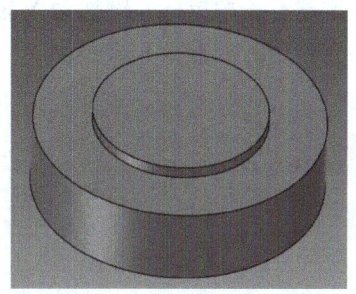
图 2-1-38 偏心盘圆台模型

4. 拖入孔类圆柱体

在"图素"设计元素库中选择"孔类圆柱体"智能图素,长按鼠标右键将该图素拖动到设计环境中,当光标移动到第二个圆柱体的上端面中心处时,会智能捕捉到该端面的圆心点,然后松开鼠标右键,从弹出的快捷菜单中选择"作为特征"命令,修改孔类圆柱体的尺寸,得到如图 2-1-39 所示的模型。按照此步骤依次用"孔类圆柱体"智能图素得到如图 2-1-40 所示的最终模型。

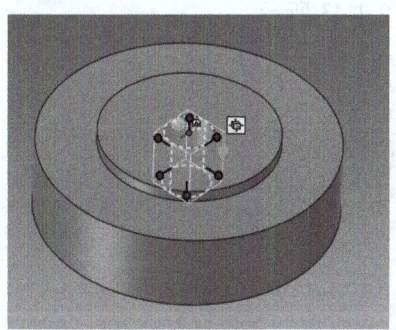
图 2-1-39 拖入孔类圆柱体后的模型

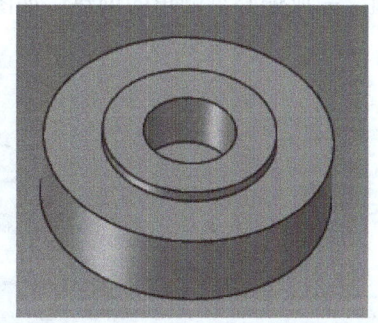

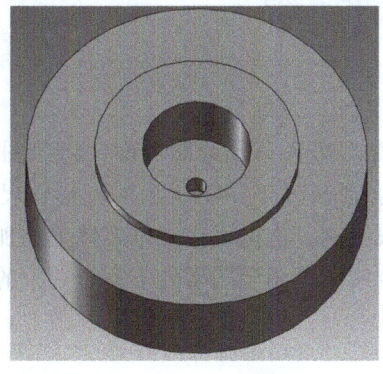

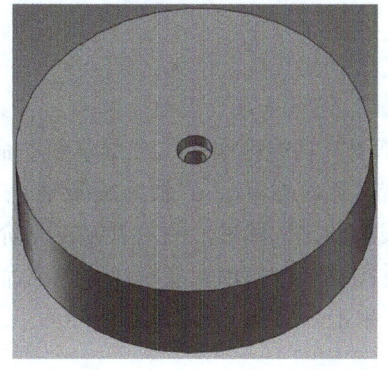
图 2-1-40 最终模型

5. 利用三维球移动图素特征

在"图素"设计元素库中选择"孔类圆柱体"智能图素，长按鼠标左键将该图素拖动到圆台中心点后松开鼠标，编辑包围盒尺寸，如图 2-1-41 所示。此时，单击该孔类圆柱体上面的三维球，长按鼠标左键拖动 X 轴方向操作柄后松开，输入相应孔距离中心点的距离，得到偏心孔模型，如图 2-1-42 所示。

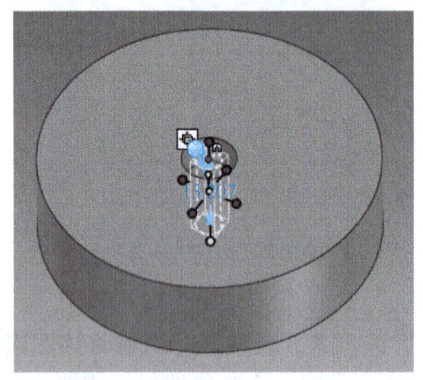
图 2-1-41 拖入"孔类圆柱体"

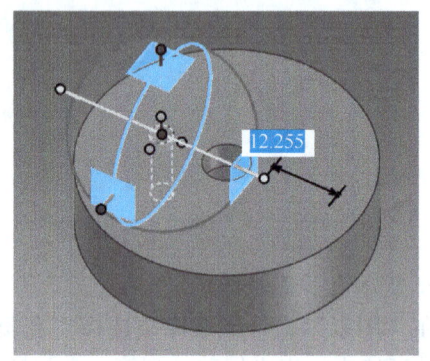
图 2-1-42 用三维球移动偏心孔

6. 偏心盘倒角的创建

选择"特征"功能区中的"边倒角"命令，在"倒角类型"中选择"距离-角度"，并输入相应数值，完成偏心盘倒角的创建，如图 2-1-43 所示。

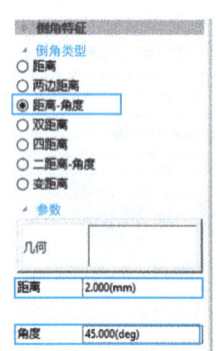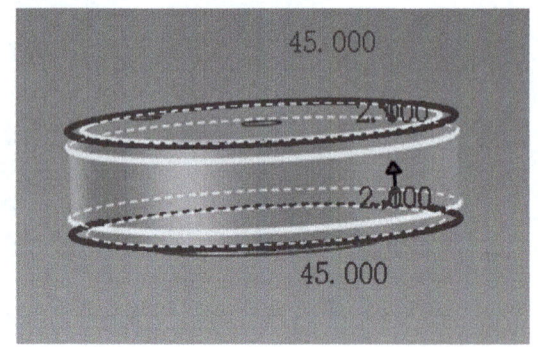

图 2-1-43 偏心盘倒角的创建

微课：图素法

二、旋转法创建

1. 创建草图

单击"草图"功能区中的"二维草图"命令，进入草图绘制界面，将草图界面的 Y 轴置于____位置（系统默认以 Y 轴为旋转轴）。绘制如图 2-1-44 所示的图形，尺寸不用太精确，保持各线段的比例即可。倒角可以在此阶段绘制，也可以在三维实体上添加。

按照零件图要求，使用智能标注等约束命令约束草图至图素处于完全约束的状态，如图 2-1-45 所示。单击"完成"，退出草图界面。

2. 旋转为实体

单击_____功能区_____工具栏_____命令。选择_____选项，进入旋转特征界面，截面选择_____，轴默认为 Y 轴。

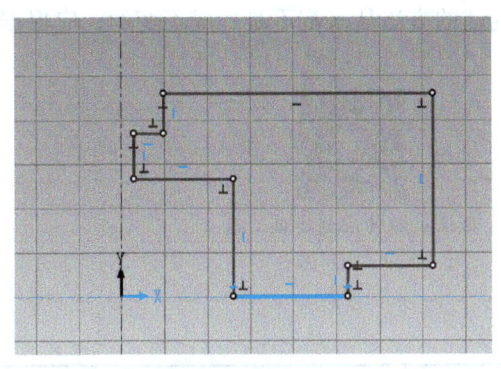

图 2-1-44 绘制草图

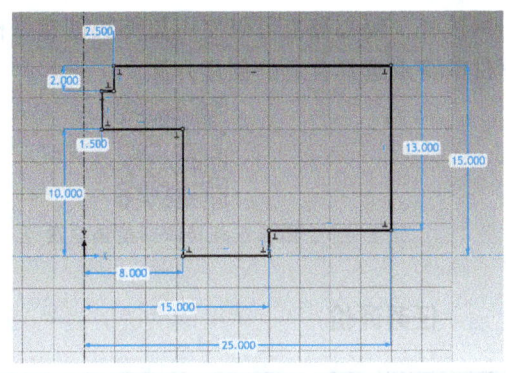

图 2-1-45 约束草图

方向和角度可以根据情况调整，此模型中不需要改变。切记不要勾选"生成为曲面"复选按钮（勾选后生成的是面而不是体）。

设置完成的旋转特征界面及预览效果如图 2-1-46 所示。单击 ✓ 确定，偏心盘主体创建完成。

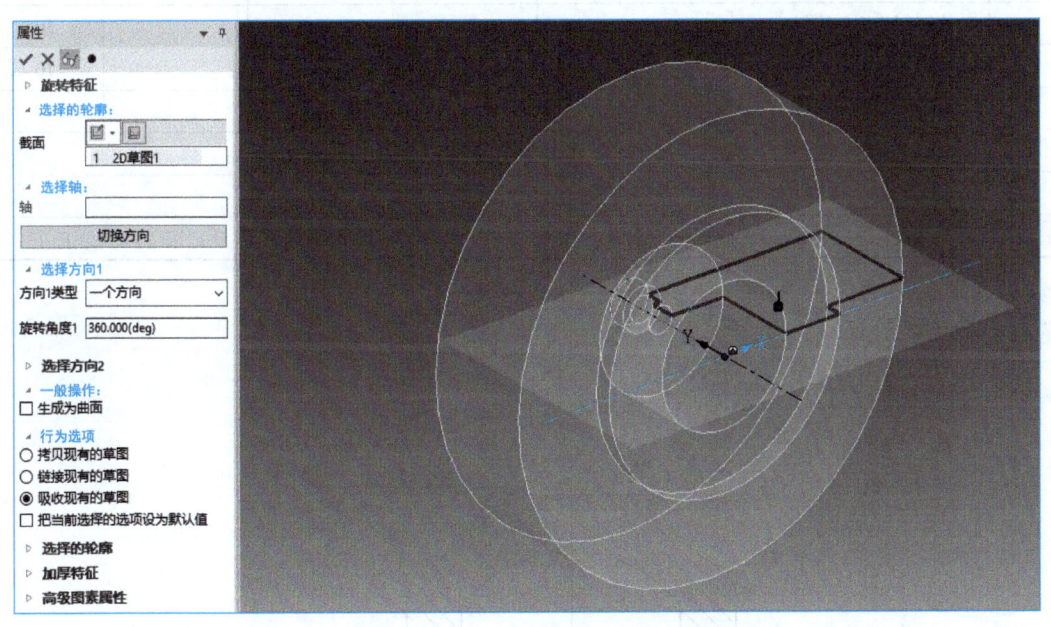

图 2-1-46 设置完成的旋转特征界面及预览效果

注意：一般草图和特征设置无误的情况下，实体效果都能预览出来。相反，若没有出现预览效果，就意味着草图或者特征设置中存在问题，需要修改后再次操作。使用旋转命令生成实体时，若需要在形体上旋转挖切某特征，则可使用特征移除选项卡中的旋转切除命令，操作方法同旋转命令。

"生成为曲面"复选按钮：若勾选此复选按钮，则将旋转生成曲面而不是实体。

3. 其他特征的添加

偏心孔、倒角的添加同智能图素法，此处不再赘述。

此外，偏心盘也可以使用拉伸法创建。模型创建的方法从来都不是一成不变的，应根据零件的特点选择合适的创建方法。

微课：旋转法创建偏心盘

微课：拉伸法创建偏心盘

 任务评价

序号	考核内容	学生自评（30%）	小组互评（20%）	教师总评（50%）	分值
1	能够使用智能图素法创建偏心盘模型				30
2	能够使用旋转法创建偏心盘模型，能够对二维草图进行恰当约束				30
3	熟练使用三维球移动特征				20
4	能够创建倒角特征				10
5	能够积极、有效地帮助其他同学				10
	小计				—
	总评				
	完成时间	分钟			
精进计划：					

 举一反三

1）创建如图 2-1-47 所示的顶垫模型。

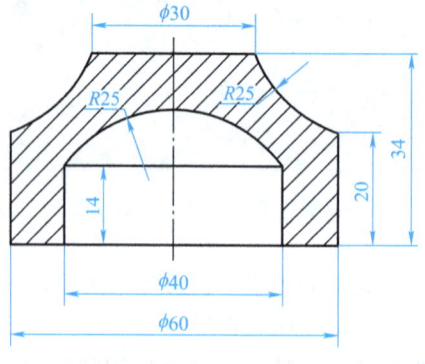

微课：创建顶垫模型

图 2-1-47　顶垫

2）创建如图 2-1-30 所示的斜齿轮模型。

3）创建如图 2-1-48 所示的带轮模型。

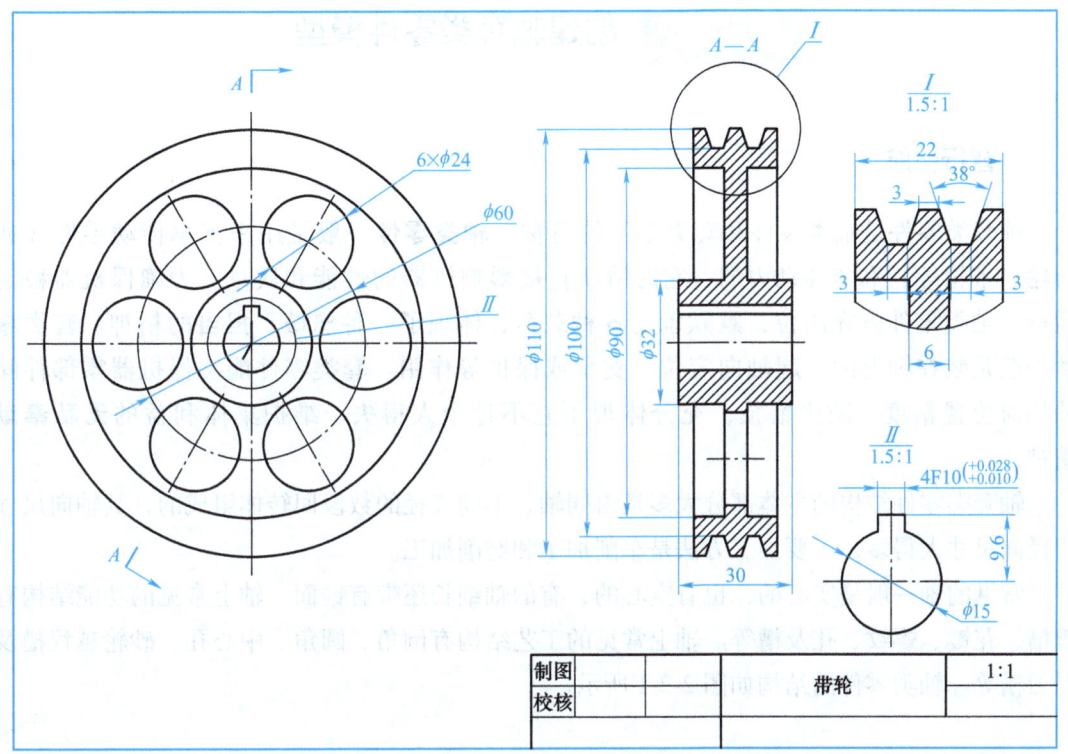

图 2-1-48　带轮

微课：创建斜齿轮模型

微课：创建带轮模型

任务 2　创建轴套类零件模型

 智行引航

　　轴套类零件是轴类零件和套类零件的总称。**轴类零件**一般是用来支承传动零件（如齿轮、带轮等）和传递动力的，它的精度直接影响机器的性能和质量。为确保机器稳定运行，轴类零件坚守岗位，默默承受各种载荷，体现了一种**忠诚**、**担当**的精神。**套类零件**一般是装在轴上的，起轴向定位、支承或保护等作用。套类零件能确保机器零部件间的相对位置精度、减少磨损，充分体现了它不计个人得失、维护集体利益的**无私奉献**精神。

　　轴套类零件结构的主体部分大多是由同轴、不同直径的数段回转体组成的，其轴向尺寸比径向尺寸大得多，主要加工方法是车削加工和磨削加工。

　　常见的轴一般是实心的，也有空心的，有的轴细长还带有锥面。轴上常见的功能结构有键槽、花键、螺纹、孔及槽等。轴上常见的工艺结构有倒角、圆角、中心孔、砂轮越程槽及退刀槽等。轴类零件的结构如图 2-2-1 所示。

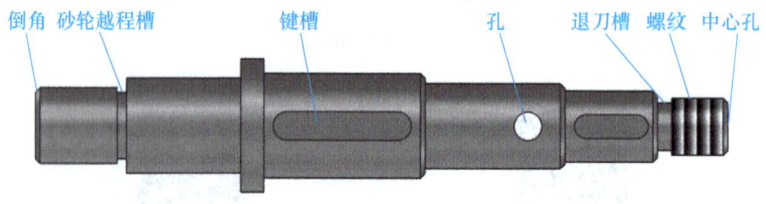

图 2-2-1　轴类零件的结构

 知识导入

一、实心轴

　　实心轴是指沿轴线方向没有孔的轴，常采用轴线_____放置的一个主视图加若干_____或局部放大图表达，选择有槽或有孔的方向作为____视图投射方向，对于轴上的键槽和垂直轴线的孔采用_____表达，对于轴肩的圆角、退刀槽（砂轮越程槽）等工艺结构可采用_____表达。

　　如图 2-2-2 所示，连接轴由主视图、___个_____和___个_____图表达。其中 A—A、B—B、C—C 分别表达_____和_____的情况，Ⅰ、Ⅱ视图分别表达_____和_____的情况。此实心轴名为_____，共有七个轴段，从左至右轴径依次为____、____、____、____、____、____和____。轴段长度有直接标注和间接标注两种形式。左边键长为____、宽为____、深为____，距左边轴肩____。右边键长为____、宽为____、深为____，距左边轴肩____。通孔直径为____，距右边轴肩____。右端螺柱属于_____螺纹，大径为____。左、右两端各有一个____型中心孔。

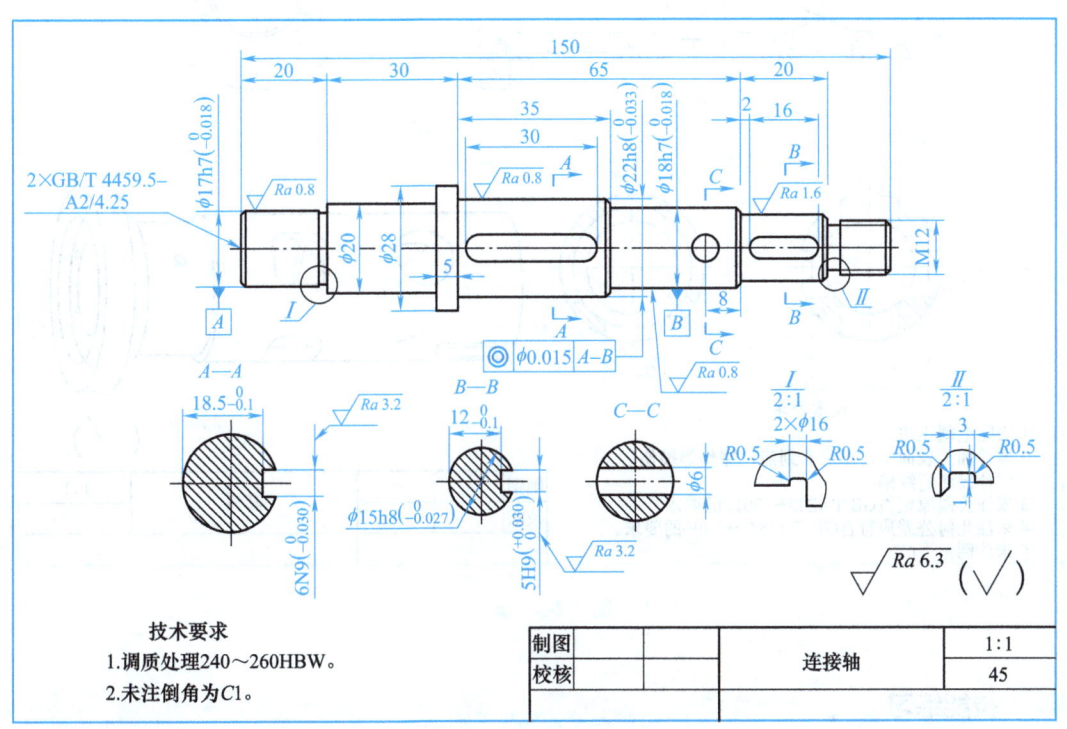

图 2-2-2 连接轴

二、空心轴

空心轴的主视图采用轴线____放置的全剖视图或局部剖视图。轴端孔的形状和分布情况，可用____或____视图表达。孔、槽的深度可用_____表达。

如图 2-2-3 所示，套筒的主视图采用____视图表达空心轴的主体形状，两个断面图表达_____的情况，_____图表达左侧六个螺纹孔的分布情况。该空心轴名称为____，外形由直径为____、长为____和直径为____、长为____的两段圆柱同轴叠加而成，在其距右端面____的位置上被挖出一段长为____的环槽，槽底直径为____。内部自右向左挖掉直径为____、长为____和直径为____、长为____的孔，在距右端面____的位置径向有一个直径为____的通孔，距右端面____的位置将直径为 $\phi58$mm 的孔扩为直径为____的孔，长度为____，在径向上下、前后各作了一个底面边长为____的带圆角的方形孔，圆角半径为____，距右端面____的位置，在径向上下、前后各作了一个直径为____的圆孔，在前后两侧各作一个宽为____深为____的槽，右端面上____分布____个____的螺纹孔，孔深为____、螺纹深为____，左端面上____分布____个____的螺纹孔，孔深为____、螺纹深为____。

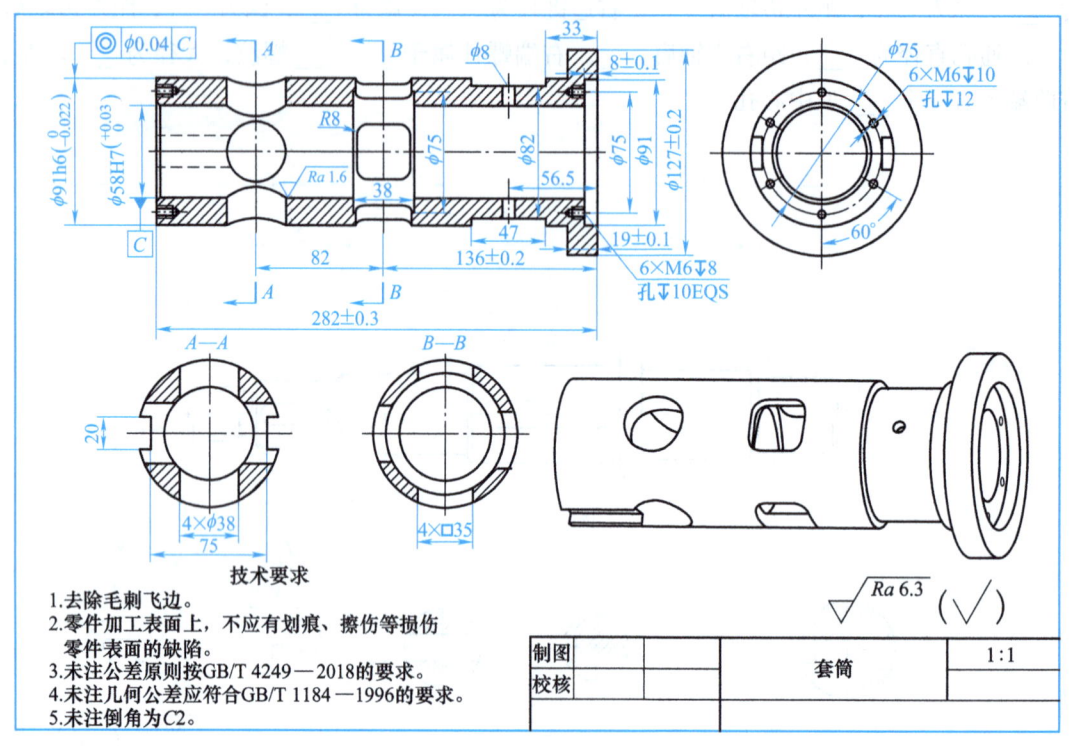

图 2-2-3　套筒

技能练习

轴套类零件主体使用智能图素法或旋转法创建，与轮盘类零件的创建方法相同，下面将展开介绍轴套类零件上键槽、中心孔、螺纹孔及普通螺纹等特征的创建。

一、键槽的创建

轴上的键槽两端是封闭的，键的类型决定了键槽的形状，这里将以 A 型普通平键槽（两端为圆头）为例介绍键槽的创建。创建 A 型普通平键槽可使用图素中的孔类键，将其拖动至相应图素确定的某点（一般用某轴肩轮廓上的象限点）位置上，以便用孔类键特征的三维球以此点为起点，向相应的方向移动或者绕某轴线转动相应角度，再使用尺寸编辑功能编辑键槽的长、宽和深。

微课：键槽的创建

二、中心孔的创建

中心孔是回转的，使用绘制草图的旋转草图除料命令即可。可以根据图中标记的代号查表得到确切尺寸绘制草图，也可以使用"插入"功能区的"图库"工具栏中的"常用图形"命令，调入相应的中心孔，如图 2-2-4 所示。带基点复制，到三维环境草图界面粘贴出一个中心孔

微课：中心孔的创建

图形，如图 2-2-5 所示，当孔的方向不符合要求时，使用"旋转"命令将其旋转至正确位置，如图 2-2-6 所示。需要注意，旋转的草图必须是单一的封闭区域，现在的中心孔显然不是，需要裁剪掉多余图素至符合要求，中心孔的最终草图如图 2-2-7 所示。

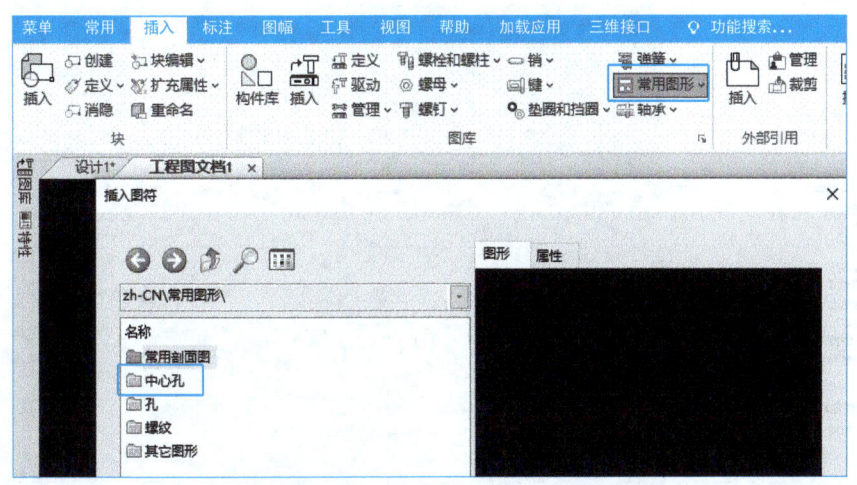

图 2-2-4　在工程图文件中调用中心孔

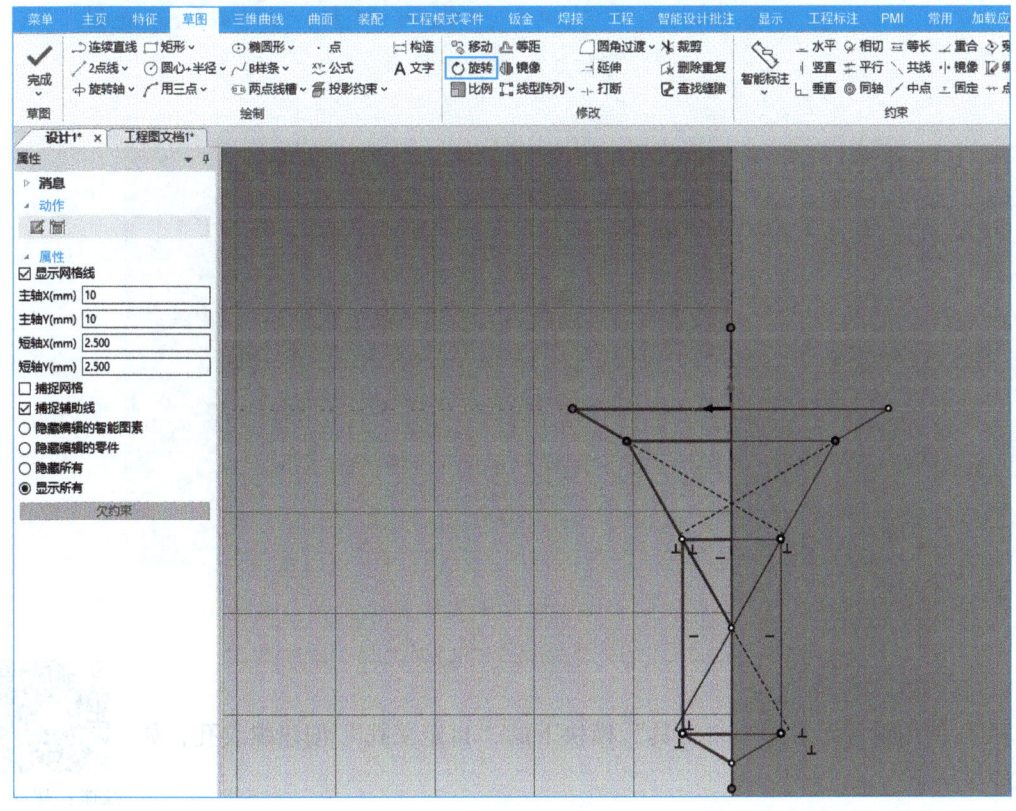

图 2-2-5　在三维环境草图中粘贴中心孔

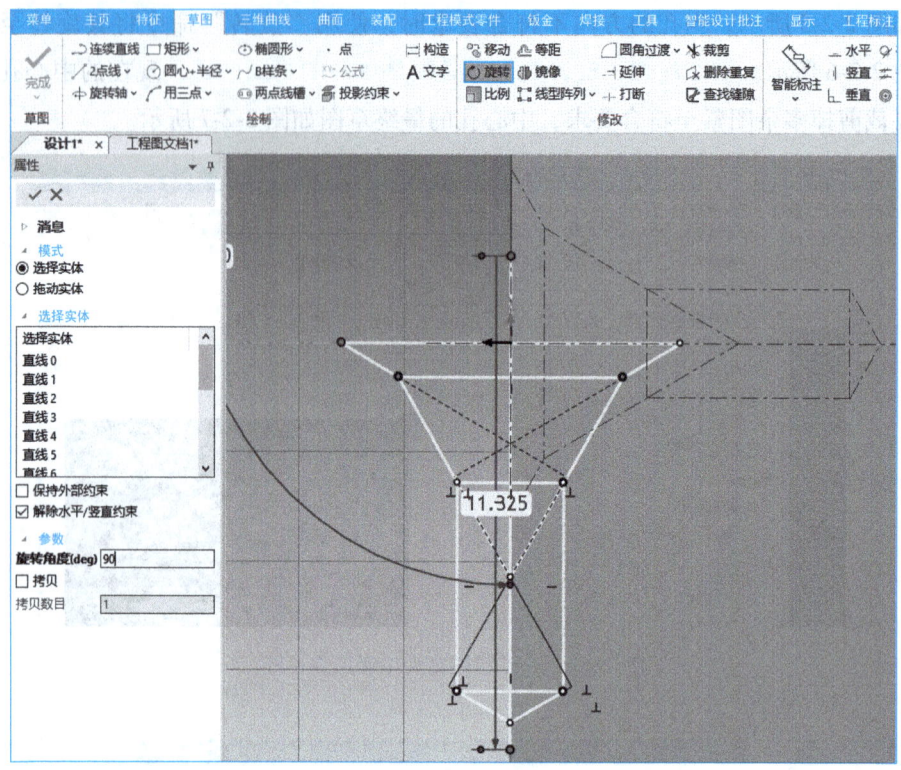

图 2-2-6 旋转图形

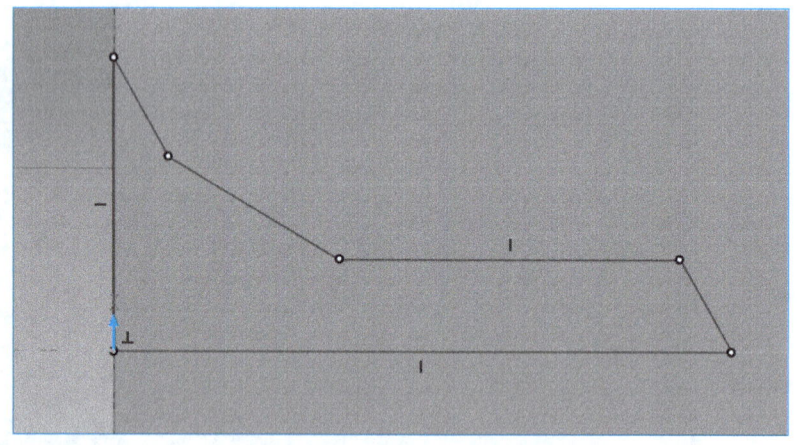

图 2-2-7 中心孔的最终草图

三、螺纹孔的创建

可以使用设计元素库中"工具"模块下的"自定义孔"创建螺纹孔,如图 2-2-8 所示。

微课:螺纹孔的创建

拖动"自定义孔"至某一确定位置后,会弹出"定制孔"对话框,如图 2-2-9 所示。对话框上部图标自左至右依次代表简单孔、沉头孔、锥形沉头孔、复合孔及管螺

模块 2　创建机械零件三维模型

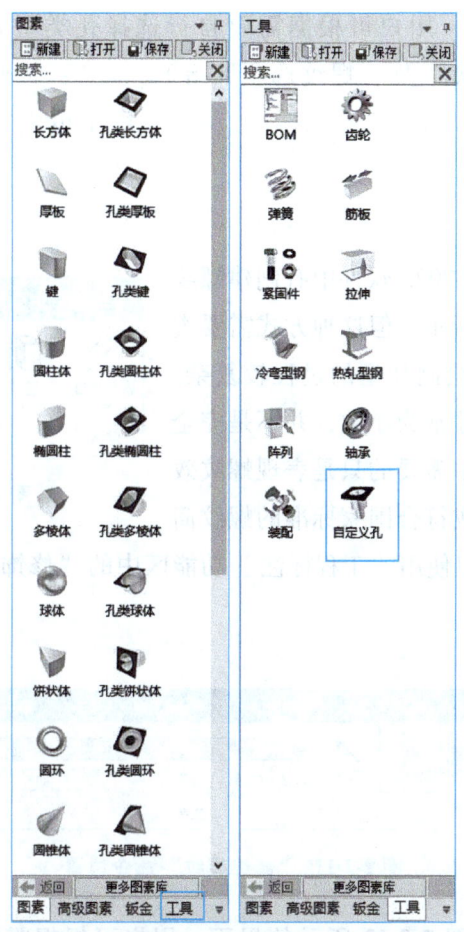

图 2-2-8　自定义孔

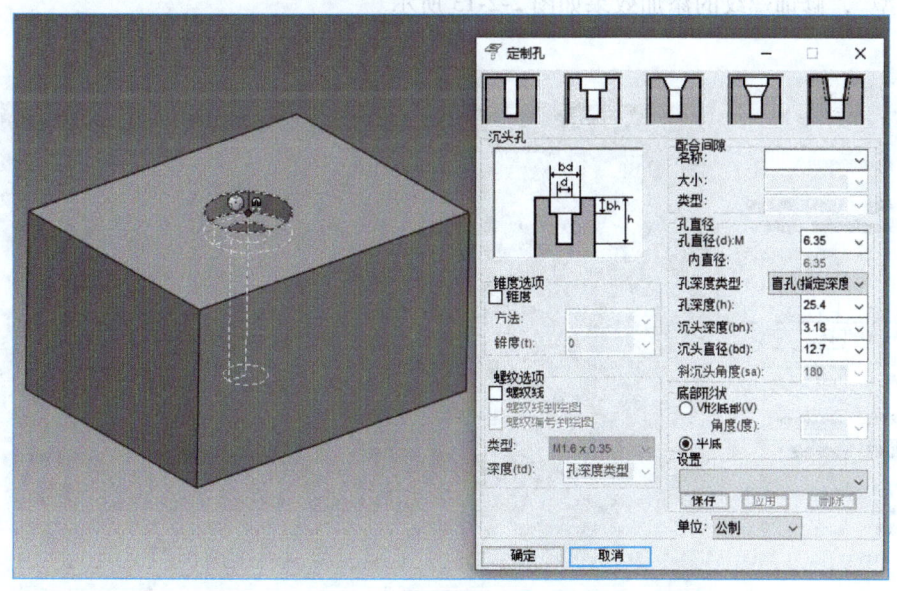

图 2-2-9　"定制孔"对话框

83

纹孔,默认是"沉头孔",用户可根据需要自行选择孔类型并设置孔的参数("孔直径""孔深度""底部形状"及"螺纹选项"等)。注意:按此方法创建的螺纹孔的螺纹属于修饰螺纹,可以显示螺纹效果,在二维工程图中可生成符合国家标准的螺纹简化画法。

四、普通螺纹的创建

在 CAXA 3D 实体设计 2023 软件中有创建螺纹的专用命令,如图 2-2-10 所示,但这种方式需要查表确定螺纹的各种参数,绘制牙型的过程较复杂。而对于普通螺纹,牙型尺寸常为小数,并不是完全精确的,并且在实际设计中需要的只是表现螺纹效果和在二维工程图中可生成符合国家标准的螺纹简

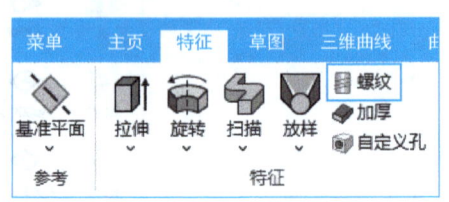

图 2-2-10 螺纹命令

化画法。这一目的完全可以使用"工程标注"功能区中的"修饰螺纹"命令来完成,如图 2-2-11 所示。

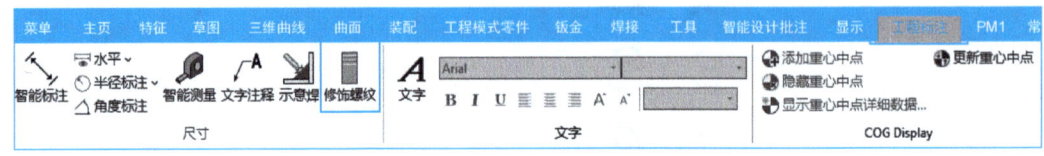

图 2-2-11 "修饰螺纹"命令位置

命令启动后会弹出如图 2-2-12 所示的界面,用户可根据需要选择"边""标准"及"长度类型",修饰螺纹的添加效果如图 2-2-13 所示。

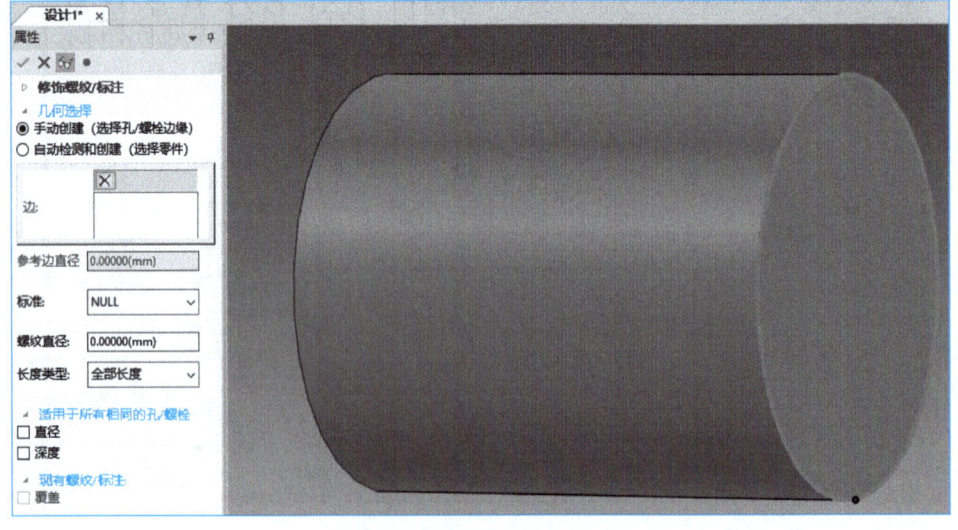

图 2-2-12 修饰螺纹/标注界面

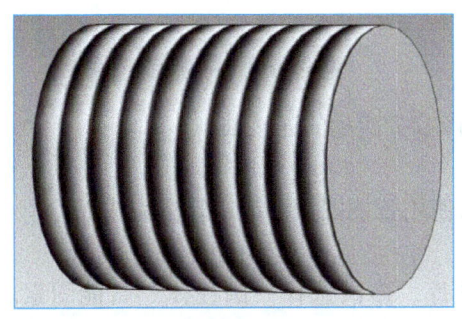

图 2-2-13　修饰螺纹的添加效果

微课：普通螺纹的创建

五、布尔运算

布尔运算是通过对两个以上的物体进行并集（布尔加）、差集（布尔减）及交集（布尔交）得到新的物体形态的运算。"布尔"命令在"特征"功能区的"修改"工具栏中，如图 2-2-14 所示。

微课：布尔运算

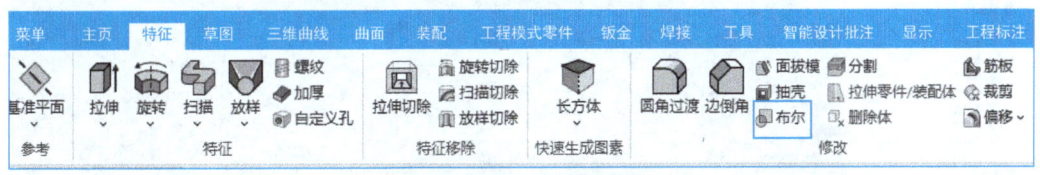

图 2-2-14　"布尔"命令位置

选择相应的操作类型及相应的零件/体，如图 2-2-15 所示。单击 ✓ 图标，完成布尔运算。图 2-2-16 中展示了圆柱和长方体经布尔加、布尔减（被布尔减的体是圆柱）、布尔减（被布尔减的是长方体）及布尔交运算后的结果。

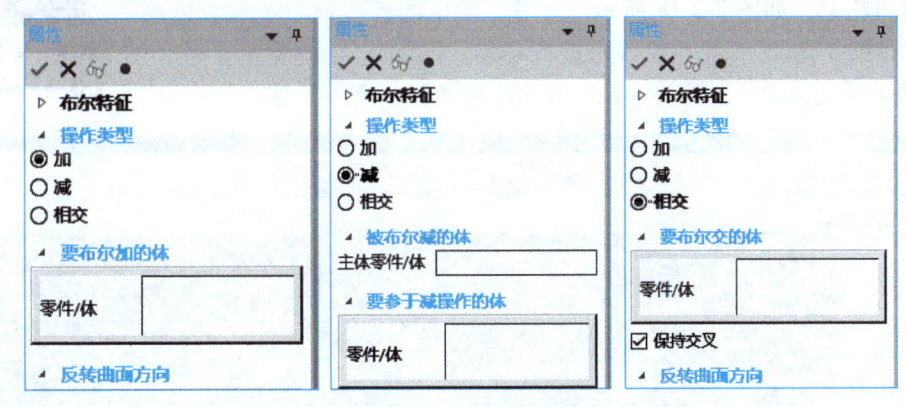

图 2-2-15　布尔特征界面

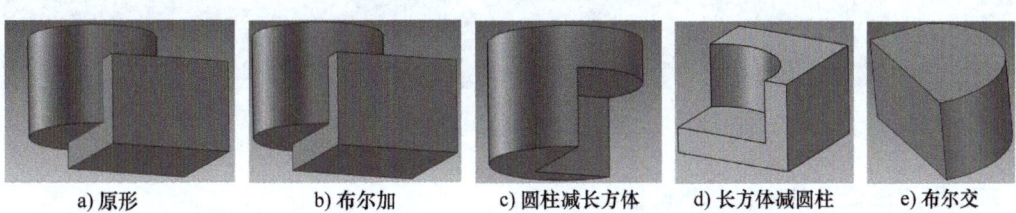

a) 原形　　b) 布尔加　　c) 圆柱减长方体　　d) 长方体减圆柱　　e) 布尔交

图 2-2-16　布尔运算结果

任务实施

本任务要创建的是如图 2-2-2 所示的连接轴。

一、创建主体部分

连接轴的主体部分可以使用智能图素法或旋转法完成。

1. 智能图素法

打开"图素"设计元素库,多次选择"圆柱体"智能图素。长按鼠标左键将图素拖动到设计环境中的合适位置,然后松开鼠标左键,编辑包围盒尺寸,建立轴的基本结构,生成如图 2-2-17 所示的连接轴主体模型。

微课:连接轴主体——智能图素法

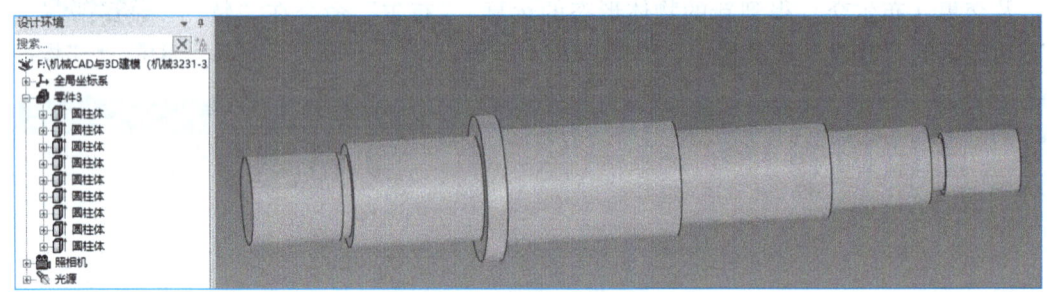

图 2-2-17 连接轴主体模型

2. 旋转法

使用旋转法创建连接轴,需要先创建草图,草图为连接轴回转轴线一侧的封闭轮廓,如图 2-2-18 所示。注意,默认的旋转轴为 Y 轴,需将草图界面中的 Y 轴置于水平位置再进行绘制,或者在 Y 轴竖直绘制后,再在 X 轴上手动添加一条旋转轴,此时,旋转轴就切换至 X 轴。

微课:连接轴主体——旋转法

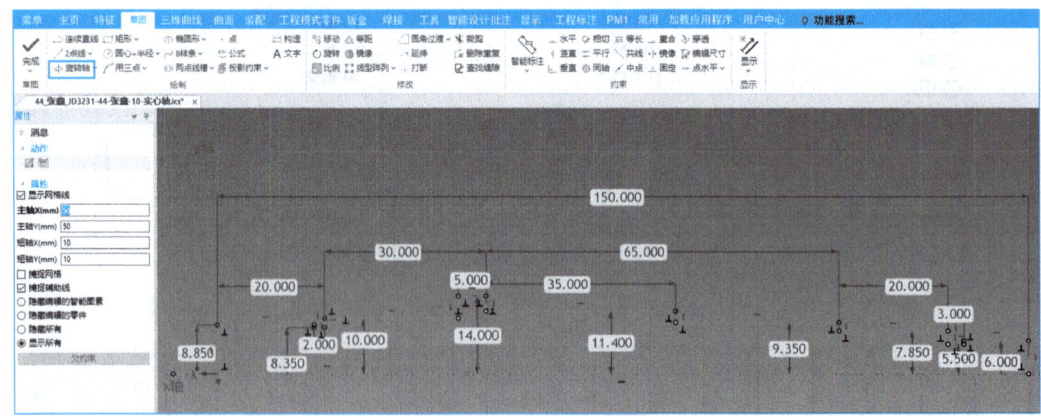

图 2-2-18 连接轴草图

二、用"图素"的方式创建键槽

打开"图素"设计元素库,用"孔类键"图素建立键槽模型,如图 2-2-19 所示。

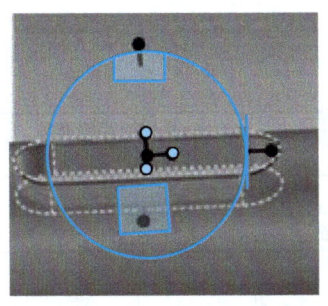 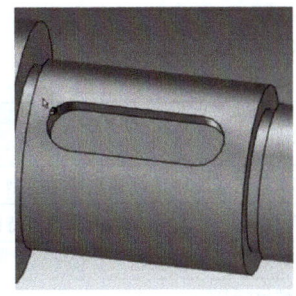

图 2-2-19　键槽模型

三、创建轴上的螺纹

在"工程标注"功能区中选择"修饰螺纹",选择"标准"为"GB",选择"类型"为"机械螺纹",选择"尺寸"为"M12",选择螺纹所在位置的直径圆,得到如图 2-2-20 所示的螺纹模型。

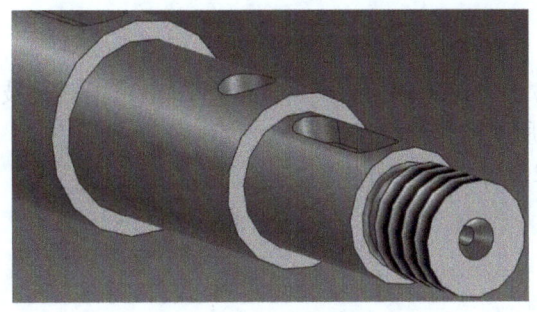

图 2-2-20　螺纹模型

四、创建轴上的倒角

选择"特征"功能区中的"圆角过渡",在圆角过渡特征中选择"等半径",并输入相应数值,得到圆角特征,如图 2-2-21 所示。

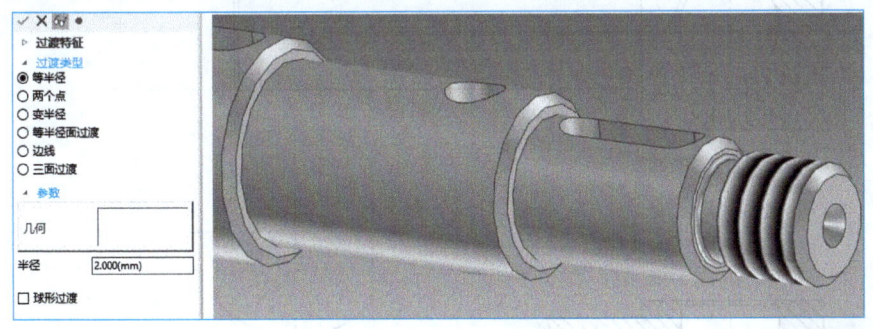

图 2-2-21　圆角特征

五、创建中心孔

利用本任务技能练习中的内容创建中心孔,对侧中心孔可以重复操作或者将三维球移至轴的几何中心,使用三维球旋转、复制完成。

微课:连接轴上键槽、倒角及螺纹

机械 CAD 与 3D 建模

 任务评价

序号	考核内容	学生自评（30%）	小组互评（20%）	教师总评（50%）	分值
1	能够使用智能图素法或旋转法创建连接轴模型				20
2	能够创建键槽、销孔、中心孔、圆角及倒角特征				40
3	能够使用三维球对特征进行复制				20
4	能够创建修饰螺纹特征				10
5	能够积极、有效地帮助其他同学				10
	小计				—
	总评				
	完成时间		分钟		

精进计划：

 举一反三

完成下列零件模型，巩固 CAXA 3D 实体设计 2023 软件的建模技能。

1）创建如图 2-2-3 所示的套筒模型。
2）创建如图 2-2-22 所示的调整杆模型。

微课：创建套筒模型

微课：创建调整杆模型

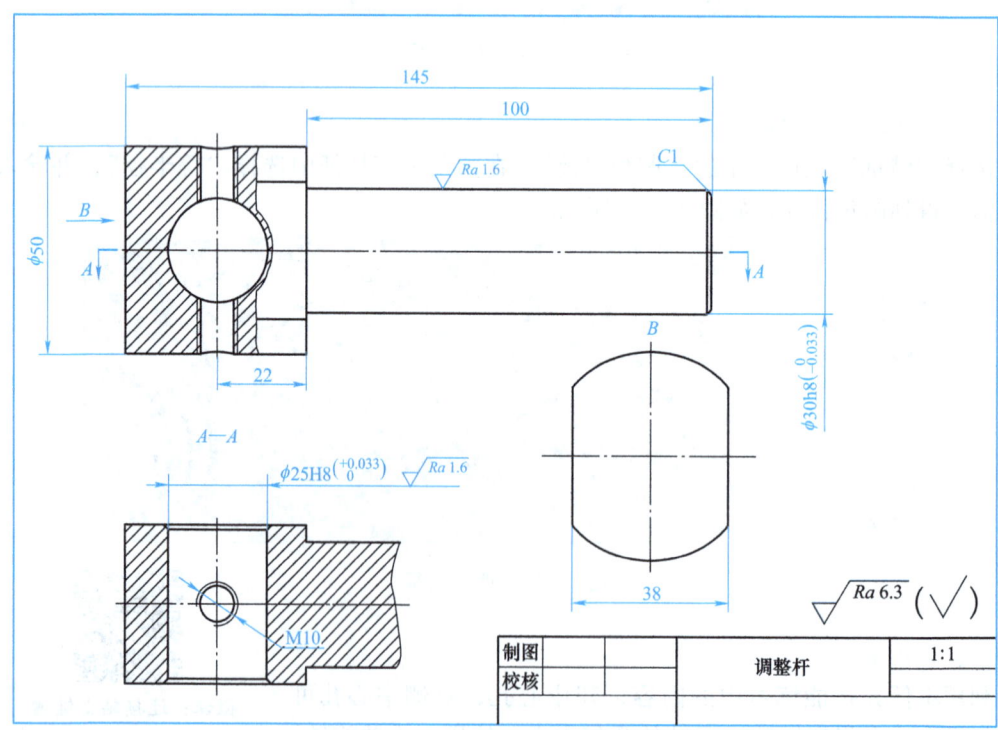

图 2-2-22　调整杆

3）创建如图 2-2-23 所示的传动轴模型。
4）创建如图 2-2-24 所示的偏心轴模型。

微课：创建传动轴模型　　微课：创建偏心轴模型

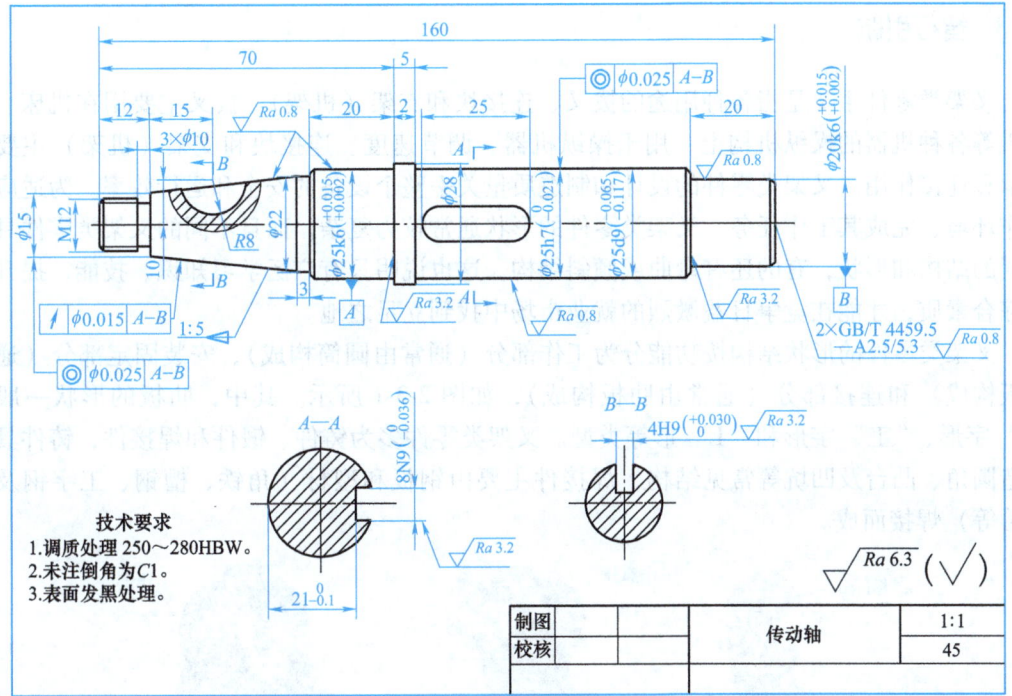

图 2-2-23　传动轴

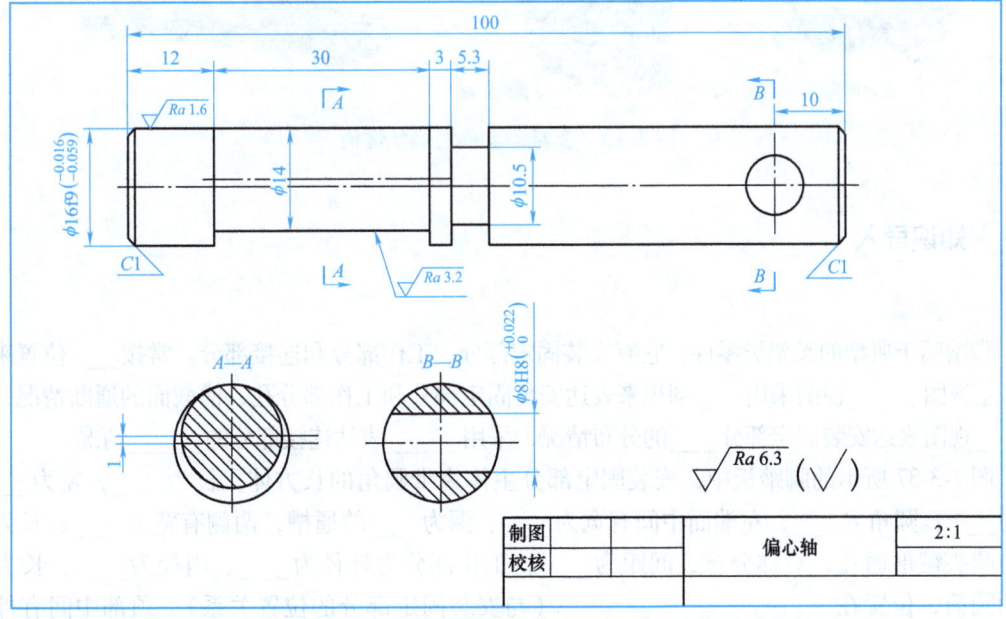

图 2-2-24　偏心轴

任务3　创建叉架类零件模型

智行引航

叉架类零件主要是指各种用途的拨叉、连接块和支架（机架）。拨叉主要用在机床、内燃机等各种机器的操纵机构上，用于操纵机器、调节速度。连接块和支架（机架）主要起支承和连接作用。叉架类零件的设计和制造质量关乎整个设备的安全和运行效率。为适应其工作环境、完成其工作任务，叉架类零件的形状通常较为复杂，而且不同的叉架类零件具有不同的结构和形状，有的还有弯曲或倾斜结构。这也说明只有广泛学习知识、技能，提升自身综合素质，才能在竞争日益激烈的就业市场中找到立足之地。

叉架类零件的形状结构按功能分为工作部分（通常由圆筒构成）、安装固定部分（通常由板构成）和连接部分（通常由肋板构成），如图2-3-1所示。其中，肋板的形状一般有"T"字形、"工"字形和"L"形等类型。叉架类零件多为铸件、锻件和焊接件，铸件具有铸造圆角、凸台及凹坑等常见结构，焊接件主要由钢板和型材（角铁、槽钢、工字钢及方圆管等）焊接而成。

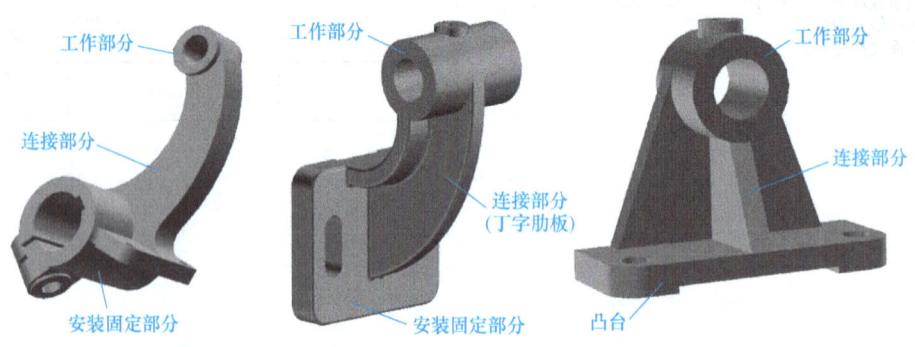

图2-3-1　叉架类零件的形状结构

知识导入

一、脚踏

脚踏属于典型的叉架类零件，它有安装固定部分、工作部分和连接部分。常按＿＿＿位置来表达，主视图、＿＿＿视图采用＿＿＿剖视来表达安装固定部分和工作部分孔、槽截面的通断情况，采用＿＿＿视图表达安装固定部分＿＿＿的分布情况，采用＿＿＿＿表达连接部分的＿＿＿＿情况。

图1-3-37所示的脚踏板中，安装固定部分主体为带圆角的长方体，长为＿＿＿，宽为＿＿＿，高为＿＿＿，圆角R＿＿＿，左端面中间有宽为＿＿＿、深为＿＿＿的通槽，两侧有宽为＿＿＿、长为＿＿的圆头键形通孔，对称分布，间距为＿＿＿；工作部分为外径为＿＿＿、内径为＿＿＿、长为＿＿的圆筒，位置在＿＿＿＿＿＿＿＿＿＿＿＿＿＿（与安装固定部分的位置关系），顶部中间有外径为＿＿＿、内径为＿＿＿的筒状凸台，铸造完成后加工上表面至距横置圆筒轴线＿＿的高度；连接

部分由主板和加强肋组成，截面为＿＿＿字形，厚度为＿＿＿，主板宽为＿＿＿，长度方向为弧线与弧线或弧线与直线连接的曲线形式。

二、支架

图 2-3-2 所示支架是图 2-3-3 所示支架组件中的支承零件，其安装固定部分为倾斜的异形板，总高为＿＿＿＿；工作部分为圆筒，外径为＿＿＿＿，内径为＿＿＿＿，高为＿＿＿＿；连接部分是厚为＿＿＿＿的薄板和厚为＿＿＿＿的肋板。

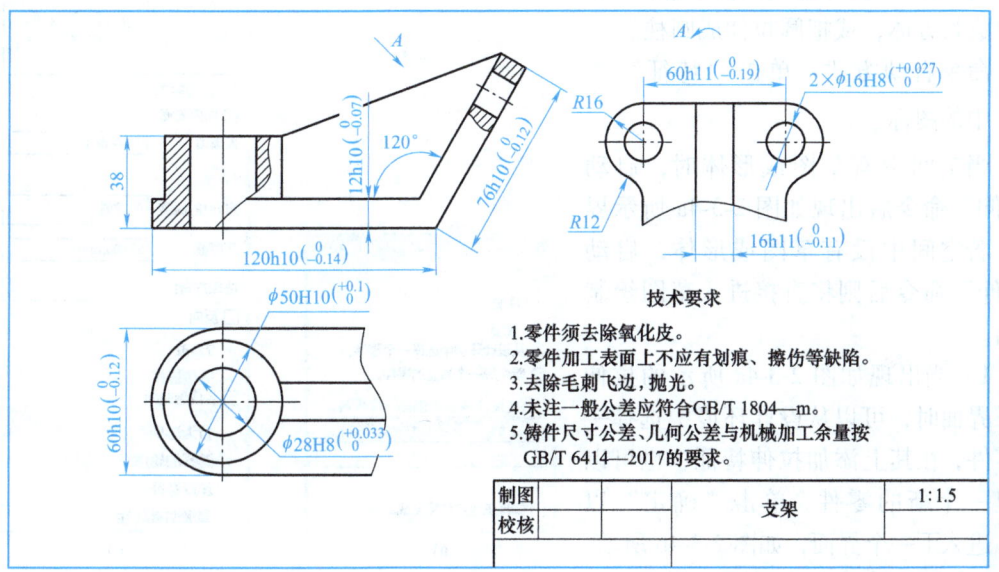

图 2-3-2　支架（一）

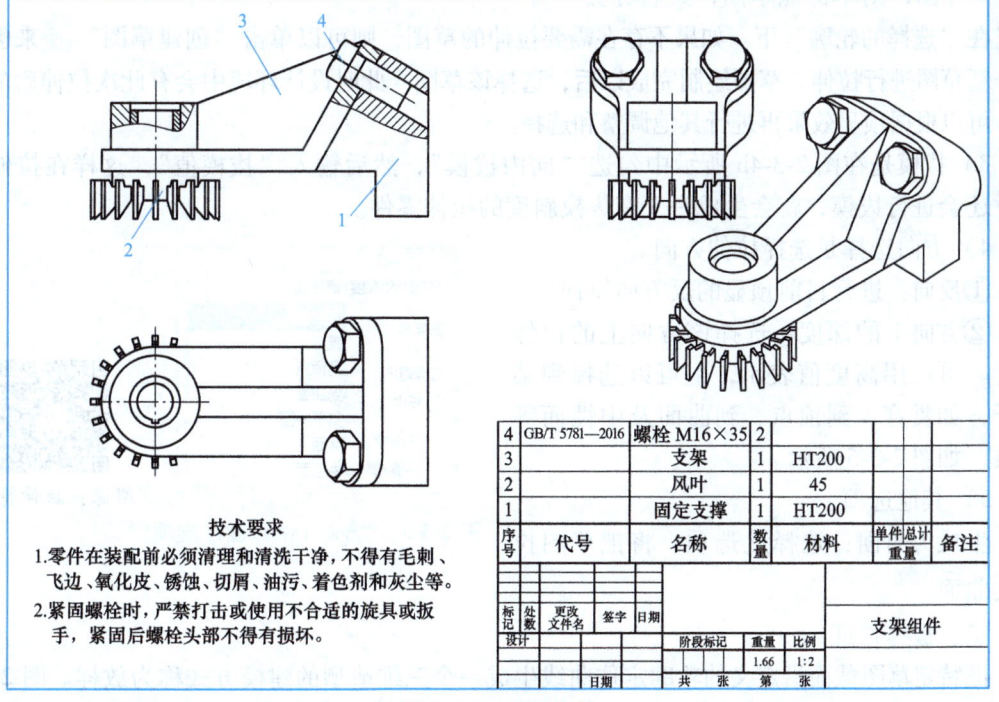

图 2-3-3　支架组件

技能练习

一、拉伸特征

拉伸是沿第三条坐标轴拉伸二维草图轮廓并添加一个高度，从而生成三维特征的操作。可以用这种方法把正方形拉伸成长方体，或把圆拉伸成圆柱。

命令启动方式：单击"特征"工具栏中的图标 。

当空间中有草图或形体时，启动"拉伸"命令后出现如图 2-3-4a 所示界面；若空间中没有草图或形体，启动"拉伸"命令后则将直接进入草图绘制界面。

1）当出现如图 2-3-4a 所示的拉伸特征界面时，可以从设计环境中选择一个零件，在其上添加拉伸特征；也可以创建一个新的零件。单击"确定"以后，进入下一个界面，如图 2-3-4b 所示。

2）如果此时设计环境中存在需要拉伸的草图，则单击该草图，其名称会

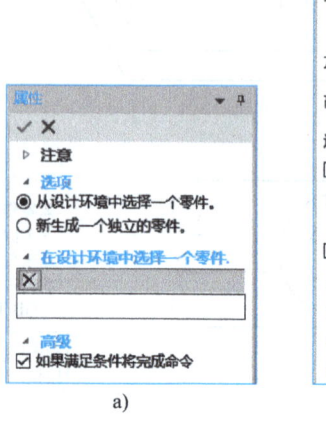

图 2-3-4　拉伸特征界面

出现在"选择的轮廓"下。如果不存在需要拉伸的草图，则可以单击"创建草图" 来创建一个新草图进行拉伸。草图绘制完成以后，选择该草图，此时设计环境中会有此次拉伸后的预显，可以根据预显效果再进行其他调整和选择。

3）拔模是在图 2-3-4b 所示中勾选"向内拔模"，然后输入"拔模值"，这样在拉伸的同时还会进行拔模，就会生成一个有拔模斜度的拉伸零件。

4）方向选择是选择拉伸方向。

①反向：进行目前预显的反方向拉伸。

②方向 1 的深度：选择该方向上的拉伸深度。可以用高度值表示，也可以选择到某特征，如贯穿、到顶点、到曲面及中性面等选项，如图 2-3-5 所示。

5）其他选项。

生成为曲面：选择此选项，将把草图拉伸成曲面。

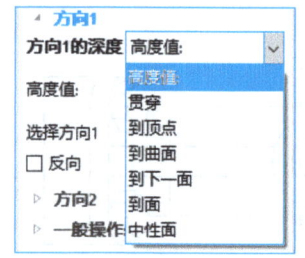

图 2-3-5　"方向 1 的深度"选项

微课：拉伸特征

二、放样特征

把特定草图截面沿定义的轮廓定位曲线生成一个三维造型的建模方式称为放样。图 2-3-6 所示为多重草图截面直接放样。放样特征可以创建各种复杂的三维实体。放样设计的对象是

多重草图截面，这些截面都需要根据零件要求编辑形状和尺寸，引导放样的轮廓定位曲线可以是引导线，如图 2-3-7 所示，也可以是中心线，如图 2-3-8 所示。在这里，多重草图截面就像是"演员"，轮廓定位曲线就像是"导演"。此时应注意轮廓定位曲线必须要与草图截面相贯穿。

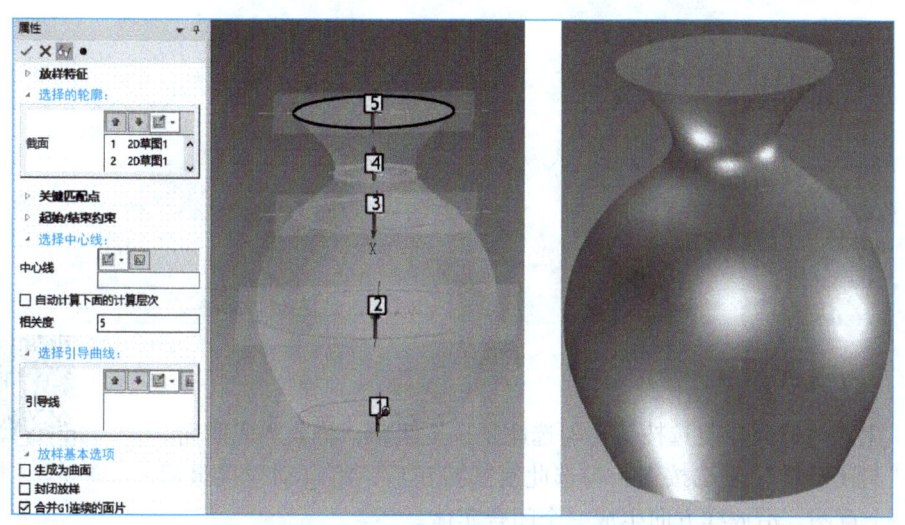

图 2-3-6　多重草图截面直接放样

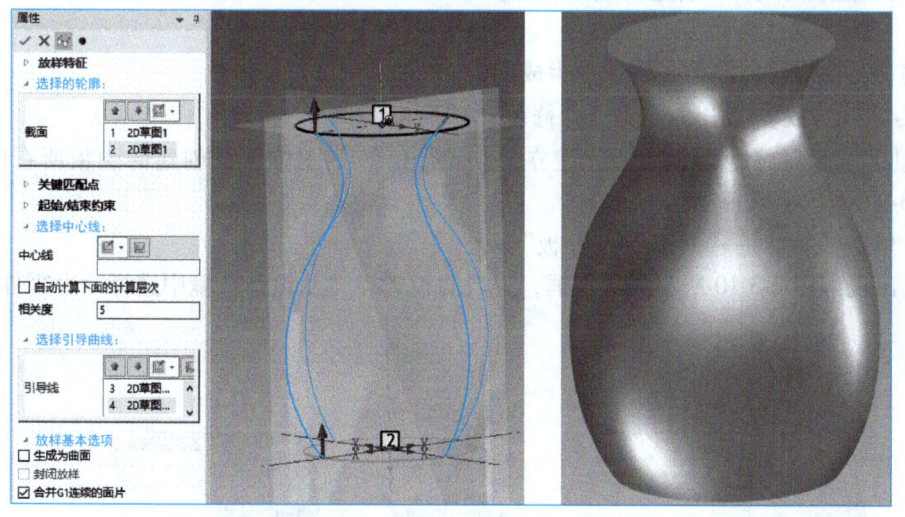

图 2-3-7　引导线引导放样

命令启动方式：单击"特征"→"放样" 。注意，放样之前需要将草图和轮廓定位曲线画好备用。"放样"命令启动后，在"截面"选择框内按顺序依次选择各截面，根据需要在"中心线"选择框内选择中心线，或在"引导线"选择框内选择相应引导线。一般只要截面选择顺序无误、中心线或引导线的绘制正确，选择完成后，模型就会预显出来，若预显满意，则可单击 确定，完成放样。

注意：在"放样基本选项"选项组中，要了解以下几个选项的功能含义。

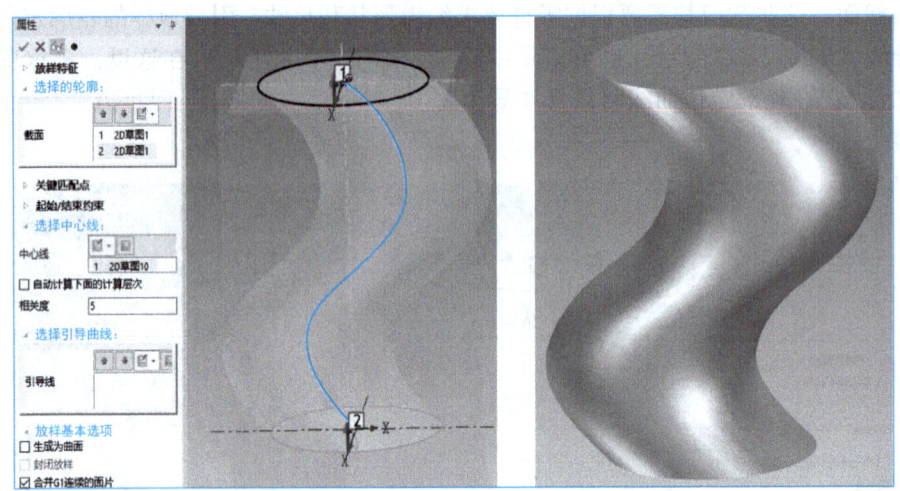

图 2-3-8 中心线引导放样

1)"生成为曲面"复选按钮：勾选此复选按钮后，将放样成曲面。

2)"封闭放样"复选按钮：勾选此复选按钮后，将自动连接最后一个和第一个草图，沿放样方向生成一个闭合实体。

3)"合并 G1 连续的面片"复选按钮：勾选此复选按钮后，如果相邻面具有 G1 连续关系，那么在生成的放样中将进行曲面合并。

三、筋板⊖特征

"筋板"命令可以简洁、快速地生成肋板。

命令启动方式：单击"特征"→"修改"→"筋板" 。

启动"筋板"命令前，需要先建立一个草图。该草图位于要创建的肋板所在的位置，如图 2-3-9 所示。

1)单击"特征"→"修改"→"筋板"。

2)出现如图 2-3-10 所示的对话框，一般肋板选择"从设计环境中选择一个零件"。

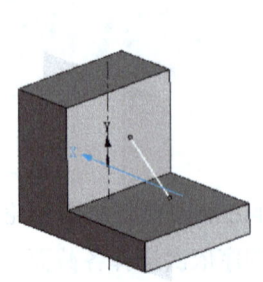
图 2-3-9 草图位置

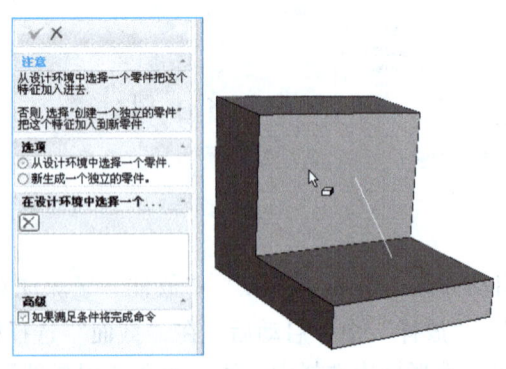
图 2-3-10 从设计环境中选择一个零件

⊖ 此处应为"肋板"，为了与软件中的选项保持一致，这里保留"筋板"。

3）出现如图2-3-11所示的对话框，选择适当选项：

①拾取草图：选择用于生成肋板的草图。

②厚度：定义肋板的厚度。

③反转方向：勾选后可以改变肋板的拉伸方向。

④加厚类型：选择向左侧、双侧或右侧加厚生成肋板。

⑤成形方向：选择平行于草图或垂直于草图。不过肋板的成形方向一般与加厚方向垂直。若此选项选择不正确则不会出现预显，此时可以更改为另一个选项。

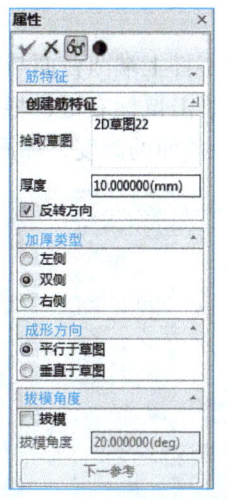
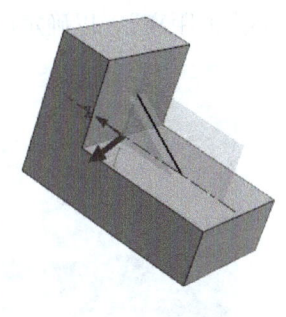

图 2-3-11　筋板特征界面

⑥拔模角度：勾选"拔模"复选按钮后，可以设置拔模角度，使肋板具有斜度。

四、投影约束

在绘制二维草图时，若需要绘制的图形有与现有的形体轮廓重合，则可以使用投影约束功能。投影约束是将实体或曲面的边界投射到当前草图中，分为投影约束和投影两个功能，使用投影约束时，投射到草图中的几何图素和源几何图素有关联关系；使用投影时，投射到草图中的几何图素和源几何图素没有关联关系。

命令启动方式：在二维草图环境下单击"绘制"工具栏中的图标 投影约束，如图2-3-12所示。

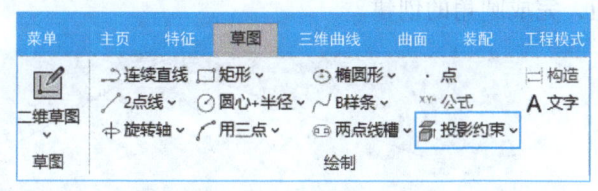

图 2-3-12　"投影约束"命令

启动命令后，选择一个边或一个面进行投影。利用投影约束功能得到的图素与源几何图素有关联，不可移动，呈绿色（图2-3-13中为上色）；利用投影功能得到的图素与源几何图素无关联，可移动，呈黑色，如图2-3-13所示。

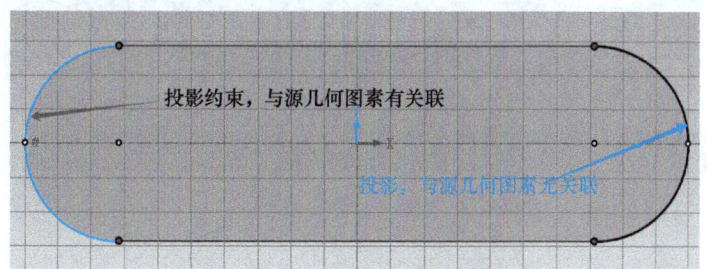

图 2-3-13　投影约束与投影的效果

五、设置面的高度

图 1-3-37 所示的脚踏板零件上端凸台面与圆筒轴线相距 24mm，可以在凸台圆柱处于编辑状态时，在上端操作柄上单击鼠标右键，根据需要选择"编辑到点的距离"或"编辑到中心点的距离"，以确定凸台顶面的高度，如图 2-3-14 所示。

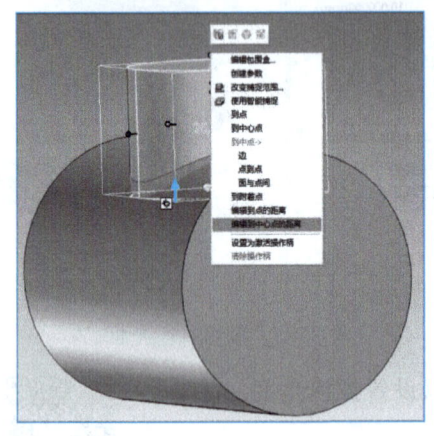
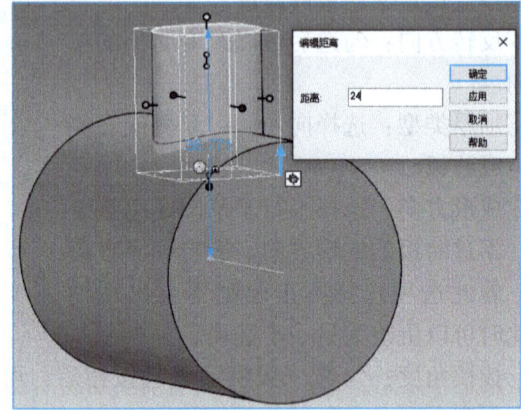

图 2-3-14　确定凸台顶面的高度

微课：设置面的高度

六、圆角过渡

命令启动方式：单击"特征"→"修改"→"圆角过渡"。启动命令后的界面如图 2-3-15 所示，根据需要选择过渡类型（一般机械零件是等半径圆角），选择要作圆角的边（如果是同一个面的四条边，可以直接选择面），修改圆角半径至要求的值。单击"✓"按钮，完成圆角的创建。

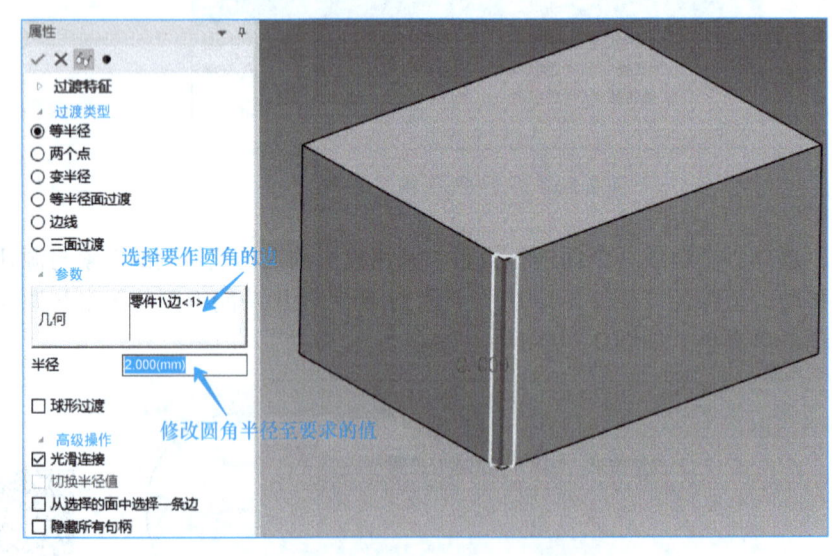

图 2-3-15　"圆角过渡"界面

微课：圆角过渡

七、编辑图素尺寸

智能图素尺寸的编辑可以通过单击鼠标右键后选择"编辑包围盒"实现，直接编辑图素的长、宽、高；还可以在图素编辑状态下使用操作柄精确编辑图素某一方向的尺寸，具体操作为：在图素编辑状态下（图2-3-16），单击相应方向的操作柄（图2-3-17），显示此方向的尺寸，直接输入数值修改尺寸即可。

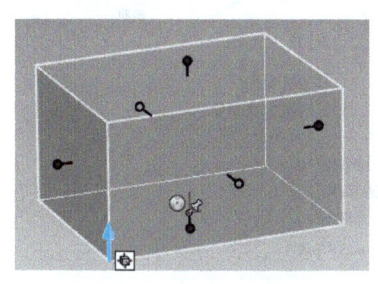 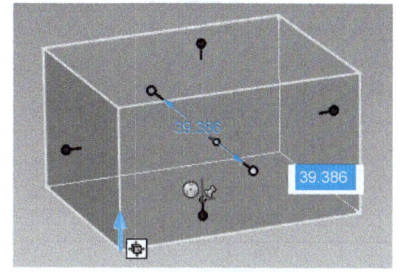

图 2-3-16　图素编辑状态　　　　　　　图 2-3-17　编辑尺寸

还可以对图素进行对称编辑，此时需要单击对称操作柄。图 2-3-18 所示为对称操作柄未开启状态，此时编辑尺寸只能实现单向变化，也可以在不开启对称操作柄的状态下单击鼠标右键进行对称编辑；图 2-3-19 所示为对称操作柄开启状态，此时编辑尺寸可实现对称变化。

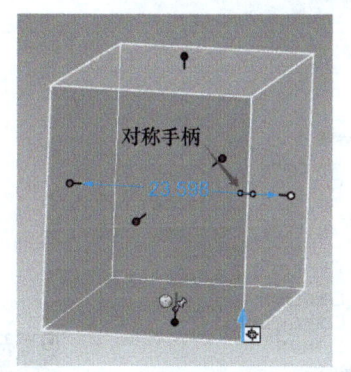 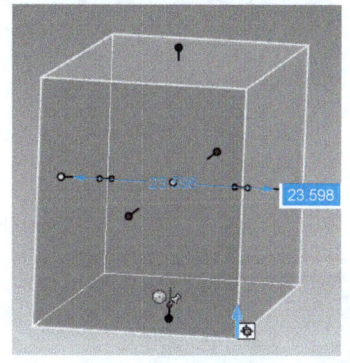

图 2-3-18　对称操作柄未开启状态　　　　图 2-3-19　对称操作柄开启状态

微课：编辑图素尺寸

八、复制图素

需要绘制多个相同的图素时，可以使用三维球进行复制。

操作方法：单击相应图素，打开其三维球。若图素呈线性分布，则长按鼠标右键拖动相应坐标轴，松开后弹出如图 2-3-20 所示的快捷菜单，单击"拷贝"，弹出"重复拷贝/链接"对话框，如图 2-3-21 所示，输入"数量""距离"，若源图素两侧都需要复制，则可以选择"反转方向后重复"复选按钮。

若图素呈环形分布，则可以使用阵列特征命令，也可以使用三维球复制。按〈空格〉键，使图素与三维球分离，将三维球移至环形分布的轴线上，按〈空格〉键，将图素与三维球合并，如图 2-3-22 所示。选择中心轴线，再在蓝色（图 2-3-22 中为上色）圆周上长按鼠标右键拖动光标，如图 2-3-23 所示。单击"拷贝"，弹出"重复拷贝/链接"对话框，如图 2-3-24 所示，输入"数量""角度"，若源图素两侧都需要复制，可以选择"反转方向后重复"。

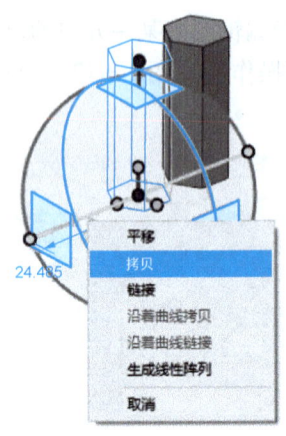
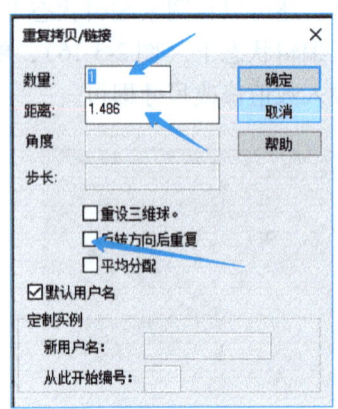

图 2-3-20　快捷菜单　　　　图 2-3-21　"重复拷贝/链接"对话框（一）

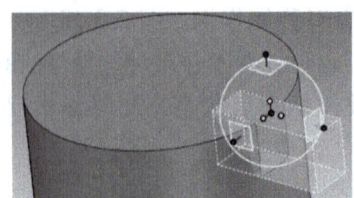
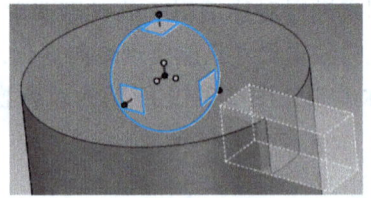

图 2-3-22　移动三维球

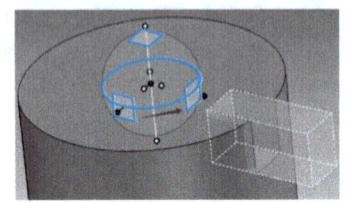
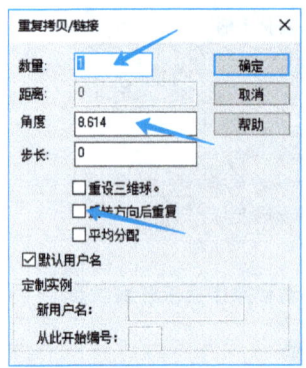

微课：复制图素

图 2-3-23　长按鼠标右键拖动光标　　　图 2-3-24　"重复拷贝/链接"对话框（二）

任务实施

本任务为创建脚踏板（图 1-3-37）。

一、创建安装固定部分

安装固定部分外形为带圆角的长方体，中间有矩形通槽，前后两侧有键形通孔，此结构适合使用智能图素法创建。

微课：脚踏板——安装固定部分

1. 创建长方体

打开"图素"设计元素库，选择"长方体"智能图素。长按鼠标左键，将该图素拖动到设计环境中的合适位置后松开，并编辑包围盒尺寸为 16mm、90mm、80mm，如图 2-3-25

所示。

2. 创建圆角

利用"圆角过渡"命令在长方体的四个角创建 $R10\text{mm}$ 圆角，如图 2-3-26 所示。

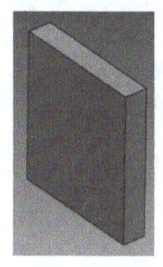
图 2-3-25 创建长方体

图 2-3-26 创建 $R10\text{mm}$ 圆角

3. 创建中间通槽

使用"图素"设计元素库，选择"孔类长方体"智能图素。长按鼠标左键，将该图素拖动到长方体左端面的上端中点处，如图 2-3-27a 所示。编辑长度尺寸为 3mm（即槽的深度为 3mm），如图 2-3-27b 所示。高度方向尺寸不用精确输入，单击操作柄向下拖动至合适位置即可，如图 2-3-27c 所示。宽度方向对称编辑尺寸为 30mm，如图 2-3-27d 所示。

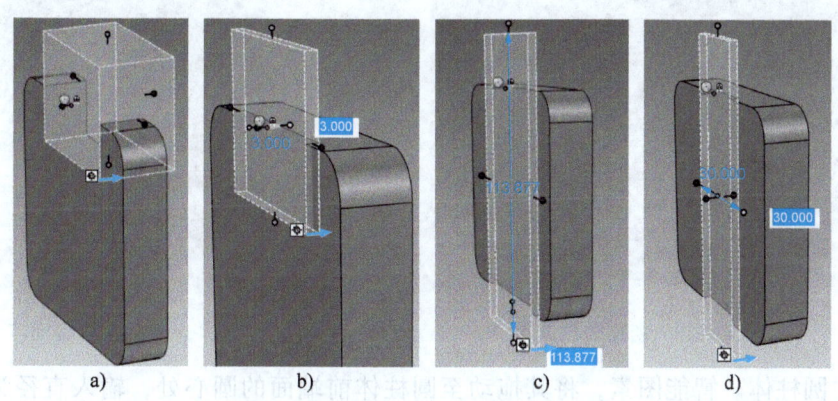
图 2-3-27 创建中间通槽

4. 创建键形通孔

使用"图素"设计元素库，选择"孔类键"智能图素。长按鼠标左键，将该图素拖动到中间通槽底面中心处，如图 2-3-28a 所示。此时该图素的方位不符合要求，可通过三维球调整键形孔的方位，如图 2-3-28b 所示。再沿宽度方向向前移动 30mm 至零件图上所示的位置，如图 2-3-28c 所示。输入半径为 $R6\text{mm}$，高度为 32mm，长度尺寸不作要求，两端打通即可，如图 2-3-28d 所示。使用三维球复制一个图素至后侧距离 60mm 的位置，如图 2-3-28e 所示。

二、创建工作部分

工作部分为圆筒和其上的圆柱凸台，此结构使用智能图素法或拉伸法创建都可以，使用智能图素法时要注意确定圆柱体的位置，使用拉伸法时要注意确定草图界面原点的位置。下面介绍使用智能图素法创建工作部分的过程。

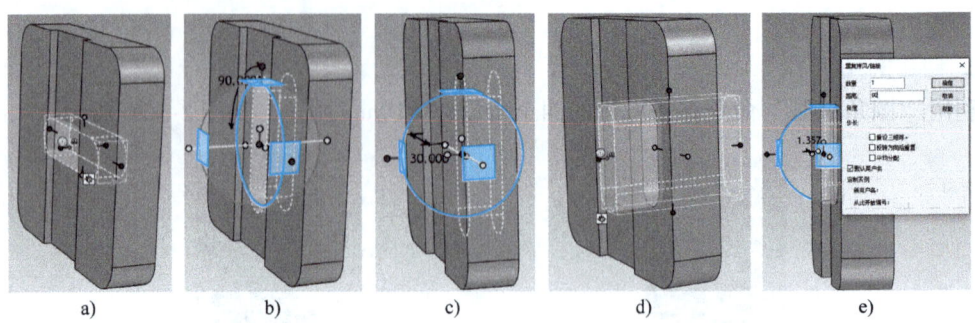

图 2-3-28　创建键形通孔

选择"圆柱体"智能图素,将其拖动至安装固定部分左端面的前侧中点处,输入直径为 φ42mm,高度为 60mm,如图 2-3-29 所示。接下来将其移动至零件图所示位置,打开三维球,将圆柱体向上移动(135-80)/2mm,向右移动 74mm,向后侧移动(90/2+60/2)mm,如图 2-3-30 所示。

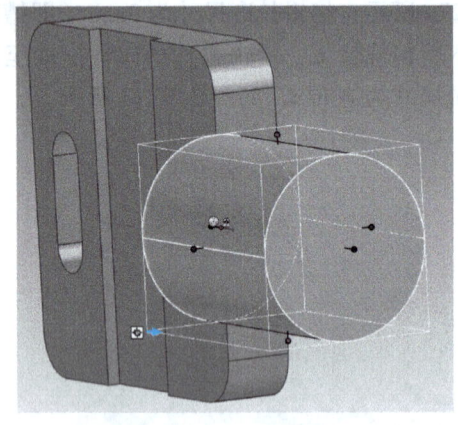

图 2-3-29　创建圆柱体

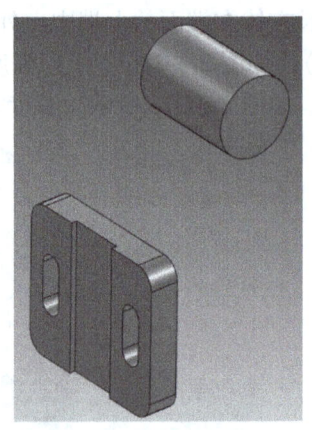

图 2-3-30　移动圆柱体

选择"圆柱体"智能图素,将其拖动至圆柱体前端面的圆心处,输入直径为 φ18mm,单击鼠标右键后选择"编辑到中心点的距离",选择圆柱圆边,弹出"编辑距离"对话框,设置"距离"为 24mm,如图 2-3-31 所示。向后侧调整凸台位置,如图 2-3-32 所示。

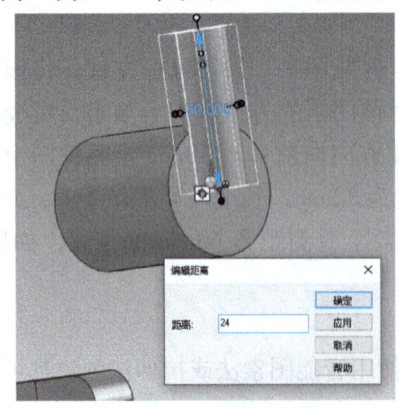

图 2-3-31　创建凸台圆柱体

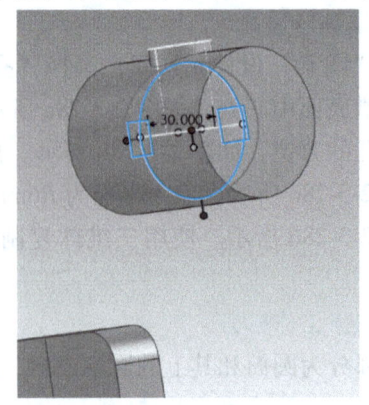

图 2-3-32　调整凸台位置

选择"孔类圆柱体"智能图素,将其拖动至圆柱体前端面的圆心处,输入直径为 φ22mm,高度为 60mm,如图 2-3-33 所示。

单击"设计元素库"→"工具"→"自定义孔",在凸台中心作 M8 螺纹孔,如图 2-3-34 所示。

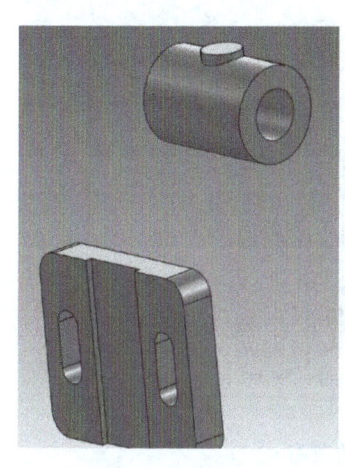

图 2-3-33 作孔

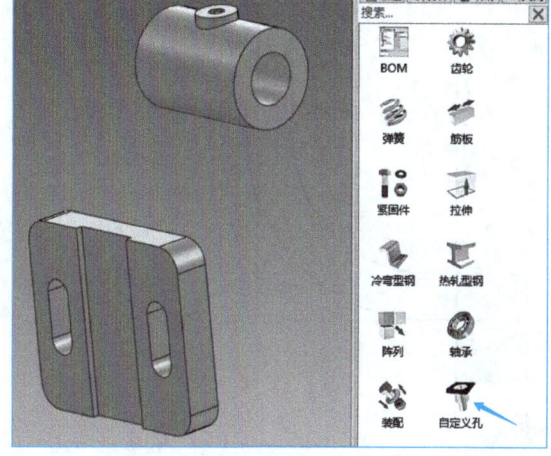

图 2-3-34 作 M8 螺纹孔

三、创建连接部分

连接部分的外形为 T 字形连接板,使用拉伸法创建最合适,并且 T 字形的"横""竖"两截面形状不同,拉伸的长度也不同,因此该连接部分需要分两次进行拉伸。

微课:脚踏板——工作部分

1. 创建 T 字形的"横"

(1)创建草图 单击"二维草图"命令,选择安装固定部分右端面的上边中点作为草图平面坐标原点,如图 2-3-35 所示,单击"✓"确定。利用草图平面的三维球调整草图平面至图 2-3-36 所示的最终位置。

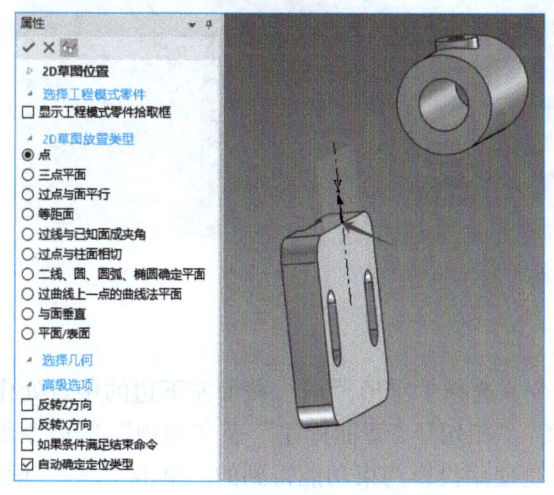

图 2-3-35 选择草图平面坐标原点

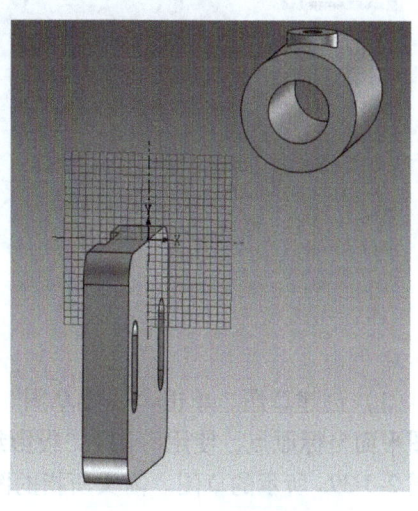

图 2-3-36 草图最终位置

使用"直线""圆""投影约束""相切""智能标注""等距"及"裁剪"等命令创建如图 2-3-37a 所示的草图。单击"✓"确定,回到设计环境,如图 2-3-37b 所示。

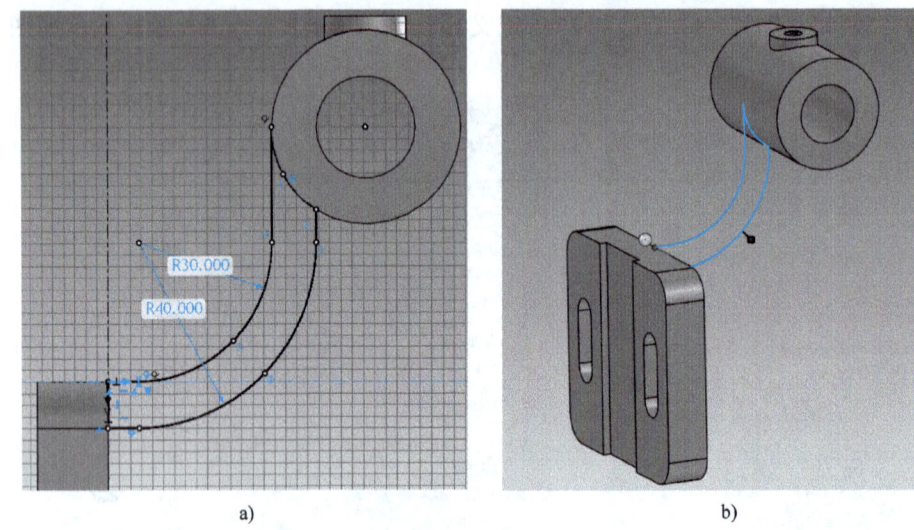

图 2-3-37 T 字形"横"截面的草图

(2) 拉伸 单击"拉伸"命令,选择之前创建的安装固定部分或工作部分,使拉伸的特征与其成为一个整体,进入"拉伸特征"命令。此时需要将草图作为中性面向前后各拉伸 40mm 的一半,因此"方向 1 的深度"选择"中性面","高度值"输入 20mm,单击"✓"确定,完成拉伸,如图 2-3-38 所示。

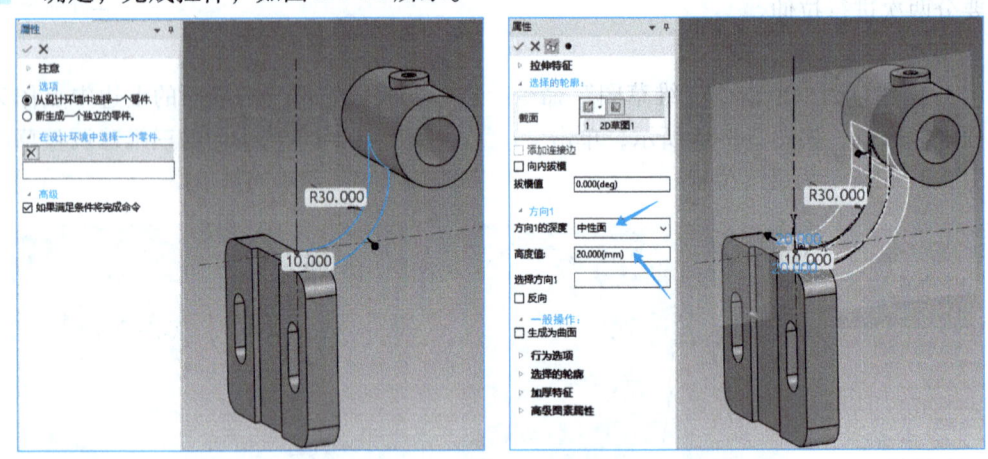

图 2-3-38 T 字形"横"截面的拉伸

2. 创建 T 字形的"竖"

(1) 创建草图 单击"二维草图"命令,选择 T 字形"横"截面左下边的中点处作为草图平面坐标原点,使用"圆""投影约束""相切""智能标注"及"裁剪"等命令创建如图 2-3-39a 所示的草图。箭头所指的图素是使用投影约束功能得到的。单击"✓"确定,回到设计环境,如图 2-3-39b 所示。

(2) 拉伸 单击"拉伸"命令,选择之前创建的安装固定部分或工作部分,使拉伸的

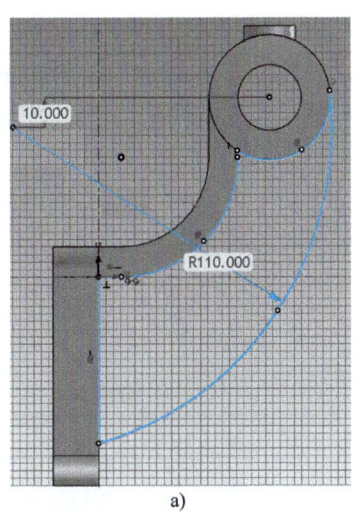 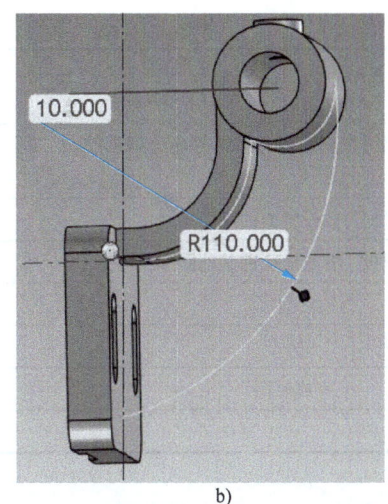

a)　　　　　　　　　　　　b)

图 2-3-39　T 字形"竖"截面的草图

特征与其成为一个整体，进入"拉伸特征"命令。此时需要将草图作为中性面向前后各拉伸 10mm 的一半，因此"方向 1 的深度"选择"中性面"，"高度值"输入 5mm，单击"✓"确定，完成拉伸，如图 2-3-40 所示。

四、创建圆角过渡

模型创建完成后再次对照零件图，查看有哪些位置需要添加圆角或倒角过渡。添加圆角过渡后的最终模型如图 2-3-41 所示。模型完成后，保存命名即可。

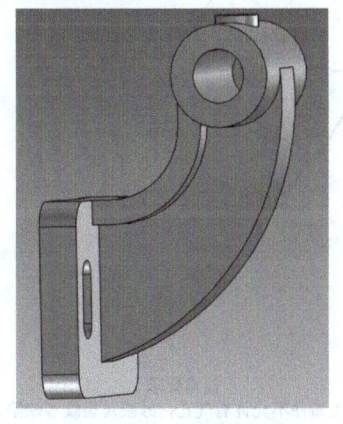 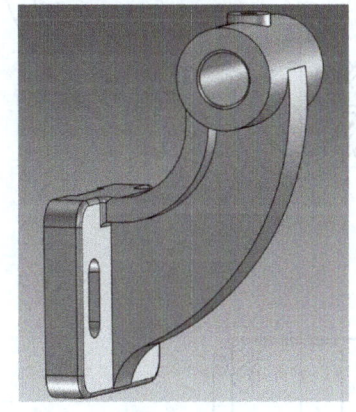 

图 2-3-40　连接部分　　　　图 2-3-41　最终模型

微课：脚踏板——
连接部分

任务评价

序号	考核内容	学生自评（30%）	小组互评（20%）	教师总评（50%）	分值
1	能够使用智能图素法、拉伸法和三维球的各功能创建脚踏板各主体的模型				30
2	能够创建长圆孔、凹槽及螺纹孔等特征				20

（续）

序号	考核内容	学生自评（30%）	小组互评（20%）	教师总评（50%）	分值
3	能够使用投影约束、等距等命令辅助绘制二维草图				30
4	能够根据需要设置面的高度				10
5	能够积极、有效地帮助其他同学				10
	小计				—
	总评				
	完成时间		分钟		
精进计划：					

举一反三

完成下列零件模型，巩固 CAXA 3D 实体设计 2023 软件的建模技能。

1）创建图 2-3-2 所示的支架（一）模型。

2）创建图 2-3-42 所示的支架（二）模型。

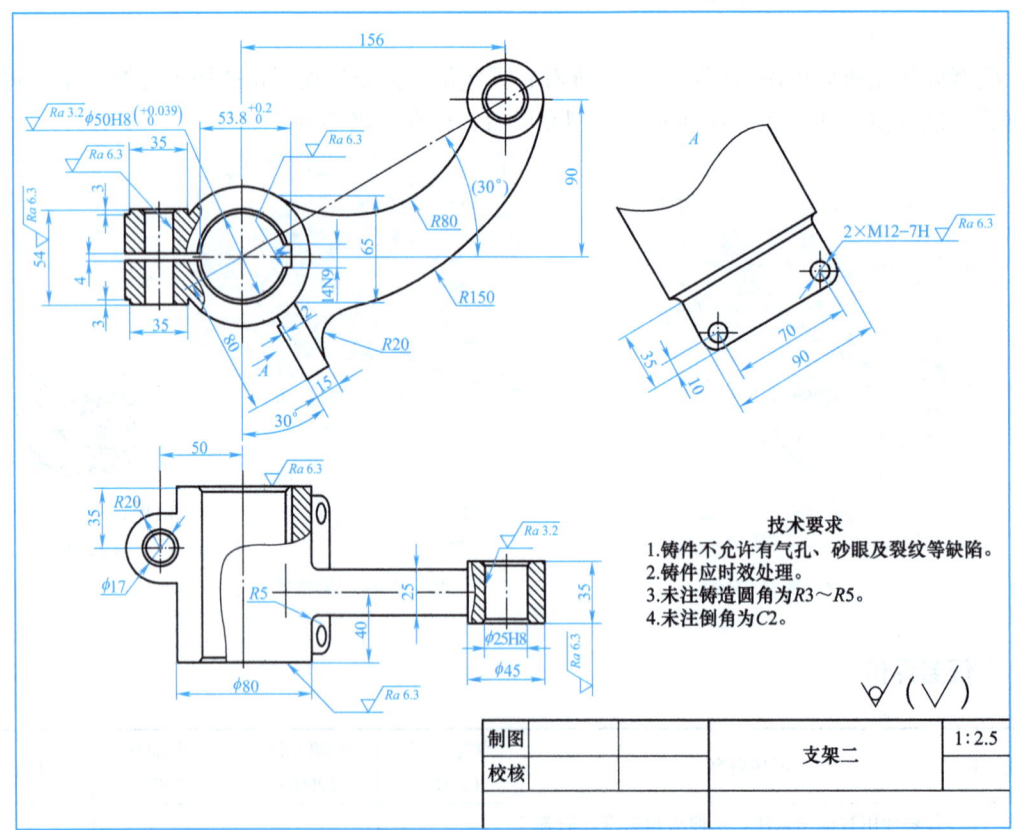

图 2-3-42　支架（二）

3）创建图 2-3-43 所示的摆杆模型。

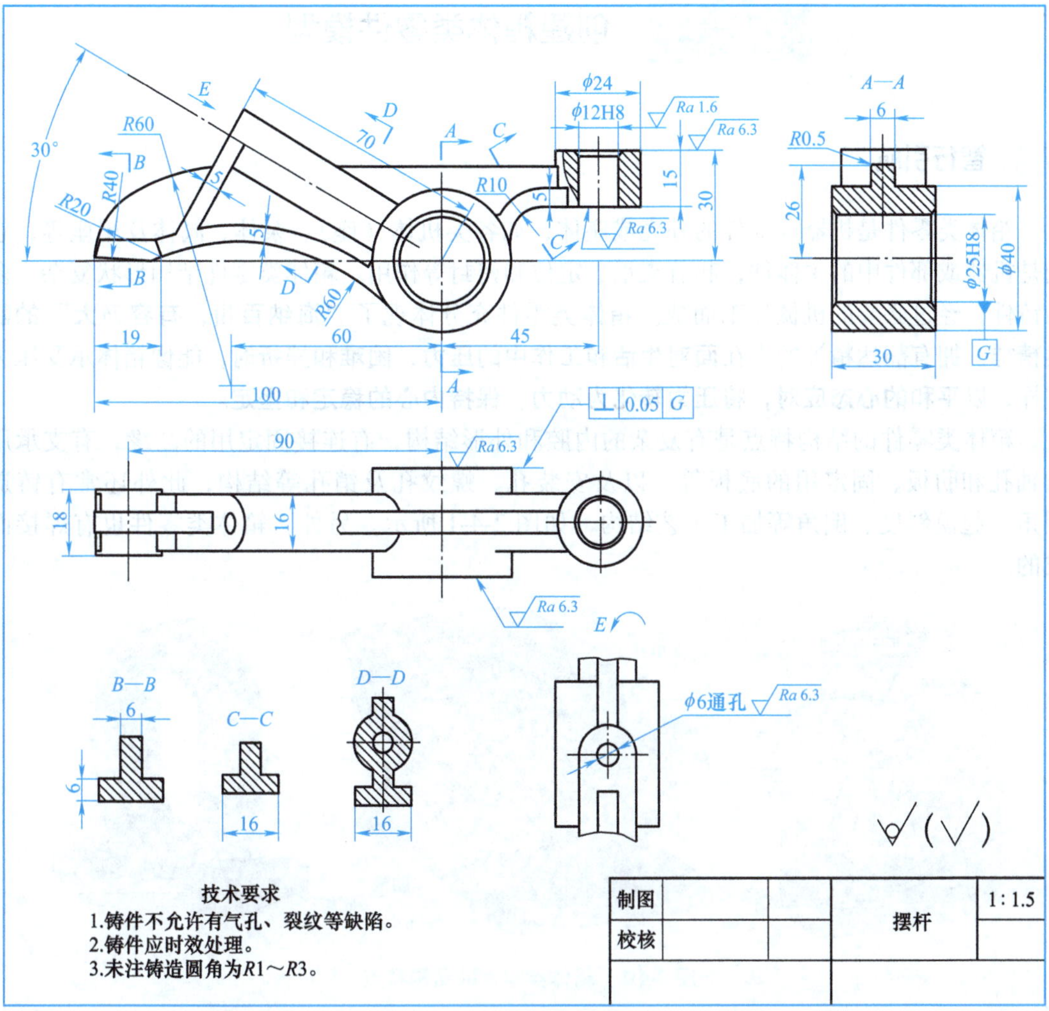

图 2-3-43 摆杆

微课：创建支架（一）模型

微课：创建支架（二）模型

微课：创建摆杆模型

任务 4　创建箱体类零件模型

 智行引航

　　箱体类零件是机器或部件的外壳或座体，如各类机体（座）、泵体、阀体及尾座等，它们是机器或部件中的主体件，起着支承、定位和密封等作用。箱体类零件结构形状复杂，多为铸件，经过必要的机械加工而成。箱体类零件充分体现了"海纳百川，有容乃大"的豁达精神，拥有豁达精神的人在**面对生活和工作中的压力、困难和挫折时，能像箱体承受压力一样，以平和的心态应对，将压力转化为动力，保持内心的稳定和坚定。**

　　箱体类零件的结构特点是有复杂的内腔和外形结构，有连接固定用的凸缘，有支承用的轴孔和肋板、固定用的底板等，以及安装孔、螺纹孔及销孔等结构，此外还常有铸造圆角、起模斜度、倒角等加工工艺结构，如图 2-4-1 所示。另外，箱体类零件也有焊接而成的。

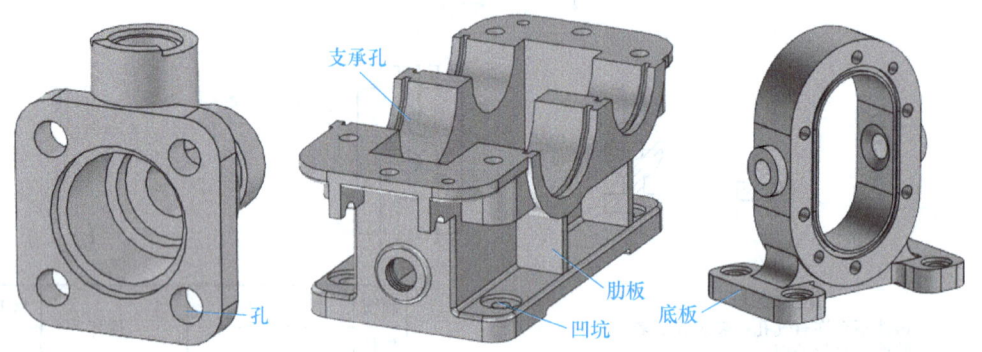

图 2-4-1　箱体类零件的结构特点

 知识导入

一、弯头

　　弯头属于箱体类零件，图 2-4-2 所示的弯头使用了＿＿个视图来表达结构，整个弯头由弯管、凸台和三个法兰盘组成。主视图采用＿＿剖视图表达弯头内腔的情况，俯视图采用＿＿剖视图画法，局部左视图采用全剖视图画法，二者结合来表达凸台、孔和下端法兰盘上孔的分布情况；采用＿＿＿＿和＿＿＿＿向局部视图表达两＿＿＿＿的截面形状和特征分布。

二、箱体

　　图 2-4-3 所示的箱体属于典型的箱体类零件，该零件使用了＿＿个视图来表达结构，由主体薄壁的箱体（左右各有一段圆柱管道）、后边管道和法兰盘、前边的连接法兰盘组成。主视图采用＿＿剖视图来表达前面法兰盘的形状、其上孔的分布、箱体壁厚和箱体左右圆柱筒的情况。左视图采用＿＿剖视图来表达箱体外形和所有内腔的情况。

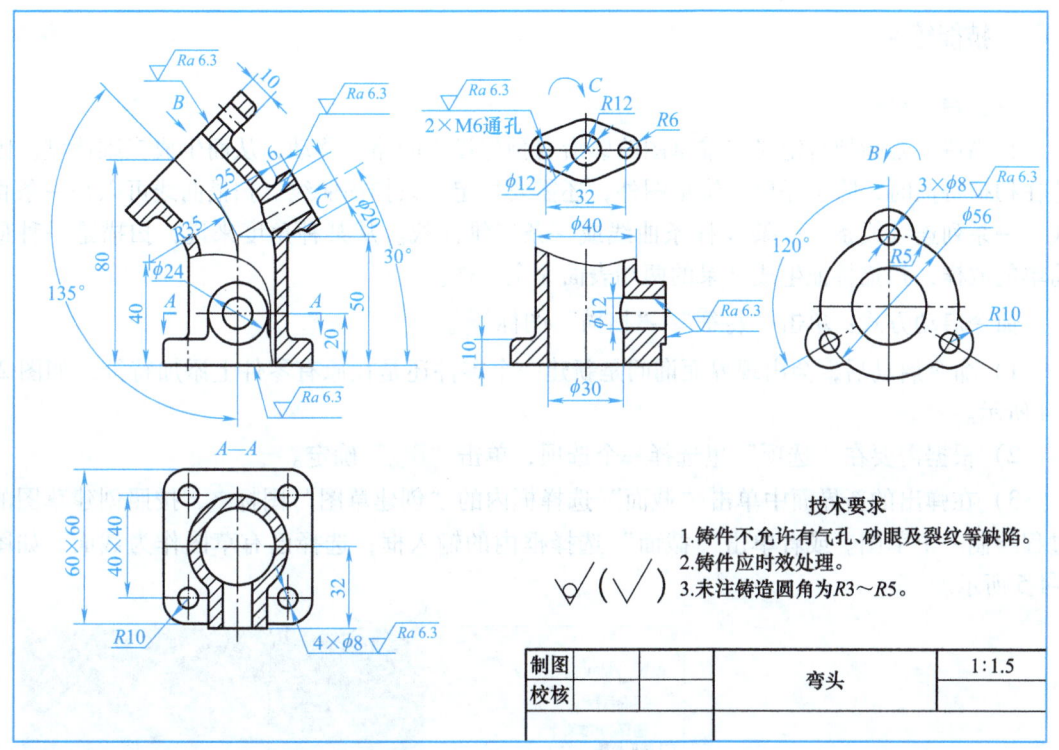

图 2-4-2 弯头

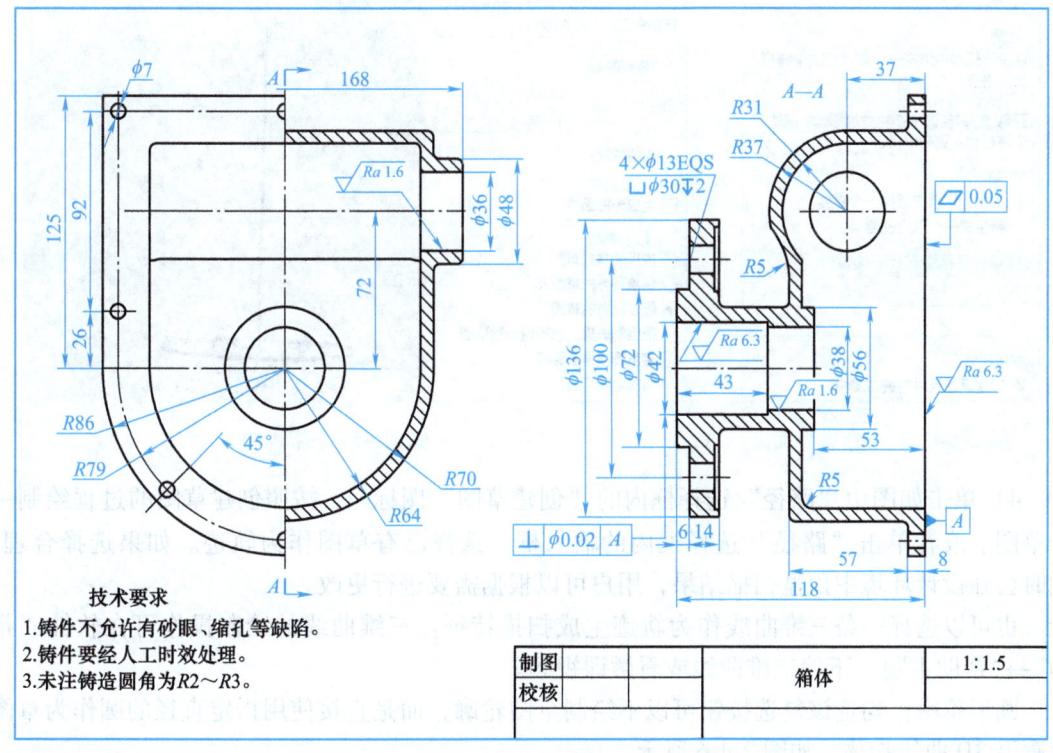

图 2-4-3 箱体

技能练习

一、扫描特征

扫描特征是指把自定义二维草图轮廓沿着预先设定的路径移动，从而生成三维造型。因此在扫描特征时，除了需要二维草图外，还需要指定一条扫描曲线。扫描曲线可以是一条直线、一系列连续线条、一条 B 样条曲线或一条三维曲线。从某种角度来说，扫描是一种最简单的放样，扫描特征生成结果的两端表面完全一样。

命令启动方式：单击"特征"→"扫描"图标。

1）命令启动后，会出现界面询问是新建一个零件还是在原有零件上添加特征，如图 2-4-4 所示。

2）根据需要在"选项"里选择一个选项，单击"✓"确定。

3）在弹出的新界面中单击"截面"选择框内的"创建草图"图标，按照创建草图的过程绘制一个草图。或者单击"截面"选择框内的输入框，选择已有草图作为截面，如图 2-4-5 所示。

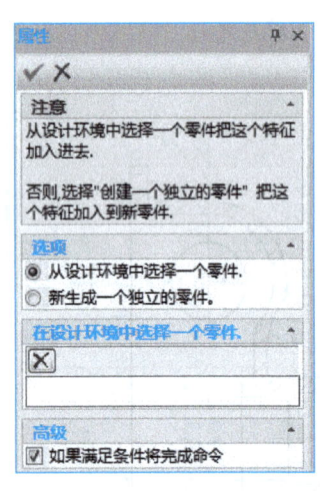
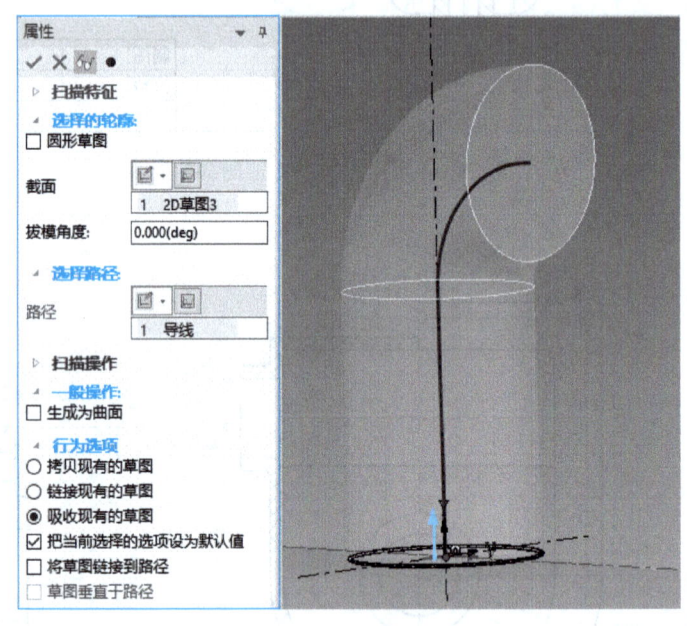

图 2-4-4 扫描命令界面　　　　　　图 2-4-5 扫描

4）单击如图中"路径"选择框内的"创建草图"图标，按照创建草图的过程绘制一个草图。或者单击"路径"选择框内的输入框，选择已有草图作为轨迹。如果选择合理，此时会在设计环境中预显扫描结果，用户可以根据需要进行更改。

也可以选择一条三维曲线作为轨迹生成扫描特征。三维曲线的绘制操作可在软件"帮助"→"帮助主题"下搜三维曲线或看微课视频。

圆形草图：勾选该复选按钮可以不绘制草图轮廓，而是直接使用指定直径的圆作为草图轮廓沿 3D 曲线扫描，如图 2-4-6 所示。

模块 2　创建机械零件三维模型

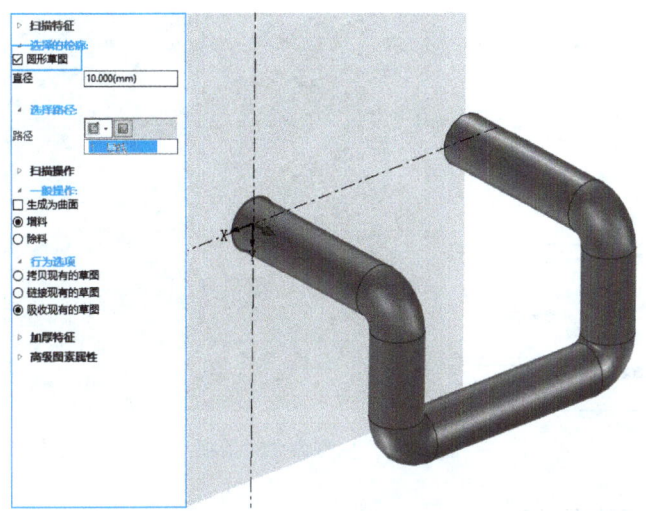

图 2-4-6　圆形草图沿 3D 曲线扫描（一）

允许尖角：勾选该复选按钮后允许扫描轨迹中存在尖角，如图 2-4-7 所示。

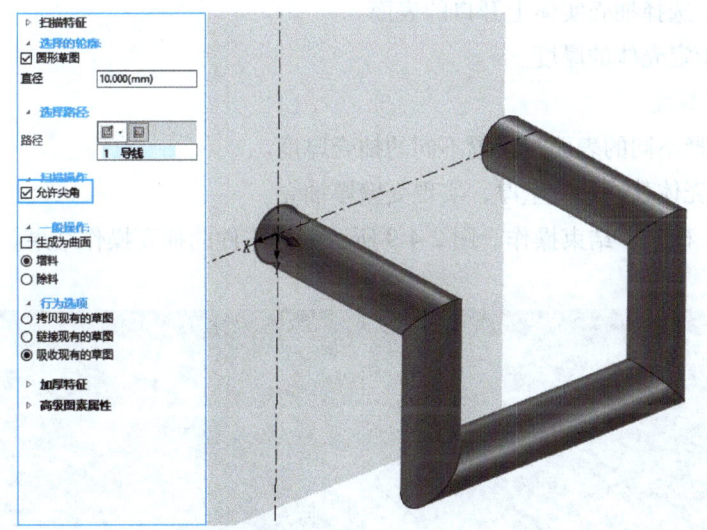

图 2-4-7　圆形草图沿 3D 曲线扫描（二）

5) 当预显结果符合要求后，设置完成，单击"✓"确定，则生成预显的扫描体。

二、抽壳

抽壳是通过挖空实体并保留指定壁厚来创建一个图素的建模方法。这一功能对于制作容器、管道和其他中空的对象十分有用。当对一个图素进行抽壳时，可以规定剩余壳壁的厚度。CAXA 3D 实体设计 2023 提供了向里、向外及两侧抽壳等方式。

命令启动方式：单击"特征"→"修改"→"抽壳"按钮 。

命令启动后将出现抽壳命令对话框，如图 2-4-8 所示。

1. 抽壳类型

1) 内部：从表面到实体内部抽壳。

109

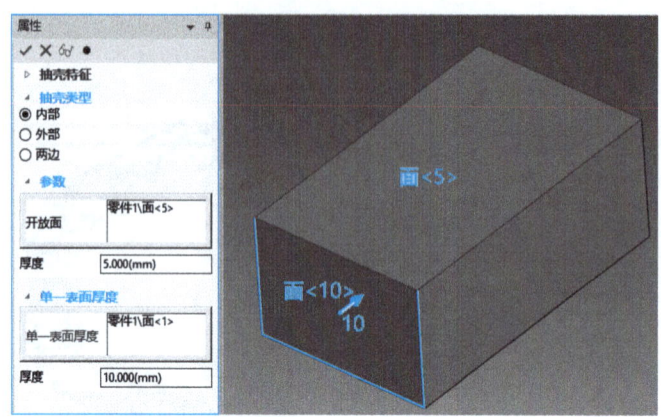

图 2-4-8 抽壳命令对话框

2）外部：从表面向外抽壳。

3）两边：以表面为中心分别向内、外各抽壳一半。

2. 参数

1）开放面：选择抽壳实体上开口的表面。

2）厚度：指定壳体的厚度。

3. 单一表面厚度

这里可以选择不同的表面，设置不同的抽壳厚度。

厚度：指定壳体某一处的壁厚，实现变壁厚抽壳。

单击"✔"确定，结束操作。图 2-4-9 所示为一零件的抽壳操作结果。

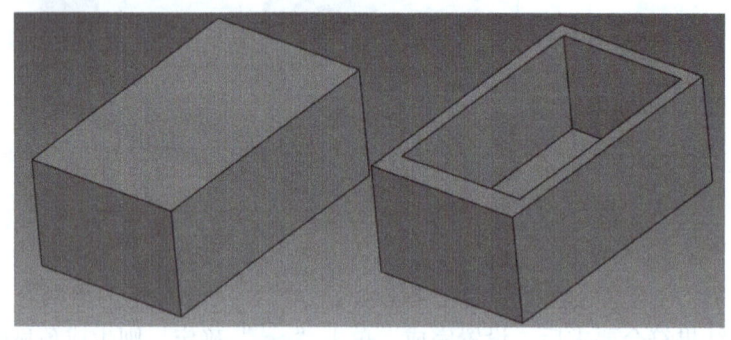

微课：抽壳

图 2-4-9 抽壳操作结果

任务实施

图 2-4-3 所示的箱体零件结构可以分为三部分：中间壁厚为 6mm 的壳体（薄壁主体），前面厚度为 8mm、用于连接箱盖的边沿部分和后面的管道法兰盘。

一、创建薄壁主体

首先分析外形，箱体壁厚相同的部分是半径为____、高为____的半圆柱与长为____、宽为____、高为____的长方体的组合体,在长方体的上、后端有一个半径为____的圆柱,圆柱轴线与长方体前面的距离为____、与长方体上面的距离为____,与之同轴的有一个直径为____、长为____的圆柱贯通零件左右,对称分布。观察左视图发现,主体部分壁厚均为____,其中,前面、φ48mm 圆柱的左、右端面是开放面,无壁。

1. 创建外形

打开"图素"设计元素库,选择"长方体"智能图素,长按鼠标左键将该图素拖动到设计环境中的合适位置后松开,并编辑包围盒尺寸为 140mm、109mm 及 57mm;选择"圆柱体"智能图素,长按鼠标左键将该图素拖动到长方体的 140mm 边的中点上,然后松开鼠标左键,调整圆柱体与长方体前、后平齐,并编辑直径尺寸为 φ140mm,如图 2-4-10a 所示。

选择"圆柱体"智能图素,长按鼠标左键将该图素拖动到长方体的右上后角,然后松开鼠标左键,调整圆柱体与长方体左、右平齐,并编辑直径尺寸为 φ74mm,如图 2-4-10b 所示。将 φ74mm 圆柱向后移动____,向下移动____至零件图所示位置,如图 2-4-10c 所示。使用"拉伸除料"或"孔类长方体"功能切除后侧圆柱凸起,如图 2-4-10d 所示。在前上边做半径为____的圆角,如图 2-4-10e 所示。选择"圆柱体"智能图素,拖动到 φ74mm 圆柱底面中心,调整圆柱体位置,使其关于零件左、右对称,设置圆柱体总长为 168mm,直径为____,如图 2-4-10f 所示。

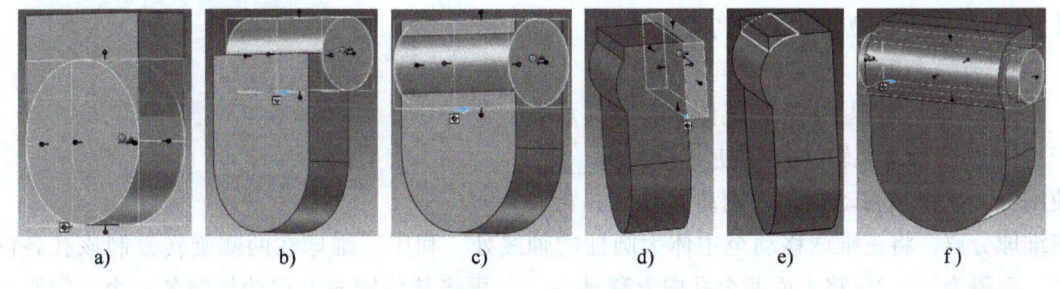

图 2-4-10 创建外形

零件图中内腔的圆角为 R5mm,壁厚为 6mm,因此在外形上添加半径为____的圆角,如图 2-4-11 所示。

2. 抽壳

启动"抽壳"命令,设置抽壳类型为____,原因为主体是按____尺寸绘制的。开放面有三个,厚度为____,无单一表面厚度面,薄壁主体抽壳后的效果如图 2-4-12 所示。

二、创建边沿

用于连接箱盖的边沿部分的内轮廓与薄壁主体的内轮廓一致,外轮廓与内轮廓的间距为____,厚度为____,其上分布有____个直径为____的光孔,以备螺栓或螺钉穿过。

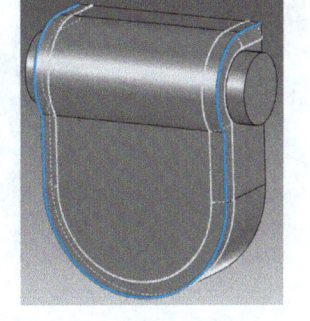

图 2-4-11 添加圆角后的外形

微课:箱体——抽壳

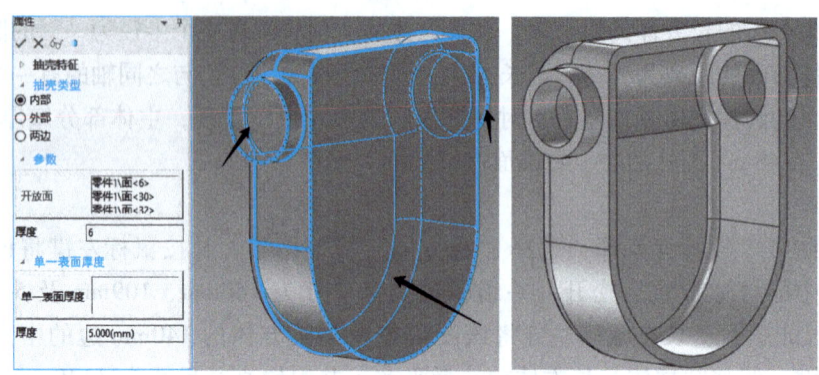

图 2-4-12　薄壁主体抽壳后的效果

1. 拉伸边沿主体

使用"过点与面平行"功能创建二维草图面，如图 2-4-13 所示，使用"投影约束"作出箱体内轮廓，并将内轮廓向外等距____，如图 2-4-14 所示。删除图 2-4-14 中箭头所指的两条圆弧（与零件图不符），绘制两个半径为____的过渡圆角（依据是技术要求中的未注圆角尺寸）。对草图进行拉伸，拉伸高度为____。

2. 创建光孔

选择"孔类圆柱体"智能图素，将其放置于边沿正下方，编辑孔尺寸使其直径为____，使用三维球将其移动至零件图所示位置，再与

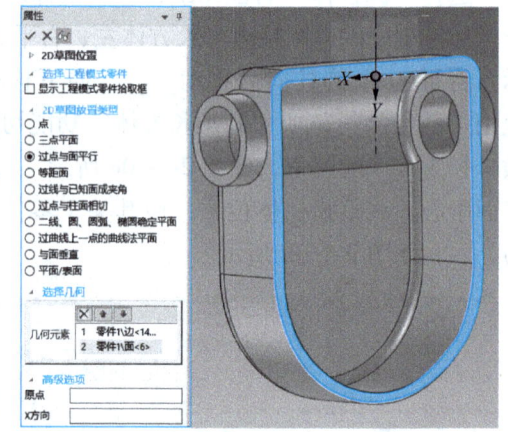

图 2-4-13　创建二维草图面

三维球分离，将三维球移动至主体大圆柱的轴线处，利用三维球在两侧旋转复制该孔各两个，间隔为____°，将上面两个孔向上移动____，再将其分别向上移动复制各一个，间距为____，再在中间复制一个即可，如图 2-4-15 所示。

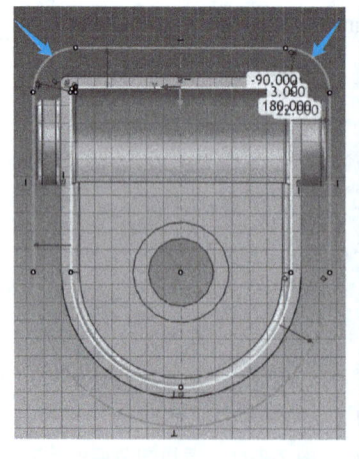
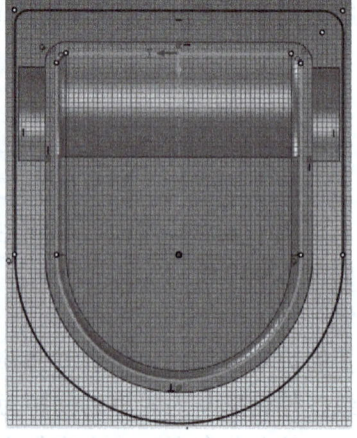

图 2-4-14　创建边沿草图

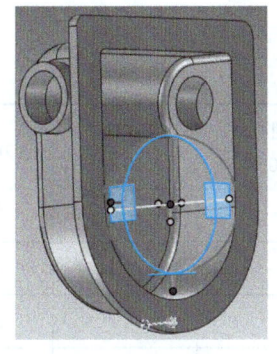 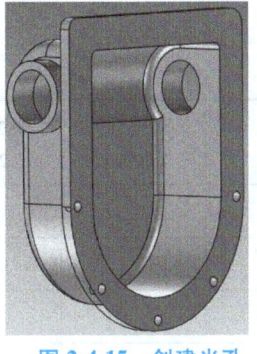 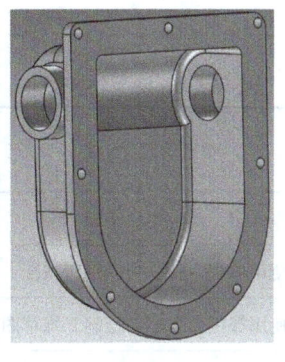 

微课：箱体——边沿

图 2-4-15　创建光孔

三、创建管道法兰盘

管道法兰盘可以用旋转特征创建。先创建管道法兰盘草图（图 2-4-16），注意此草图中不画出沉头孔，沉头孔需要在实体上添加。旋转草图得到管道法兰盘实体，如图 2-4-17 所示，注意图中箭头所指之处是箱体的薄壁，需要用"孔类圆柱体"智能图素打通。

使用"自定义孔"创建沉头孔，孔直径为____，类型为通孔，沉头直径为____，沉头深度为____，处于直径为____的圆上，圆形阵列数量为四个，创建完成的箱体主要特征如图 2-4-18 所示。

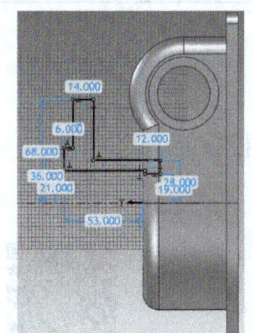 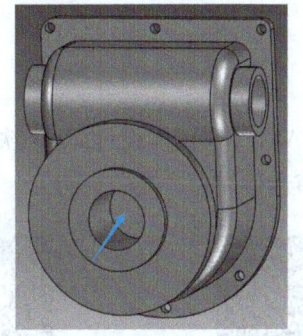 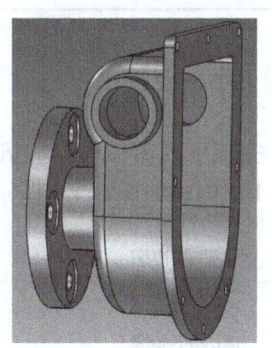

图 2-4-16　创建管道法兰盘草图　　图 2-4-17　管道法兰盘实体　　图 2-4-18　箱体主要特征

四、检查并添加过渡特征

对照零件图，单击"工程标注"→"尺寸"→"智能标注"图标，检查零件的主要尺寸，确保模型符合要求。对照零件图在模型上添加过渡特征，箱体模型如图 2-4-19 所示。

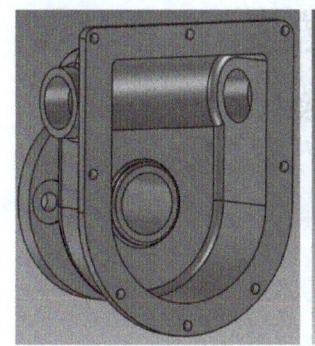 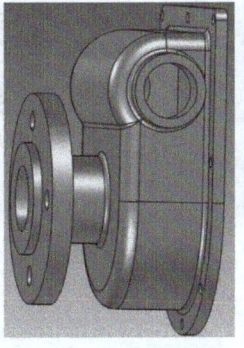 

图 2-4-19　箱体模型

微课：箱体——管道法兰盘接口

任务评价

序号	考核内容	学生自评（30%）	小组互评（20%）	教师总评（50%）	分值
1	能够分析零件图，确定建模步骤				20
2	能够熟练使用抽壳、扫描功能创建特征				30
3	能够熟练使用等距命令辅助绘制二维草图				20
4	能够使用三维球移动或旋转复制特征				10
5	能够调用、设置沉头孔并正确使用阵列特征				10
6	能够积极、有效地帮助其他同学				10
	小计				—
	总评				
	完成时间		分钟		

精进计划：

 举一反三

完成下列零件模型，巩固 CAXA 3D 实体设计 2023 软件的建模技能。

1）创建如图 2-4-2 所示的弯头模型。

微课：弯头——
结构分析

微课：弯头——
弯管

微课：弯头——
法兰盘（一）

微课：弯头——
法兰盘（二）

2）创建如图 2-4-20 所示的四通管模型。

3）创建如图 2-4-21 所示的箱体模型。

微课：创建四通管模型

微课：创建箱体模型

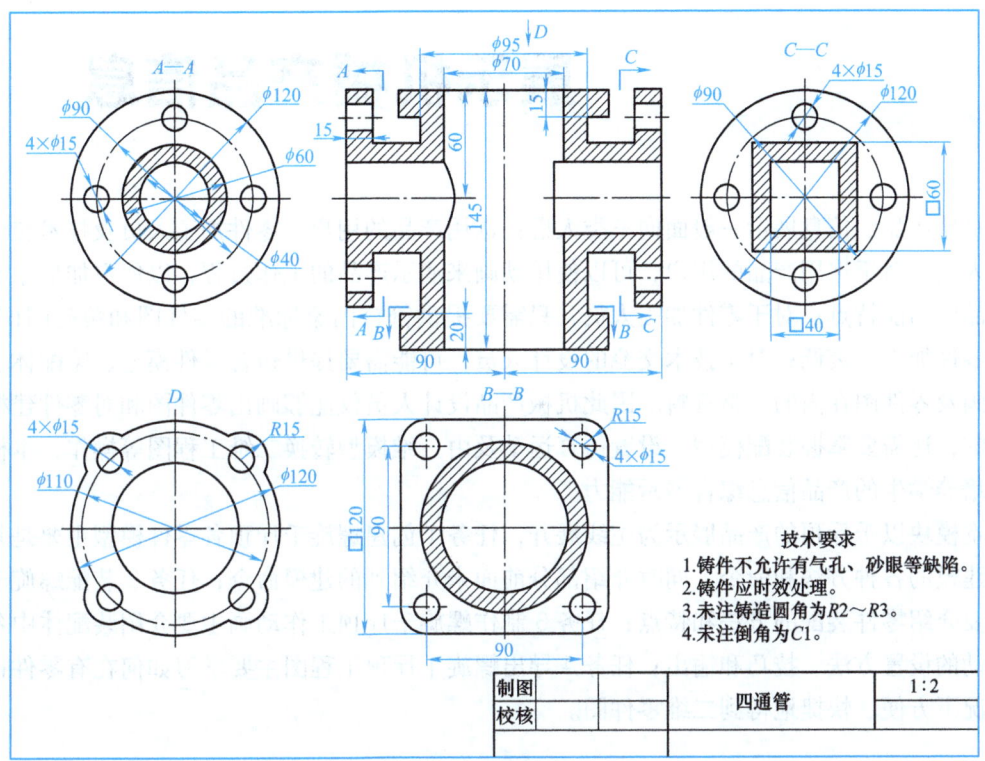

图 2-4-20 四通管

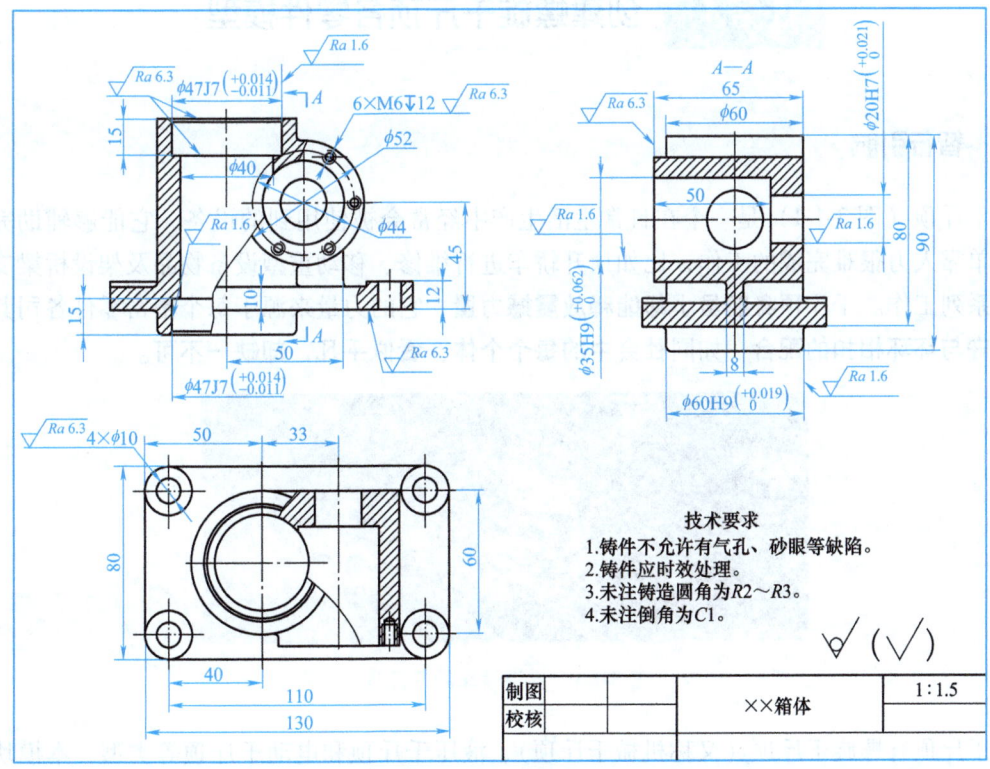

图 2-4-21 箱体

模块 3　　展示机械产品信息

机械产品的信息展示一般面向三类人群：选用产品的用户、零件加工人员及技术交流的设计人员。对于选用产品的用户，可以使用动画来演示产品的工作过程，以便更加形象地表达产品的功能特点；对于零件加工人员，只需要提供符合国家标准的零件图和装配图即可，方便零件加工和装调；对于技术交流的设计人员，可能需要提供包含零件模型、装配体、仿真动画及零件图在内的完整资料。因此机械产品设计人员仅能够画出零件图和对零件建模是不够的，还需要掌握装配模型、设置仿真运动及由三维模型转换二维工程图等操作，本模块旨在培养学生的产品信息综合展示能力。

本模块以千斤顶的产品展示为主线展开，任务 1 创建螺旋千斤顶各零件模型主要是复习零件建模的各种方法和命令，同时介绍部分前面未介绍到的建模命令；任务 2 装配螺旋千斤顶主要介绍零件装配的方法和特点；任务 3 制作螺旋千斤顶工作动画主要介绍装配体中各零件运动的设置方法、技巧和输出；任务 4 导出螺旋千斤顶工程图主要学习如何在有零件模型的情况下方便、快捷地得到二维零件图。

任务 1　创建螺旋千斤顶各零件模型

 智行引航

千斤顶（图 3-1-1）是一个在日常生活生产中经常会被使用到的设备，它能够辅助完成一些单靠人力很难完成的工作，比如顶升轿车进行维修、移动重型设备物品及架设桥梁支座等一系列工作。千斤顶**身躯虽小却能释放震撼力量**，它的力量来源于每个精密零件各司其职的坚守与环环相扣的配合，如同社会中的每个个体，看似平凡，却缺一不可。

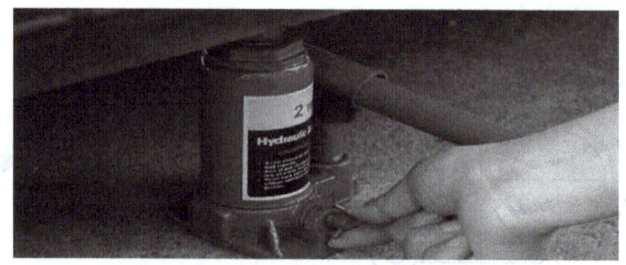

图 3-1-1　支撑轿车的千斤顶

千斤顶有螺旋千斤顶（又称机械千斤顶）、液压千斤顶和电动千斤顶等类型，本模块以螺旋千斤顶为例展开学习，图 3-1-2 所示为螺旋千斤顶示意图。

知识导入

一、螺旋千斤顶的结构组成

螺旋千斤顶由底座、螺套、螺旋杆、铰杠、顶垫、紧定螺钉 M10×12 和紧定螺钉 M8×10 组成,如图 3-1-3 所示。其中,螺钉为标准件(GB/T 73—2017)。

图 3-1-2 螺旋千斤顶示意图

微课:千斤顶

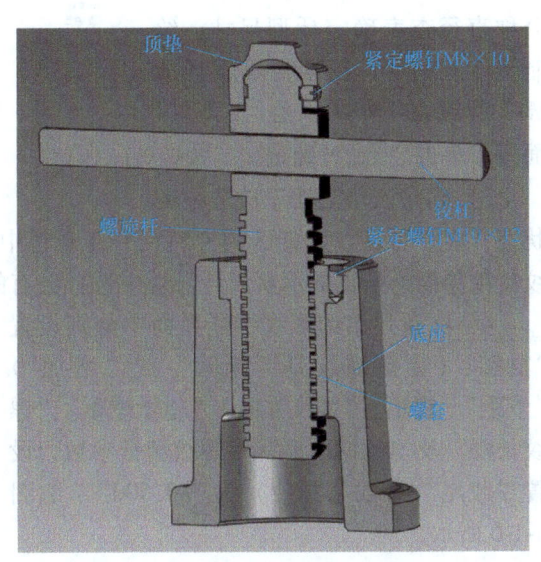

图 3-1-3 螺旋千斤顶的结构组成

二、螺旋千斤顶的工作原理

螺旋千斤顶,又称手动式机械千斤顶,其工作原理是底座固定不动,螺套同心嵌入底座,由螺钉限位固定不动,螺旋杆与螺套通过矩形螺纹连接,可以在螺套内螺旋上升或下降,顶垫与螺旋杆同轴,通过紧定螺钉进行轴向定位,同螺旋杆一起运动,铰杠作用在螺旋杆上,操作其进行螺旋运动,连同顶垫实现千斤顶的上升或降落。

 技能练习

之前的任务中已经在零件上使用过修饰螺纹功能了,修饰螺纹具有螺纹的表象,同时生成二维工程图时,螺纹处由螺纹简化画法表达,但 3D 打印该零件时并不会显示螺纹特征。要想得到真实的螺纹,还需要使用螺纹特征。

螺纹特征通过填写螺纹参数表及选择要生成螺纹的曲面、绘制好的螺纹截面可以快速生成螺纹特征,该螺纹特征具有螺纹收尾的效果。其中,螺纹截面可以在设计环境中的任何一个位置绘制。绘制螺纹截面时,要特别注意 X 轴正向的草图曲线,它定义即将生成的真实螺纹的形状,而 Y 轴与螺纹面重合。

命令启动方式:单击"特征"工具栏中的图标 螺纹 。

具体操作如下:

1)在快速启动工具栏中单击"打开"按钮,创建螺纹所在的基体,如螺栓的圆柱。

2）绘制螺纹的草图形状。单击"草图"功能区，单击端部圆周象限点作为草图面的原点（图3-1-4），进入草图绘制模式，调整草图面，使 Y 轴与螺纹面重合、X 轴正方向指向轴线，根据螺纹公称直径查表确定牙型尺寸，绘制图 3-1-5 所示的螺纹截面（取 M12 螺纹的尺寸）。在"草图"面板中单击"✓"确定。

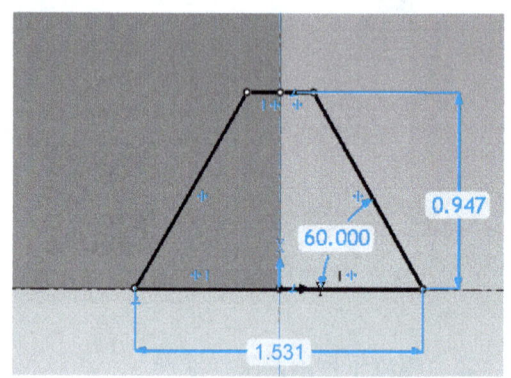

图 3-1-4　选择草图面的原点

3）确保该草图处于被选中的状态，在"特征"功能区的"特征"工具栏中单击"螺纹"图标，在设计环境左侧出现螺纹特征界面，根据提示从设计环境中选择已有的一个零件。

4）在新弹出的螺纹特征界面中分别设置"材料"（选择螺纹是"删除"或"增加"）"节距"（螺距）"螺纹方向""起始螺距""螺纹长度"及"起始距离"等螺纹特征参数，设置"收尾"参数（圈数）为"0.500"，如图3-1-6 所示。

5）在螺纹特征界面中的"几何选择"选项组中，确保草图选择图 3-1-5 中绘制的螺纹截面。接着在单击"曲面"选择框确保激活其状态，此时状态栏出现"为螺纹特征选择圆柱面/圆锥面"的提示信息，在模型中单击所需的圆柱面。

图 3-1-5　绘制螺纹截面
（注意 X 轴、Y 轴的指向）

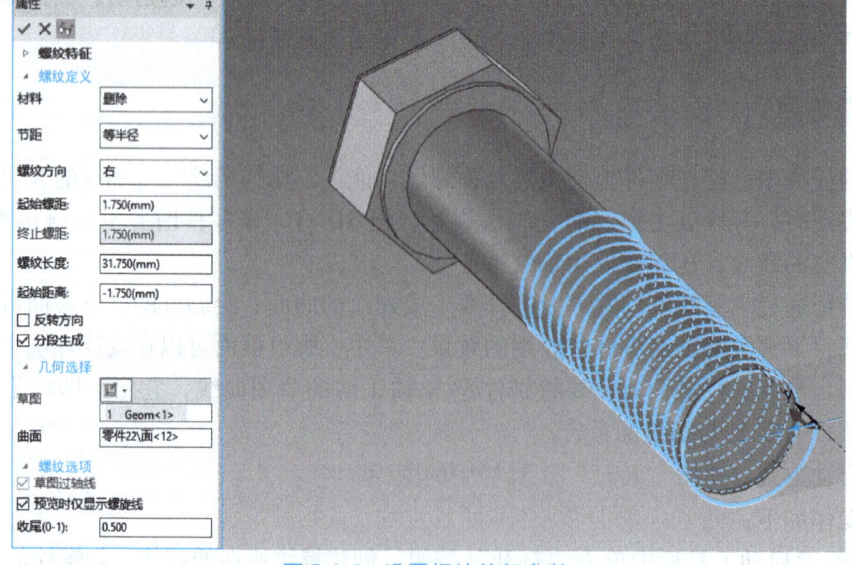

图 3-1-6　设置螺纹特征参数

6）在上述界面中单击"✓"确定，系统开始重新生成，完成螺纹特征的零件效果如图 3-1-7 所示。如果发现生成的螺纹长度等不符合要求，可以打开设计树，右击"螺纹特征"，选择"编辑"命令，在其特征界面中修改参数，重新生成即可。

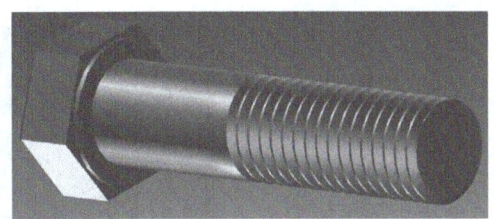

图 3-1-7　完成螺纹特征的零件效果

 任务实施

一、创建底座

底座零件图如图 3-1-8 所示。

1. 分析零件图

分析可知底座主体是_____体，因此可使用_____功能完成创建。注意绘制草图时要以 Y 轴为对称轴，只绘制_____的封闭轮廓，如图 3-1-9 所示。

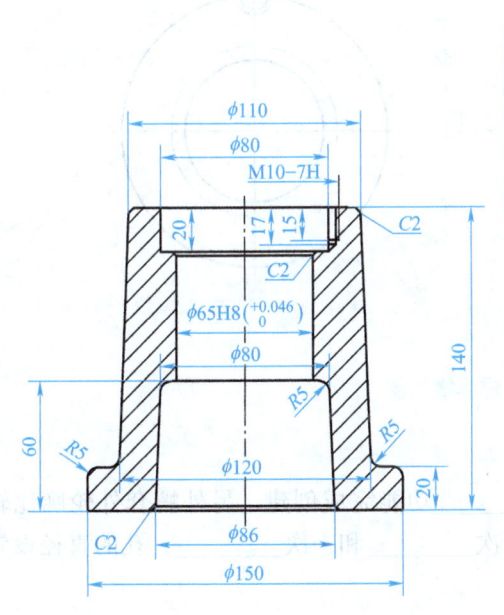

图 3-1-8　千斤顶底座零件图

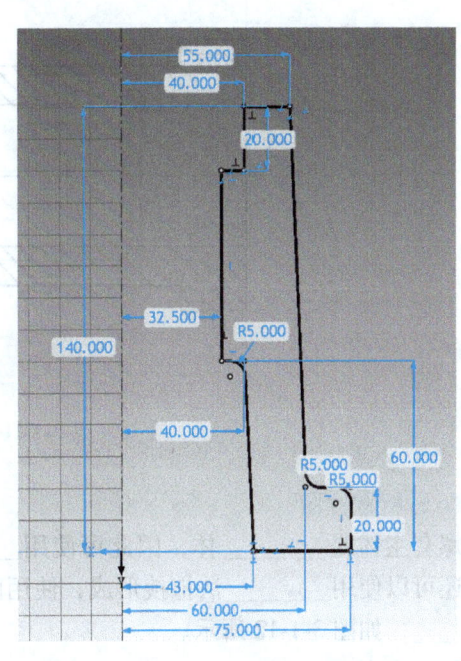

图 3-1-9　绘制底座草图

2. 添加特征

底座主体上有半个_____孔和多处圆角、倒角。孔的添加使用_____命令，圆角和倒角可以在上一步草图中直接画出，也可以在生成主体模型之后再使用圆角、倒角特征添加，创建完成的底座实体如图 3-1-10 所示。

二、创建螺套

螺套零件图如图 3-1-11 所示。

微课：底座

图 3-1-10　底座实体

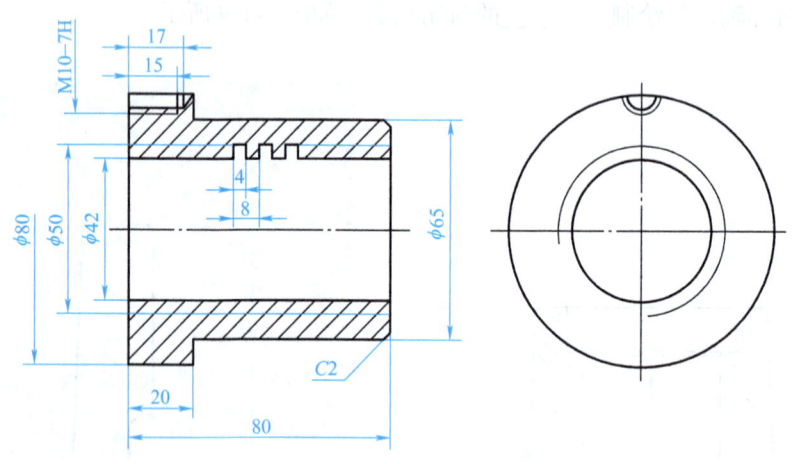

图 3-1-11　螺套零件图

1. 分析零件图

螺套主体是_____体，因此可使用_____功能完成创建，另外螺套外轮廓比较规则，还可以使用_____法拖拽形成，使用两次_____和一次_____，孔的直径设置为_____，如图 3-1-12 所示。

2. 添加特征

螺套主体上有半个_____孔、中间有_____螺纹。绘制孔时可使用_____命令，绘制矩形螺纹时可使用_____特征，螺纹草图如图 3-1-13 所示，螺距为_____，为了使螺纹贯穿螺套，特意设置起始距离为_____，绘制的螺纹长度要_____于实际螺纹长度。创建完成的螺套实体如图 3-1-14 所示。

三、创建螺旋杆

螺旋杆零件图如图 3-1-15 所示。

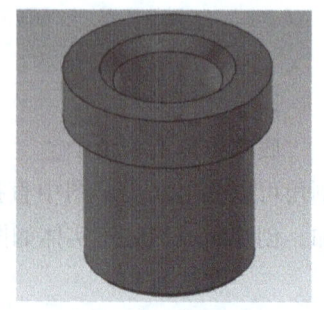

图 3-1-12　螺套主体

模块 3 展示机械产品信息

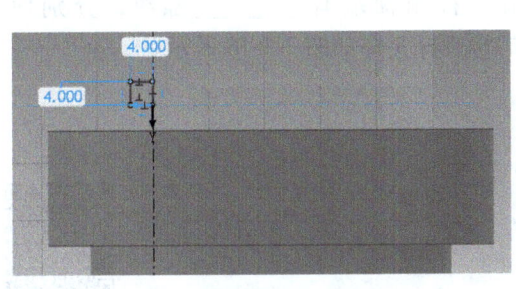

图 3-1-13 螺纹草图

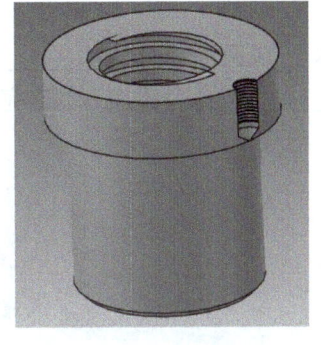

图 3-1-14 螺套实体

微课：螺套

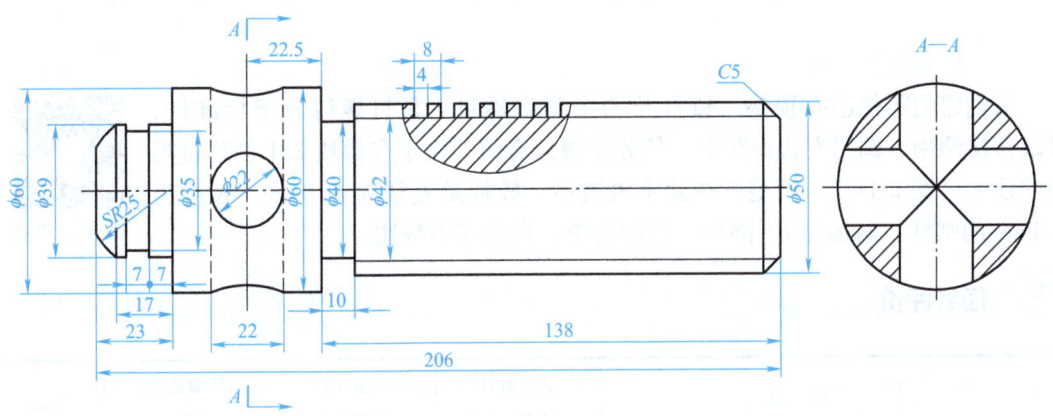

图 3-1-15 螺旋杆零件图

1. 分析零件图

螺旋杆主体是_____体，因此可使用_____功能完成创建，螺旋杆草图如图 3-1-16 所示，生成的旋转体如图 3-1-17 所示。

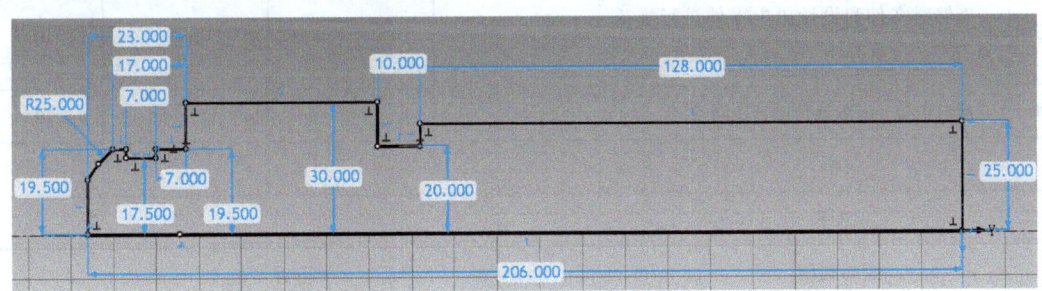

图 3-1-16 螺旋杆草图

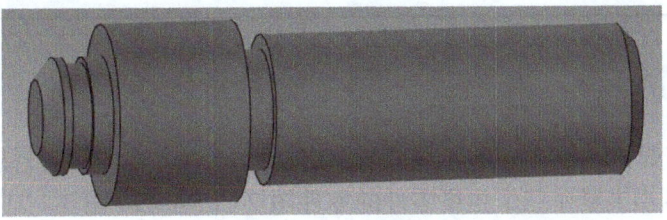

图 3-1-17 旋转体

121

2. 添加特征

螺旋杆主体上有两个相互 _____ 的孔，右侧轴端有 _____ 螺纹，分别使用 _____ 和 _____ 命令添加，创建完成的螺旋杆实体如图 3-1-18 所示。

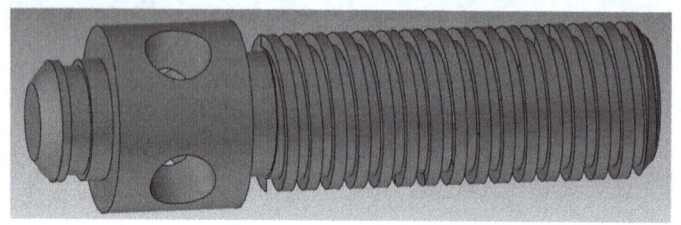

图 3-1-18　螺旋杆实体

微课：螺旋杆

四、创建其他零件

未创建的零件还有顶垫、铰杠及两个紧定螺钉。紧钉螺钉属于标准件，可以直接调用，调用方式将在下一任务中展开介绍。由于在模块 2 中创建过类似的顶垫（图 2-1-47）模型，在此不再赘述。铰杠是直径为 φ20mm、长度为 300mm 的圆柱，两端作 C1 倒角，结构简单，在此亦不赘述。

微课：顶垫

 任务评价

序号	考核内容	学生自评（30%）	小组互评（20%）	教师总评（50%）	分值
1	能够熟练地利用各种命令创建螺旋千斤顶中的各零件				50
2	能够正确创建矩形螺纹				30
3	能够对文件和设计树中零件进行规范命名				10
4	能够积极、有效地帮助其他同学				10
	小计				—
	总评				
	完成时间		分钟		

精进计划：

 举一反三

对零部件进行焊接、铆接、冲孔、打磨或切削等加工时，G 型夹紧钳是用来夹持、夹紧的工具。以下是 G 型夹紧钳三个主要零件的零件图（图 3-1-19 ~ 图 3-1-21），请结合自查资料，根据零件图样了解其工作原理并创建零件模型。

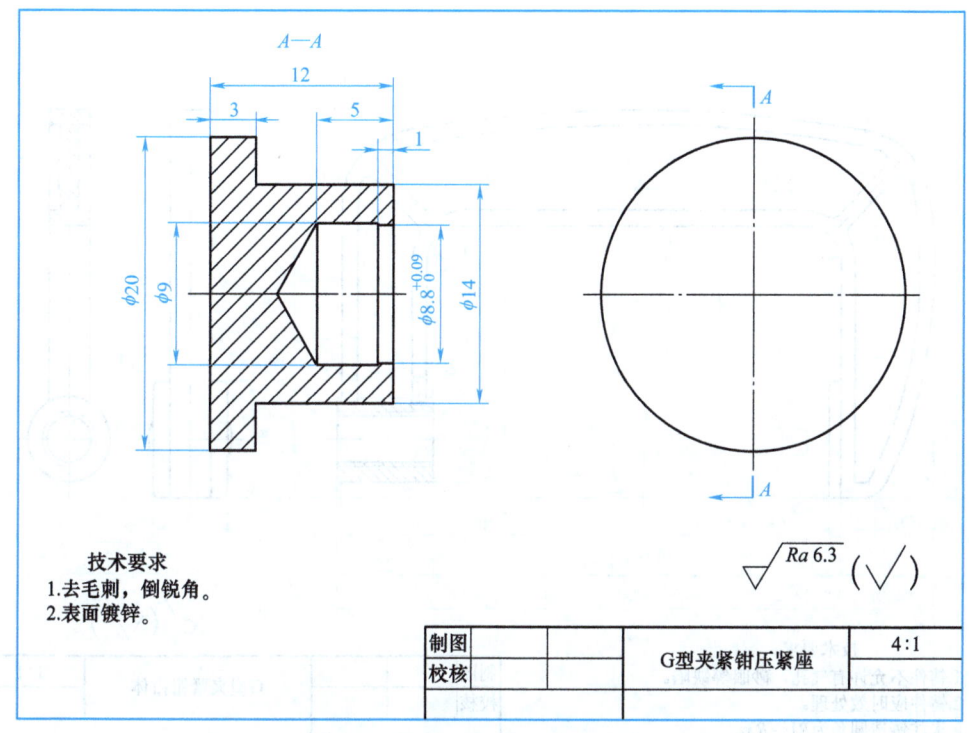

图 3-1-19　G 型夹紧钳压紧座零件图

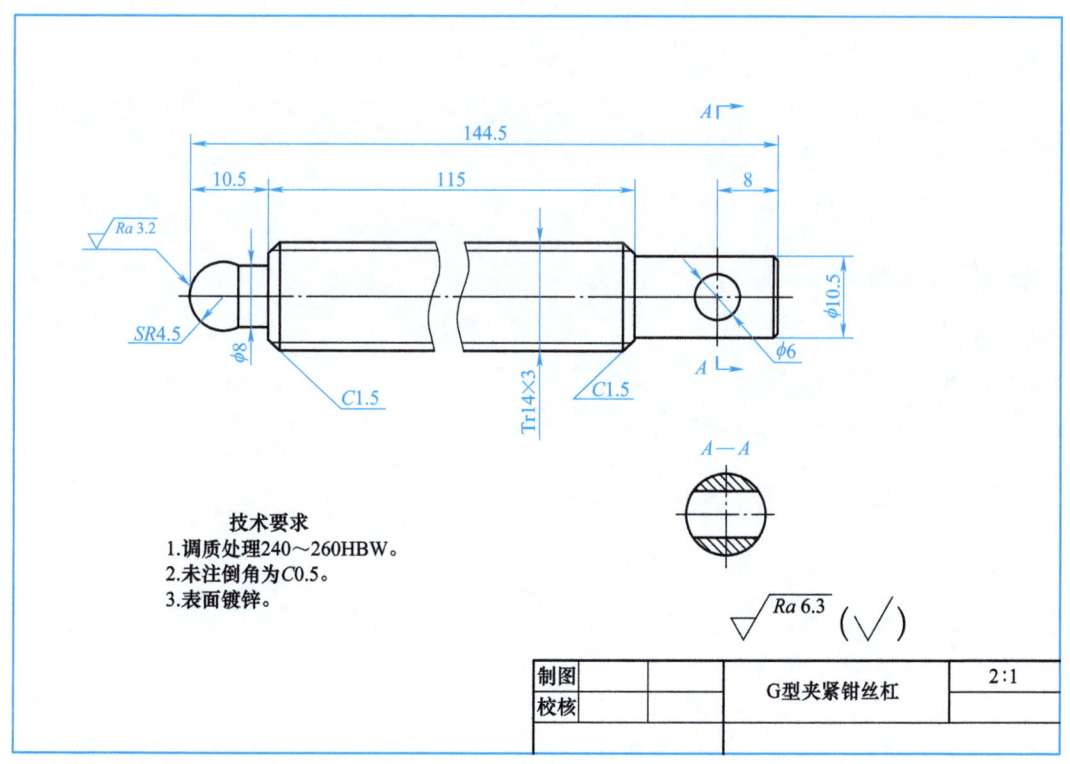

图 3-1-20　G 型夹紧钳丝杠零件图

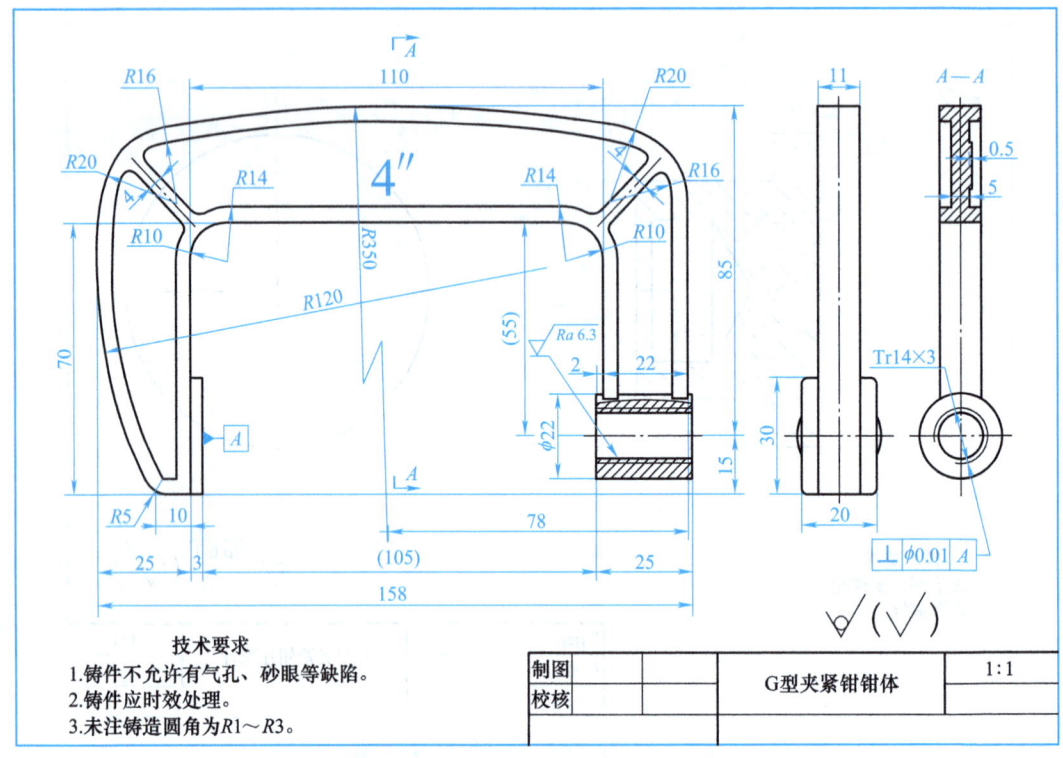

图 3-1-21　G 型夹紧钳钳体零件图

任务 2　装配螺旋千斤顶

智行引航

我国研究制造的军用大型运输机运-20可以在复杂的气象条件下，执行各种物资和人员的长距离航空运输任务。在**传统装配中，运-20的机身调姿工作需要十几个人通力合作一个月才能完成**，中航西安飞机工业集团股份有限公司决定在运-20装配中启用数字化系统，因此刚入厂不久的胡洋被推荐参加了数字化装配设计测量系统、自动控制和计算机软件等先进技术的培训。胡洋白天跟着专家在现场实践，晚上学习钻研，不断进取。2015年底，公司第一次启用数字化系统进行机身调姿，**胡洋团队**承接了此任务，**实现了大飞机机身数字化装配零的突破，在效率提高百倍的同时，还能保证精度达到毫米级**。胡洋也因此获评了中航西飞的"工匠""杰出青年""劳动模范"等荣誉称号。

所谓装配，就是根据预先制订的技术要求，对各零件进行配合和连接，使之成为完整产品模型的过程。本模块任务1中已经创建了螺旋千斤顶的底座、螺旋杆及螺套等零件的模型，现将所有零件按照装配要求进行装配。

知识导入

一、装配流程

在装配设计中，有两种主要的装配设计流程：一种为自底向上设计，另一种是自顶向下设计。在设计中，要根据实际情况灵活采用适合的装配设计流程，有时也可以结合使用两种方法。

1. 自底向上设计

自底向上设计是装配设计中的一种传统的设计方法，它从单个零件（特别是从关键零件）开始设计，接着参照关键零件来设计其他零件，待完成所有零件设计工作后，再对各零件进行装配定位，从而完成一个产品、一台机器设备等的设计工作。

自底向上设计主要适用于相互结构关系及重建行为较为简单的零部件的独立设计。

2. 自顶向下设计

自顶向下设计是从装配体开始设计，先定好项目的总体框架及主要的零部件关系，然后设计装配体中各个零部件的细节，完善零部件间的装配约束关系。自顶向下设计时始终遵照设计目标的指导，更容易让人把握设计意图。在采用自顶向下设计方式的设计过程中，可以参照一个零件的几何体来辅助设计或定位另一个零件，也可以用布局草图作为设计开端，定义固定的零件位置和基准面等，并参照这些布局定义来设计零件，总之方法是多样的。在零部件设计完成后，如果需要单独的零件文件，可以通过执行"另存为零件/装配"命令来获得，还可以设置与本设计环境相连接。

由于自顶向下设计时通常会先把主要机构设计好，这样可以利用装配体中的某些尺寸、位置关系来辅助设计其他零部件，因此设计人员可以充分地利用设计资源，实现设计团队分工协作，便于整体模块化设计和修改。对于装配关系较为复杂的零部件设计、大型的复杂产品设计或相关的夹具设计，均适合采用自顶向下设计方法。

二、装配关系

装配关系是指要装配到一起的两个零件之间具备的关系，如轴、孔配合需要同轴、轴肩要与垫片端面贴合等，如图 3-2-1 所示。除此之外还有对齐、平行、垂直、相切、距离、角度及随动等形式的装配关系。

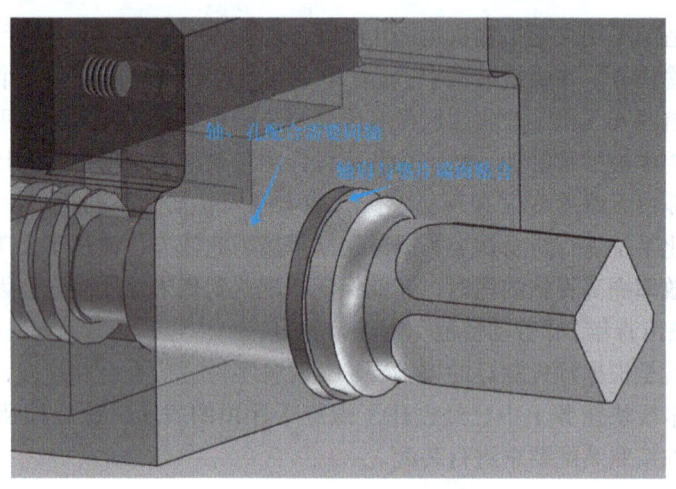

图 3-2-1　装配关系示例

 技能练习

一、装配基础

1. 生成一个装配体并修改装配关系

在一个新的设计环境中，首先建好若干个所需的零件（独立图素），然后框选这些零件，或者按住〈Shift〉键依次单击将其选中，接着切换到"装配"功能区，单击"生成"面板中的"装配"按钮，从而新建一个装配体，该装配体中包含所选的零件，设计树中将出现"装配#"形式的名称。

1）在快速启动工具栏中单击"缺省模板设计环境"按钮，使用默认模板创建一个新的设计环境文档。

2）打开"图素"设计元素库，从中分别拖出一个长方体、球体和圆柱体放置到设计环境中，注意将这些图素作为单独的图素放置以生成三个零件，如图 3-2-2 所示。

3）在设计环境中通过光标指定两个角点来框选这三个零件。

4）在"装配"功能区的"生成"工具栏中单击"装配"按钮，

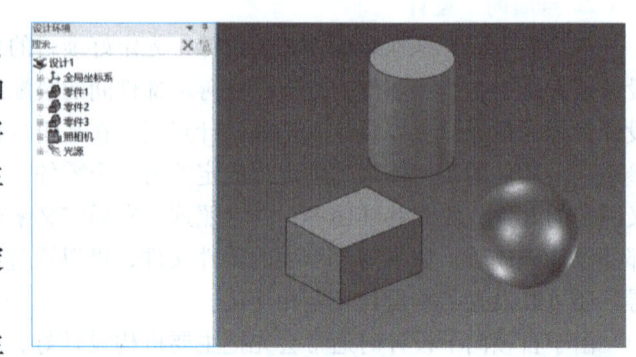

图 3-2-2　生成三个零件

生成一个装配体,如图3-2-3所示。此时,在设计环境中可以看到,被选中的装配体中,每个图素周围的轮廓都变成统一的颜色且只显示出一个锚状图标(锚状图标依附在第一个选定的图素上)。

5)可以选择三维球工具来对整个装配体进行重定位操作。

6)确保在设计树中选中装配体,即在装配体选择状态下,若拖入一个独立图素,那么该图素也将成为同一装配体的构成部分。

7)在设计环境的空闲区域内单击鼠标左键,然后从"图素"设计元素库中拖入一个长方体单独放置,可以看出该长方体是一个独立的"零件5",如图3-2-4所示。

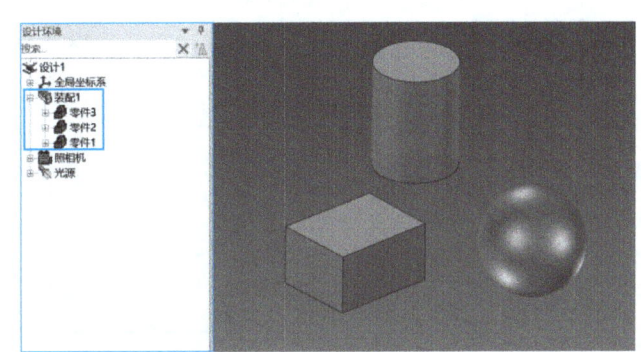

图3-2-3 生成一个装配体

8)在设计树中的"零件5"图标上长按鼠标左键,并将该图标拖动到"装配1"图标处,释放鼠标左键,则该零件会成为"装配1"中的一个零件组件,在设计树中可以很直观地看出其与装配件的关系,如图3-2-5所示。

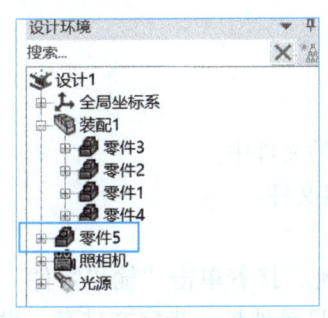 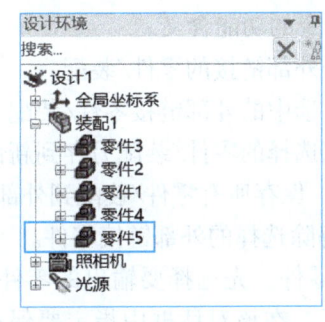 

图3-2-4 创建一个独立的零件　　图3-2-5 修改装配关系　　微课:生成一个装配体

2. 新建零/组件

新建零/组件的方法很多,在这里侧重介绍一种新的方法。在工程模式设计环境中创建一个空的零/组件,其方法是在"装配"功能区的"生成"工具栏中单击"创建零件"按钮,系统弹出"创建零件激活状态"对话框,如图3-2-6所示,单击"是"按钮,则新建的空零件默认为激活状态,在该零件激活状态下添加的图素都会属于该零件。如果不想以后执行"创建零件"命令时总是弹出"创建零件激活状态"对话框,那么需要在该对话框中勾选"总是按照现在的选择执行"复选按钮。在创新模式下,同样可以单击"创建零件"按钮来在设计环境中添加一个新的没有图素的空零件。

3. 插入零件/装配

在实际的装配设计中,有时候需要从其他文件中插入零件或装配到现有设计环境中,在这种情况下,可以在"装配"功能区中单击"插入零件/装配"按钮,系统弹出"插入零件"对话框。在"文件类型"下拉列表框中选择要插入的文件类型,在查找范围中选择要插入零件所在的地址范围,从文件列表框中选择所需的文件名,然后单击"打开"按钮,即可将零件插入到当前的设计环境中。如果要设置导入的一些选项,则需要在"插入零件"对话框中单击"导入选项"按钮,接着在打开的对话框中进行相关设置即可。

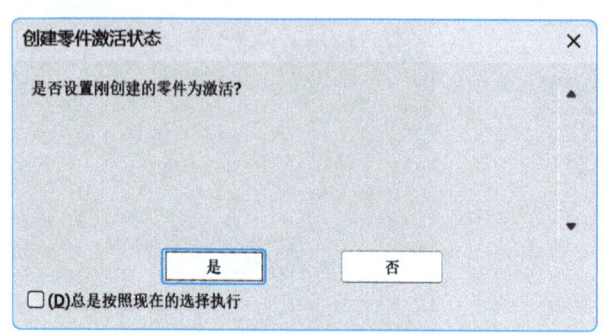

图 3-2-6 "创建零件激活状态"对话框

微课:新建零/组件　　微课:插入零件

二、装配基本操作

装配基本操作包括"打开零件/装配""保存零件/装配""另存为零件/装配""保存所有为外部链接""解除链接(外部)""输出零件"和"装配树输出",这些操作命令的工具按钮可以在"装配"功能区的"操作"工具栏中找到。

下面列出这些基本操作命令的功能含义。

1) 打开零件/装配:打开外部链接的零件/装配。

2) 保存零件/装配:保存选中的外部链接零件/装配。

3) 另存为零件/装配:把选择的零件/装配另存到新命名的文件中。

4) 保存所有为外部链接:保存所有零件/装配到外部链接文件。

5) 解除链接(外部):解除选择的外部链接零件。

6) 输出零件:用于输出零件。先选择要输出的零件/装配,接着单击"输出零件"按钮,弹出"输出文件"对话框,在该对话框中指定要保存的目录地址,指定文件名,设置保存类型,然后单击"保存"按钮。

7) 装配树输出:用于输出装配树视图。单击"装配树输出"按钮,系统弹出如图 3-2-7 所示的"装配路径"对话框,从中设置"过滤器"选项、"统计"选项、"输出"选项和"输出文件"路径及其"文件名",单击"确定"按钮。

三、装配定位

装配定位是装配设计中的重要工作,装配定位通过零件定位的方式确定装配体中各零部件之间的位置关系。在 CAXA 3D 实体设计 2023 软件中,可以使用三维球、无约束装配、定位约束和三维智能标注等工具来进行装配定位操作,设计者可根据操作习惯和零部件形状特征来决定选择何

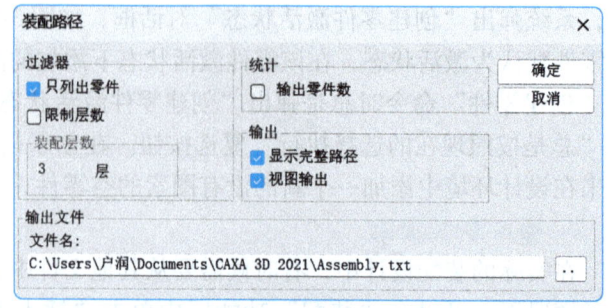

图 3-2-7 "装配路径"对话框

种工具。

装配定位工具基本上集中在"装配"功能区的"定位"工具栏中,而在"工具"功能区中也具有同样的"定位"工具栏,另外,在"工具"功能区的"操作"工具栏中还提供了一些可以用于装配定位的工具,如"移动锚点""附着点"等。

1. 三维球装配

使用三维球装配的过程就像是创建零件特征一样,移动相应零件的位置直到装配位置即可。在利用三维球进行装配的过程中,一般可以将装配过程分为两个部分:定向与定位。定向过程可利用三维球定向控制操作柄,定位过程主要利用三维球的中心控制操作柄,如图3-2-8所示。

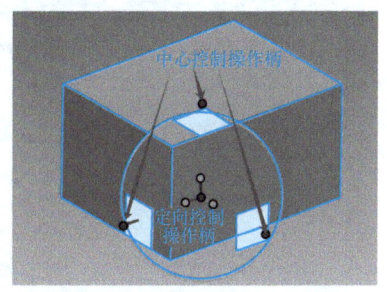

图 3-2-8 定向控制操作柄和中心控制操作柄

(1) 使用三维球的定向控制操作柄定位零件 打开需要移动零件的三维球,在图3-2-9所示的定向控制操作柄处单击鼠标右键,选择弹出菜单中的"与轴平行"。接着单击圆柱形的表面,使轴体的选定轴线与孔的中心线平行。注意在使用"与轴平行"功能时,目标必须是一个真正的圆柱形或椭圆形表面,不论选择了孔的内表面还是外表面(与内表面同轴),结果都是相同的。

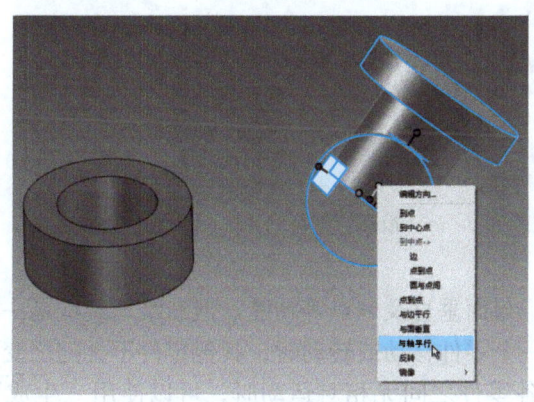

图 3-2-9 使用三维球的定向控制操作柄

微课:使用三维球的定向控制操作柄对零件进行定位

(2) 使用三维球的中心控制操作柄定位零件 要将轴体移动到孔中心的上方,右击三维球的中心,选择弹出菜单中的"到中心点",如图3-2-10所示。接着单击圆形边缘,使三维球中心(和轴体)移动到选择目标的"虚拟"中心点。注意在使用"到中心点"功能时,以下各项均可以用于目标选择:圆形边缘、椭圆形边缘、圆柱形表面、椭圆形表面或球形表面。在圆柱形或椭圆形表面的情况下,三维球中心将移动到目标表面轴线上最近的点。

(3) 暂时约束三维球的一条轴线 单击外侧三维球控制操作柄中的一条,将突出显示为黄色,这意味着三维球现在暂时受到约束,只能沿着(围绕)这条轴线平移(旋转)。如图3-2-11所示,单击控制操作柄纵轴,将其约束,将三维球的中心向下拖动,轴体将沿着受约束的垂直轴线向下滑动,可以输入一个数值来约束其向下滑动的距离,滑动过程不会左右或前后移动。

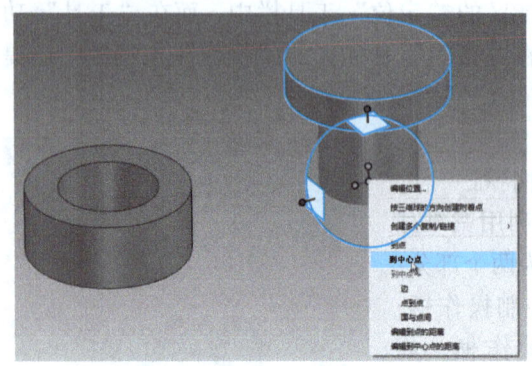

图 3-2-10　使用三维球的中心控制操作柄

微课：使用三维球的中心控制操作柄定位零件

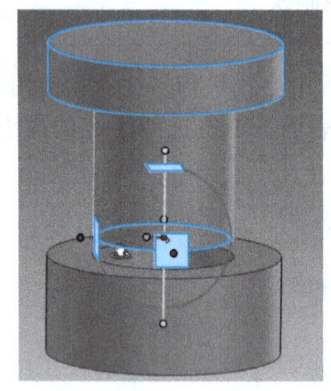

图 3-2-11　暂时约束三维球的一条轴线

微课：暂时约束三维球的一条轴线

除此之外，三维球还具有与边平行、与面垂直及到点等功能。但三维球装配是一种无约束装配，即零件之间没有约束，当其中一个零件移动或转动时，其他零件不会随之变化。使用三维球装配定位后，若整体有运动而各零件之间无相对运动时，可以使用"生成"面板中"装配"命令，使其形成一个装配件，对装配件设置运动路径。

2. 无约束装配

使用"无约束装配"命令可以参照源实体和目标实体快速地定位源实体，源实体也会相对于目标实体进行点到点的智能化移动。无约束装配定位命令适用于零件形状规则、容易找到特征点的情况。

"无约束装配"命令增加了一个显示附着点有效范围的识别圈，拖拽零部件到附着点附近，如果附着点在识别圈范围内，则该附着点就会自动被吸附到对应的位置上。如图 3-2-12 所示，按〈空格〉键可切换无定位约束的显示及识别范围。

3. 定位约束装配

使用"定位约束"命令可以采用约束条件的方法对零件和装配体进行定位、装配，保留零件或装配件之间的空间关系。与"无约束装配"不同的是，"定位约束"装配能形成一种永恒的约束关系，可作为仿真运动的基础。

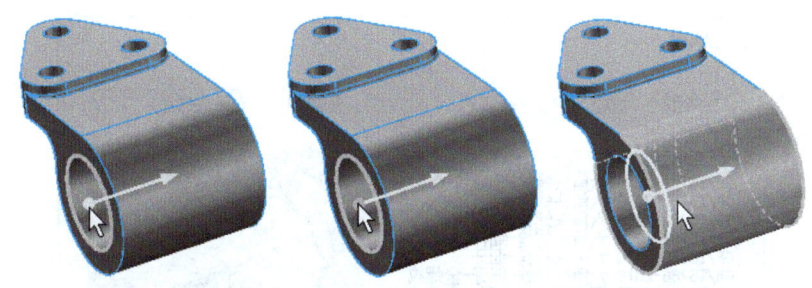

图 3-2-12 切换无定位约束的显示及识别范围

命令启动方式：单击"装配"→"定位"→"定位约束"图标 。

命令启动后随即打开约束命令界面，如图 3-2-13 所示。选择合适的"约束类型""源实体"和"目标实体"，查看装配效果，若符合预期，则单击" "确定或单击" "应用。若不符合预期，则进行适当调整。

四、调用标准件

装配体中有若干个用于连接或定位的标准件，通常只在装配图明细栏中列出代号而无零件图，因此要想创建标准件模型需要先查表得到其结构尺寸，虽然零件很简单，但创建过程较麻烦。为解决此问题，CAXA 3D 实体设计 2023 软件已经将常用标准件模型内置于软件中，需要时直接调用即可。

命令启动方式：单击设计元素库中的"工具"元素库，选择"紧固件"，如图 3-2-14 所示，拖拽至绘图区域后松开鼠标左键，随即弹出"紧固件"对话框，如图 3-2-15 所示。

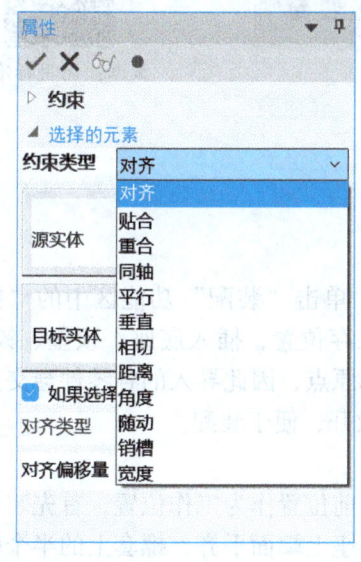

图 3-2-13 约束命令界面

微课：定位约束装配

图 3-2-14 "工具"元素库

"主类型"有"螺栓""螺钉""螺母""垫圈"及"挡圈"。每个"主类型"下又有若干"子类型"，如"螺栓"下的"子类型"有"六角头螺栓"和其他螺栓。每个子类型下还有若干规格。用户只需根据要求选择相应的类型、规格和尺寸即可调出相应的标准件。图

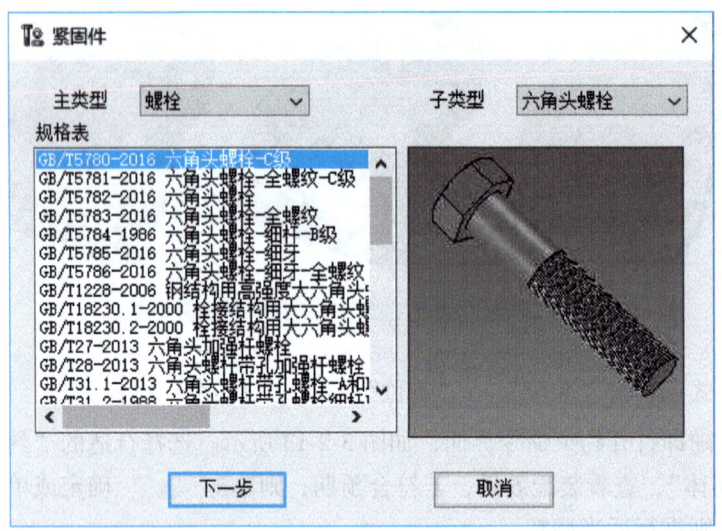

图 3-2-15 "紧固件"对话框

3-2-16 所示为调用的六角头螺栓 GB/T 5780 M12×60。若参数选择错误,则可单击选择该标准件,单击鼠标右键弹出下拉列表框,选择加载属性,在弹出的规格表中修改相应参数即可。

图 3-2-16 六角头螺栓　　　　　　　　　　　微课:调用标准件

 任务实施

一、导入各零件

启动 CAXA 3D 实体设计 2023 软件,进入设计环境。单击"装配"功能区中的"插入零件/装配"后,弹出"插入零件"对话框,选择零件保存位置,插入底座、顶垫、铰杠、螺套及螺旋杆的实体,由于零件建模时参照的是同一坐标原点,因此导入的各零件会交叉重叠在一起,如图 3-2-17 所示,可以使用三维球将零件分散开,便于装配。

二、装配螺套

底座属于整个螺旋千斤顶的基础零件,因此以它的当前位置作为工作位置,首先装配螺套,两者的装配关系是螺套与底座同轴,螺套上端面与底座上端面平齐,螺套上的半个螺纹孔与底座上半个螺纹孔同轴。

打开"装配"功能区,单击"定位"面板中的"定位约束",选择"约束类型"为"同轴",源实体选择螺套柱面,目标实体选择底座柱面,单击" ✓ "完成,螺套的装配效果如图 3-2-18 所示。**注意:装配时也可以先选择源实体和目标实体,系统会根据所选的源实体和目标实体的情况推荐一种约束类型,如果系统推荐的约束类型不符合预期,则可以根**

模块 3　展示机械产品信息

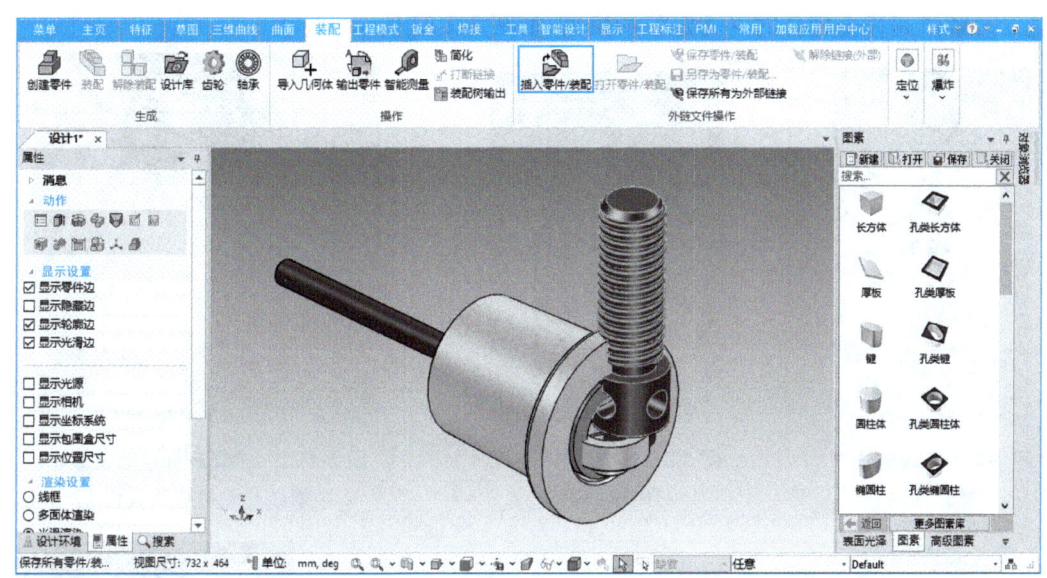

图 3-2-17　导入各零件

据需要进行修改。

三、装配紧定螺钉 M8×10mm

单击设计元素库中的"工具"元素库，选择"紧固件"，将其拖动至设计环境中，弹出"紧固件"对话框，"主类型"选择"螺钉"，"子类型"选择"紧定螺钉"，选择"规格表"中的"GB/T 73—2017 开槽锥端紧定螺钉"，单击"下一步"按钮，"规格"选择"M8"，"长度 l"选择"10"，单击"确定"按钮，调用紧定螺钉如图 3-2-19 所示。设置紧定螺钉与底座上的螺纹孔同轴（定位约束），紧定螺钉的上端面与底座的上端面对齐（定位约束）。

图 3-2-18　螺套的装配效果

图 3-2-19　调用紧定螺钉

四、装配螺旋杆

螺旋杆是整个螺旋千斤顶的核心零件，螺旋杆与螺套旋合，形成螺旋机构。装配时，设置螺旋杆与螺套同轴（定位约束），如图 3-2-20 所示。将螺旋杆的三维球移至矩形螺纹起始

133

位置的小径上（图 3-2-21），将螺旋杆移动至螺套内螺纹起始位置的大径上（图 3-2-22），此时内、外螺纹是完全旋合的（无定位约束），如图 3-2-23 所示。

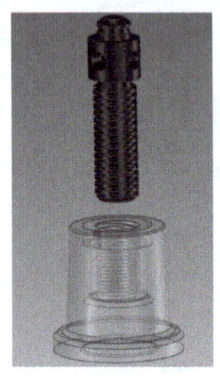

图 3-2-20　螺旋杆与螺套同轴

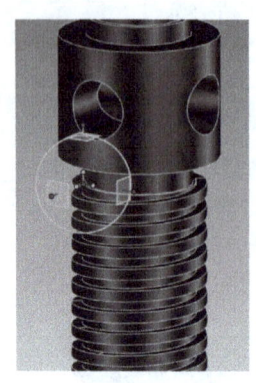

图 3-2-21　设置螺旋杆三维球的位置

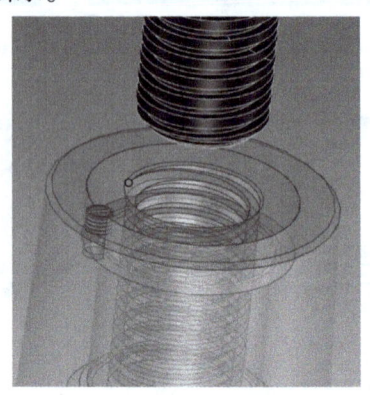

图 3-2-22　将螺旋杆移动至螺套内螺纹起始位置的大径上

五、装配顶垫

顶垫是装配于螺旋杆上方起到支承作用的零件。装配时，设置顶垫与螺旋杆同轴（定位约束），螺旋杆球面与顶垫球面贴合（定位约束），如图 3-2-24 所示。为保证后期设置运动时，顶垫能跟随螺旋杆旋转，此时还需要设置顶垫上螺纹孔的轴线与螺旋杆上孔的轴线平行（定位约束），如图 3-2-25 所示。螺钉 GB/T 73　M10×12 的调用和安装同步骤三，此外不再赘述。

六、装配铰杠

铰杠穿进螺旋杆的通孔中，起到旋转螺旋杆的作用。实际装配时，铰杠会在重力作用下与孔最下端的素线重合，其在左、右方向上是可以根据实际工况左、右移动的。但在模型装配中，设置铰杠与螺旋杆上的通孔同轴（定位约束），左、右方向不设

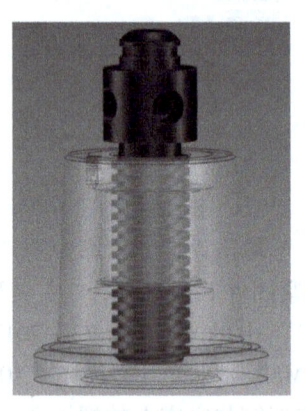

图 3-2-23　内、外螺纹完全旋合

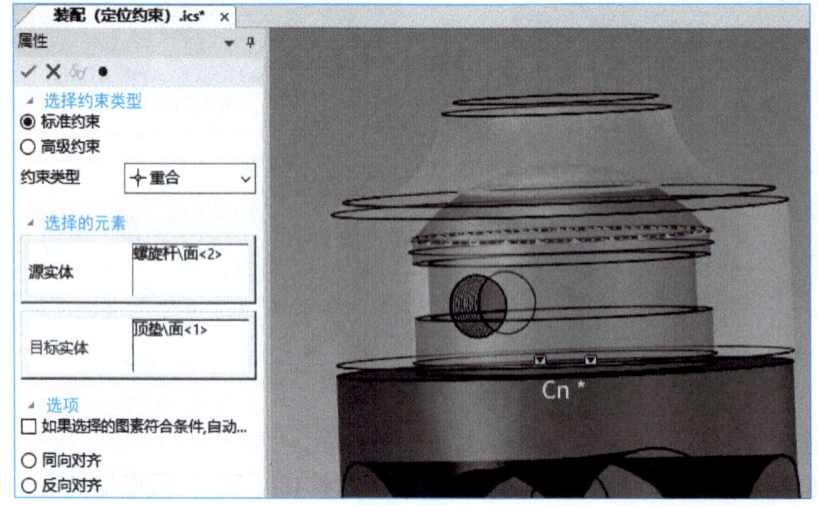

图 3-2-24　设置螺旋杆球面与顶垫球面贴合

置定位约束，如图 3-2-26 所示。至此，螺旋千斤顶装配完成，装配效果如图 3-2-27 所示。

图 3-2-25　设置顶垫上螺纹孔的轴线与螺旋杆上孔的轴线平行

图 3-2-26　设置铰杠与螺旋杆上的通孔同轴

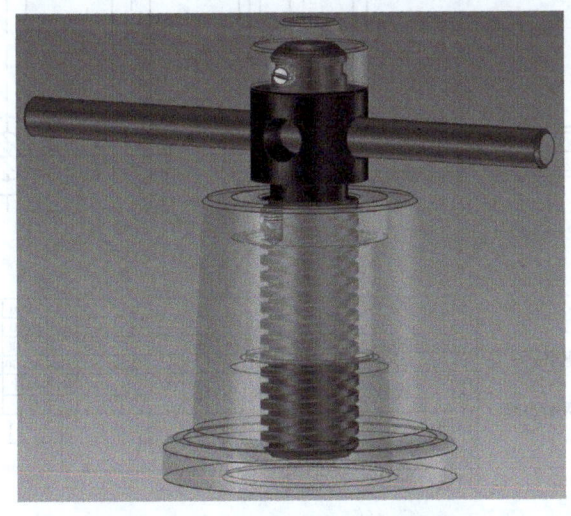

图 3-2-27　螺旋千斤顶的装配效果

微课：装配螺旋千斤顶

135

任务评价

序号	考核内容	学生自评（30%）	小组互评（20%）	教师总评（50%）	分值
1	能够读懂装配图，并能设计合理的装配路线				30
2	能够熟练导入各个零件				10
3	能够熟练调用标准件				20
4	能够结合使用三维球和定位约束命令对螺旋千斤顶进行合理装配				30
5	能够积极、有效地帮助其他同学				10
	小计				—
	总评				
	完成时间		分钟		

精进计划：

 举一反三

请根据装配图要求对本模块任务 1 举一反三中创建的 G 型夹紧钳各零件进行装配。图 3-2-28 所示为 G 型夹紧钳装配图。

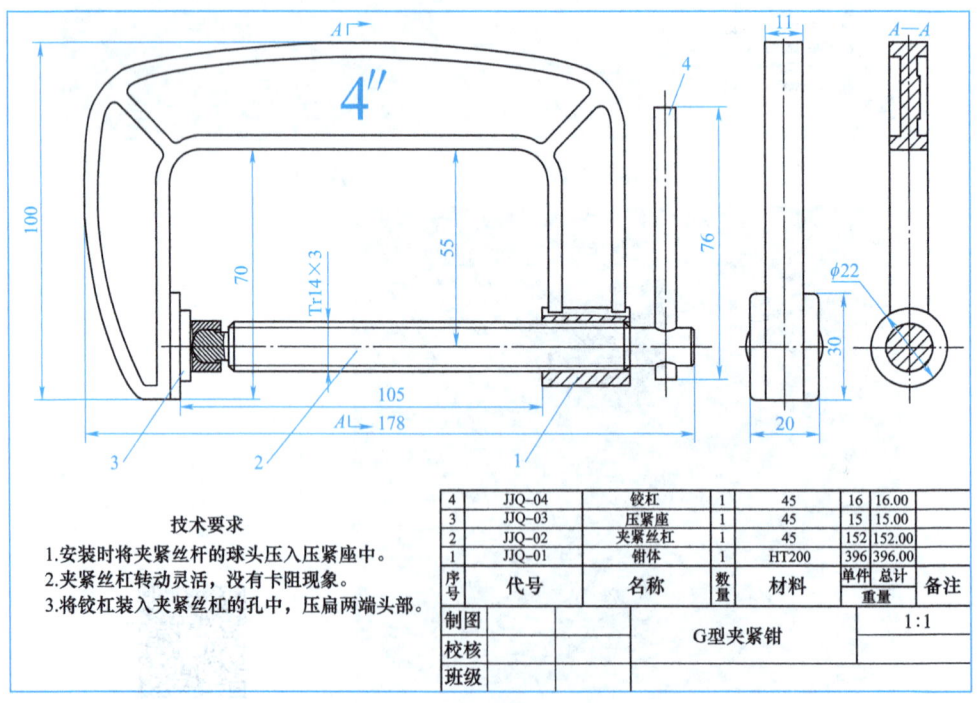

图 3-2-28　G 型夹紧钳装配图

模块 3　展示机械产品信息

任务 3　制作螺旋千斤顶工作动画

 智行引航

机械产品工作动画能够呈现设备的运动过程和工作原理，帮助设计师及时发现干涉等问题，可优化设计方案，提高设计质量，降低研发成本，还可方便沟通交流，提高协作效率，充分展示设备功能优势，提高产品竞争力。因此，**制作机械产品工作动画对于设计研发、生产制造、销售推广及售后服务等产品的全生命周期都具有重要意义。**

通过制作螺旋千斤顶的工作动画，可以模拟出它的工作过程，使学生直观地看到很难用语言描述清楚的动态过程。CAXA 3D 实体设计 2023 软件提供了实用的智能动画功能，该功能可以应用于图素、零件和装配上，还可将它添加到设计环境中的视向和两种光源上。因此，利用 CAXA 3D 实体设计 2023 软件制作的三维动画，可以提高教学效率和教学质量。

 知识导入

一、螺旋千斤顶的工作原理

螺旋千斤顶的工作原理是利用螺旋杆和螺套之间的螺纹结构，通过旋转铰杠，使螺旋杆向上或向下移动。当铰杠沿顺时针旋转时，螺旋杆顺着螺套向上移动，从而推动顶垫向上移动。相反，当铰杠沿逆时针旋转时，螺旋杆顺着螺套向下移动，从而带动顶垫向下移动。

总的来说，螺旋千斤顶是一种利用螺旋杆和螺套的螺纹结构实现举升、压缩和承重的机械装置。通过铰杠的旋转，带动螺旋杆旋转，使螺旋杆顺着螺套的齿面（斜面）逐渐升高，从而实现抬起重物的效果。

二、视频格式

螺旋千斤顶的工作动画设计完成后，可以进行动画文件输出操作。可输出的动画文件格式比较多，主要包括 GIF、MP4、AVI、FLV 及 MOV 等，其中 CAXA 3D 实体设计 2023 软件可以输出 GIF、MP4 及 AVI 格式。

1. GIF（Graphics Interchange Format）

GIF 是一种被广泛使用的动态图像格式，它最初是为了在网页上实现简单的动画效果而设计的。GIF 文件可以包含多帧，每帧都可以有不同的图像内容，通过循环播放这些帧来创建动画效果。GIF 动画通常用于简单的表情符号、图标和小型动画。

2. MP4（MPEG-4）

MP4 是一种基于 MPEG-4 标准的多媒体容器格式，它可以容纳音频、视频及字幕等多种媒体数据。MP4 文件支持高质量的音、视频编码，并且具有广泛的兼容性和灵活性，因此被广泛应用于各种数字媒体播放器和移动设备上。MP4 格式的动态图像通常用于在线视频、电影及电视剧等多媒体内容的播放。

3. AVI（Audio Video Interleaved）

AVI 是一种古老的动态图像格式，由微软公司开发。AVI 文件将音频和视频数据交织在一起,实现了音频和视频的同步播放。AVI 文件支持多种音、视频编码,但其文件通常较大,且压缩效率不如其他格式。尽管如此,AVI 文件仍应用于一些特定的应用场景中,如某些视频编辑软件和旧式媒体播放器。

三、每英寸点数

每英寸点数(DPI)是一个量度单位,用于点阵数码影像,指每英寸长度中,取样、可显示或输出点的数目。DPI 值越低,扫描的清晰度越低,由于受网络传输速度的影响,Web 上使用的图片多是 72dpi,但是冲洗照片时不能使用这个参数,应为 300dpi 或者更高的 350dpi。例如,若要冲洗 4in×6in⊖ 的照片,扫描精度应为 300dpi,则文件尺寸为(4in×300dpi)×(6in×300dpi)= 1200 像素×1800 像素。

 技能练习

一、定位锚

每个动画实体对象都有一个定位锚,该定位锚可以作为动画制作的参考点,是实体的运动中心和参照物。只有在对象被选中的时,定位锚才会显现出来。实体中的定位锚由一个绿色圆点和两条绿色的线段构成,呈现"L"形。定位锚长线段标记的方向为对象的高度轴,短线段标记的方向为长度轴,没有标记的方向为宽度轴,如图 3-3-1 所示。

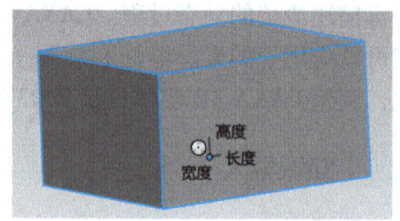

图 3-3-1 定位锚及其方向

如果对象的定位锚位置不符合添加动画的要求,那么就需要调整定位锚与实体的相对位置。移动定位锚的方法主要有以下几种:

1)单击"工具"功能区"操作"面板中的"移动锚点"图标 ⚓,在选择的图素上拾取一点作为定位锚的新位置点。

2)使用三维球工具可以精确定位实体的定位锚位置,具体操作方法为选择实体,单击锚点使其变黄,按〈F10〉键打开附着在锚点上的三维球,利用三维球的操作柄定位锚点的新位置。

3)右击实体,从快捷菜单中选择"零件属性"命令,弹出"创新模式零件"对话框,切换至"定位锚"选项卡,设置相应参数,如图 3-3-2 所示。

二、使用动画命令创建动画

在 CAXA 3D 实体设计 2023 软件中,可以使用动画命令(如添加新路径命令)创建以下三种类型的动画,注意这些动画运动都是以对象的定位锚作为基准来定义的。

旋转动画:绕某一坐标轴旋转的动画。
移动动画:沿某一坐标轴移动的动画。
定制动画:沿定制的运动路径运动的动画。

下面通过简单示例介绍如何使用动画命令创建动画。

微课:旋转动画和移动动画

微课:定制动画

⊖ 1in = 0.0254m。

模块 3　展示机械产品信息

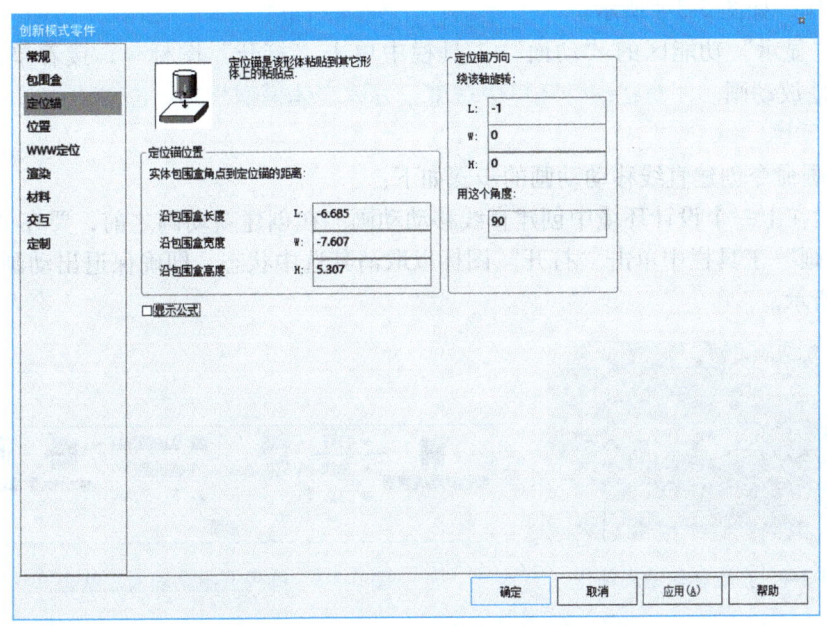

图 3-3-2　设置"定位锚"选项卡中的参数

1. 旋转动画

使用动画命令创建旋转动画的步骤如下：

1）在快速启动工具栏中单击"缺省模板设计环境"图标，使用默认模板创建一个新的设计环境文档。

2）打开"高级图素"设计元素库，从中将一个长方体拖动到设计环境中。

3）在"显示"功能区的"动画"工具栏中单击"添加新路径"图标，系统弹出新建动画路径界面，如图 3-3-3 所示。

4）选择一个装配件、零件或特征。"几何选择"处选择之前创建的长方体实体零件。

5）在"运动类型"选项组中选择"旋转"单选按钮，接着在"参数"选项组中设置"旋转轴"（"长度轴""宽度轴"或"高度轴"）"旋转角度"旋转方向及"运动时间（秒）"等。如果勾选"反转方向"复选按钮，则可将旋转方向反转。如果勾选"在结尾处添加运动"复选按钮（默认勾选此复选按钮），则后续添加的动画都会在已有动画的后面自动接续。此处，在"旋转轴"下拉列表框中选择"长度轴"选项，"旋转角度"为 360°，不反转，"运动时间（秒）"为 5s（默认为 2s），默认勾选"在结尾处添加运动"复选按钮。

6）在新建动画路径界面中单击"✓"确定，完成

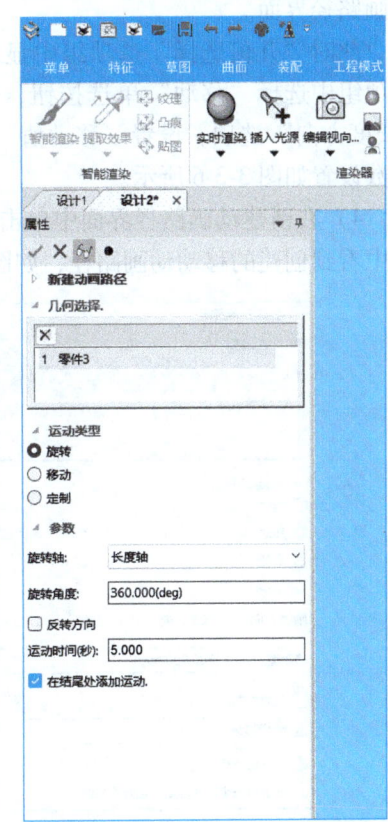

图 3-3-3　新建动画路径界面

139

旋转动画制作，如图 3-3-4 所示。

7）在"显示"功能区的"动面"工具栏中单击"打开"图标，接着单击"播放"图标即可播放动画。注意在设计环境中观察长方体实体模型与其定位锚的关系。

2. 移动动画

使用动画命令创建直线移动动画的步骤如下：

1）继续在上一个设计环境中创建直线移动动画。在创建新动画之前，要在"显示"功能区的"动画"工具栏中单击"打开"图标以取消其选中状态，即确保退出动画播放状态，如图 3-3-5 所示。

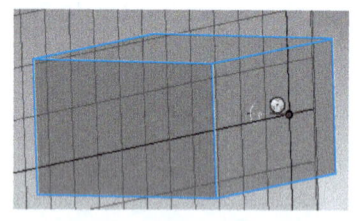

图 3-3-4 完成旋转动画制作

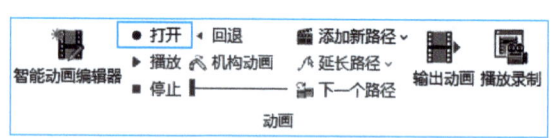

图 3-3-5 确保退出动画播放状态

2）选中长方体实体零件。

3）在"显示"功能区的"动画"工具栏中单击"添加新路径"图标，系统打开新建动画路径界面。

此时"几何选择"选项组中显示长方体实体零件处于被选择的状态，在"运动类型"选项组中选择"移动"单选按钮，在"参数"选项组的"围绕方向"下拉列表框中选择"长度方向"选项，设置"移动值"为 200mm，设置"运动时间（秒）"为 5s，移动动画的参数设置如图 3-3-6 所示。

4）在新建动画路径界面中单击"✓"确定，完成移动动画制作，此时可以在设计环境中看到创建的移动动画路径，如图 3-3-7 所示。

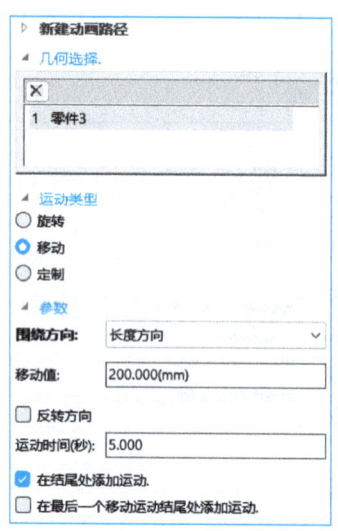

图 3-3-6 移动动画的参数设置

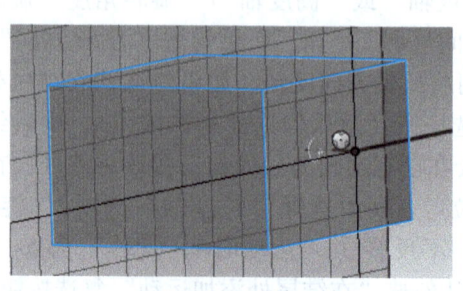

图 3-3-7 移动动画路径

5）在"显示"功能区的"动画"工具栏中单击"打开"图标，再单击"播放"图标，即可播放动画。由于在长方体实体零件上创建了两个动画，两个动画的关系是接续关系，因此该零件实体先绕长度轴旋转，再沿长度方向移动。

3. 定制动画

使用动画命令创建定制动画的步骤如下：

1）创建一个新的设计环境。

2）打开"高级图素"设计元素库，从中将一个圆柱体拖动到设计环境中。

3）在"显示"功能区的"动画"工具栏中单击"添加新路径"图标，系统弹出新建动画路径界面。

4）选中之前创建的圆柱体实体零件，在"运动类型"选项组中选择"定制"单选按钮，在"参数"选项组中设置"运动时间（秒）"为 5s，自定义动画的参数设置如图 3-3-8 所示。

5）在新建动画路径界面中单击""确定，完成定制动画的创建，此时在设计环境中（图 3-3-9）显示出一个动画栅格，圆柱体位于该栅格的中心，目前只有一个动画关键帧，因此还不能移动，需要继续创建零件的定制动画路径。

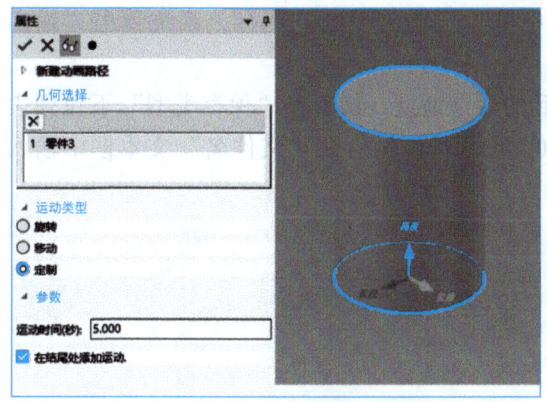
图 3-3-8　定制动画的参数设置

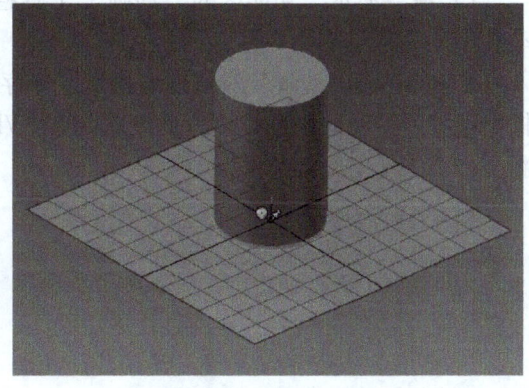
图 3-3-9　显示动画栅格

要创建零件的定制动画路径，可以使用"动画"面板中的工具命令，如"延长路径""插入关键点""下一个关键点""导入路径"和"下一个路径"，如图 3-3-10 所示。

6）在"显示"功能区的"动画"工具栏中单击"延长路径"图标，在状态栏出现"选择点延长动画路径"的提示信息，在栅格上单击一点以创建第二个关键点，如图 3-3-11 所示，在选中点处会出现一个蓝色轮廓的形状，以及在其定位点处显示一个红色（图中为上色）的操作柄。

7）继续单击一点以创建第三个关键点，如图 3-3-12 所示。

8）在"动画"面板中再次单击"延长路径"图标以取消其选中状态，从而完成延长路径的操作。

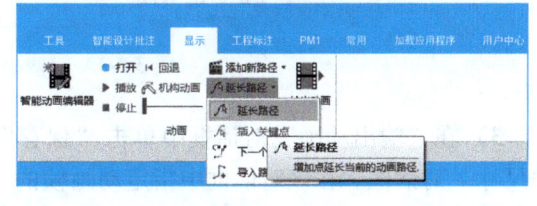
图 3-3-10　"动画"面板中的工具命令

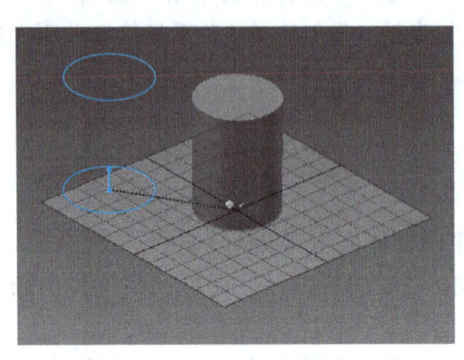
图 3-3-11 创建第二个关键点

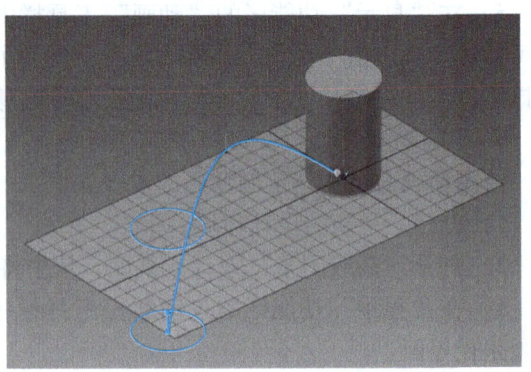
图 3-3-12 创建第三个关键点

9）在"动画"面板中单击"打开"图标，再单击"播放"图标来播放动画，此时可以看到圆柱体沿定制路径开始运动。

三、输出动画文件

输出动画文件的操作比较简单，主要有以下几个注意事项：

1）在"显示"功能区的"动画"工具栏中单击"输出动画"图标，系统弹出"输出动画"对话框，如图 3-3-13 所示。

2）在"输出动画"对话框中指定要保存到的目录地址，接着在"保存类型"下拉列表框中选择所需要的保存类型，此处选择"AVI（*.avi）"，然后在"文件名"文本框中输入新文件名。

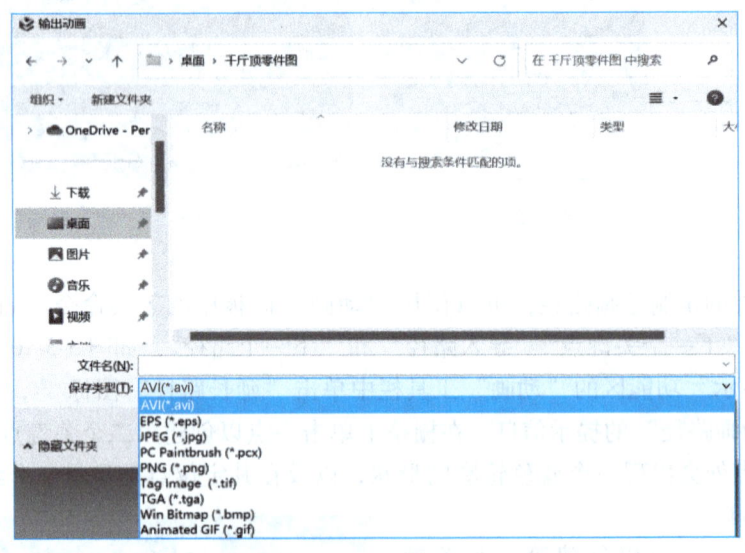
图 3-3-13 "输出动画"对话框

3）在"输出动画"对话框中单击"保存"按钮，系统弹出如图 3-3-14 所示的"动画帧尺寸"对话框。在该对话框中指定动画帧的"尺寸规格""每英尺点数（DPI）"等选项及参数，并可以根据需要在"渲染品质"选项组中选择所需的渲染类型等。

若单击"选项"按钮,则会弹出如图 3-3-15 所示的"视频压缩"对话框,从中选定"压缩程序"、定义"压缩质量"等选项。这里以选择"全帧(非压缩的)"为例,然后单击"视频压缩"对话框中的"确定"按钮。

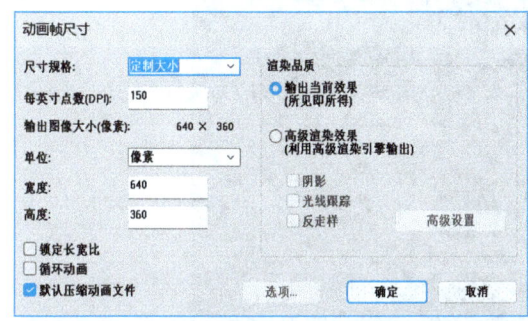
图 3-3-14 "动画帧尺寸"对话框

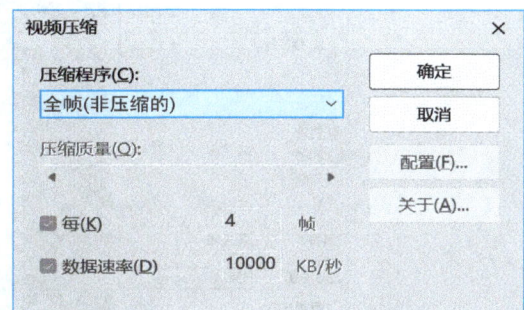
图 3-3-15 "视频压缩"对话框

4)在"动画帧尺寸"对话框中单击"确定"按钮,系统弹出如图 3-3-16 所示的"输出动画"对话框,单击"开始"按钮,开始输出动画文件直到完成操作。

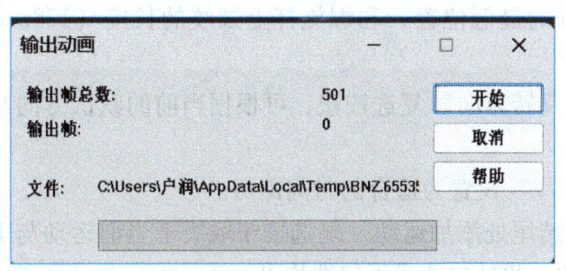
图 3-3-16 "输出动画"对话框

任务实施

一、分析螺旋千斤顶工作原理

螺旋千斤顶在工作时,操作者在铰杠上施力,使其带动螺旋杆旋转,底座、螺套不会发生移动或转动,促使螺旋杆向上(逆时针旋转时)或向下(顺时针旋转时)移动,旋转杆旋转一周,移动一个导程(单线螺纹的导程即螺距)的距离,本任务中螺旋千斤顶的螺旋杆为单线螺纹,螺距为 8mm。

二、设置运动路径

1. 设置旋转运动

在"显示"功能区的"动画"工具栏中单击"添加新路径"图,系统弹出新建动画路径界面,参数设置如图 3-3-17 所示。

1)"几何选择"选择螺旋杆零件。

2)在"运动类型"选项组选择"旋转"单选按钮。

3)"参数"选项组中的"旋转轴"选择"宽度轴"(根据图中位置关系决定)。

4)"参数"选项组中的"旋转角度"设置为 3600°,即旋转 10 圈。这个参数需要根据

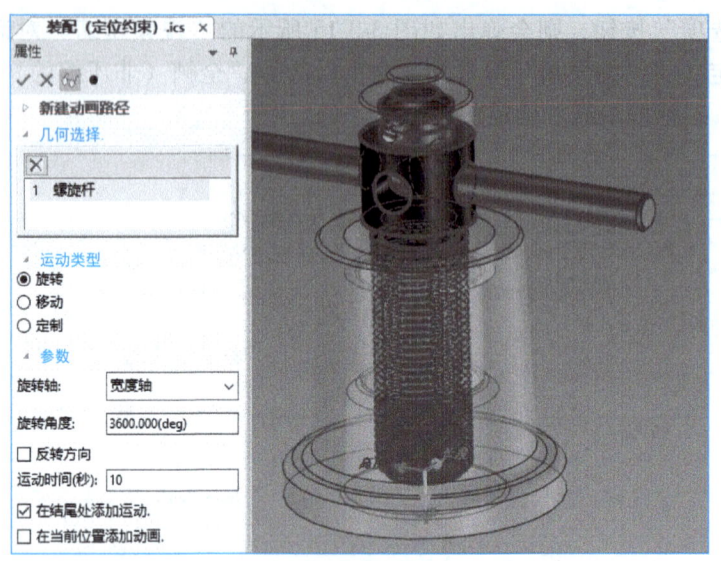

图 3-3-17　螺旋杆旋转运动的参数设置

初始状态（螺旋千斤顶的最低位置）和螺旋杆上螺纹的长度（128mm，最多能旋转 15 圈）而定。

5）不需要勾选"反转方向"复选按钮，可根据当前的默认方向与目标方向是否一致决定是否勾选该按钮。

6）"运动时间（秒）"设置为适合的时间即可。

7）是否勾选"在结尾处添加运动"复选按钮取决于当前运动与上一运动的关系。由于当前运动是第一个运动，此处勾选或不勾选均可。

2. 设置移动运动

在"显示"功能区的"动画"工具栏中单击"添加新路径"按钮，系统弹出"新建动画路径"界面，参数设置如图 3-3-18 所示。

图 3-3-18　螺旋杆移动的参数设置

1)"几何选择"选择螺旋杆零件。
2)"运动类型"选项组选择"移动"单选按钮。
3)"参数"选项组中"围绕方向"选择"宽度方向"(根据图中位置关系决定)。
4)"参数"选项组中"移动值"设置为"80"(螺距为8mm,旋转1圈移动8mm)。
5)勾选"反转方向"复选按钮。宽度方向箭头向下,螺旋杆需向上移动。
6)"运动时间(秒)"设置为与旋转运动相同的时间,因为移动和旋转是同步进行的。
7)不勾选"在结尾处添加运动"复选按钮,保证移动与旋转的同步。

3. 检查调整

依次单击"打开""播放"图标,查看动画是否符合要求,若不符则可以根据情况进行适当调整。调整时需要先打开"智能动画编辑器"窗口进行某一动画的删除或移动,如图3-3-19所示。

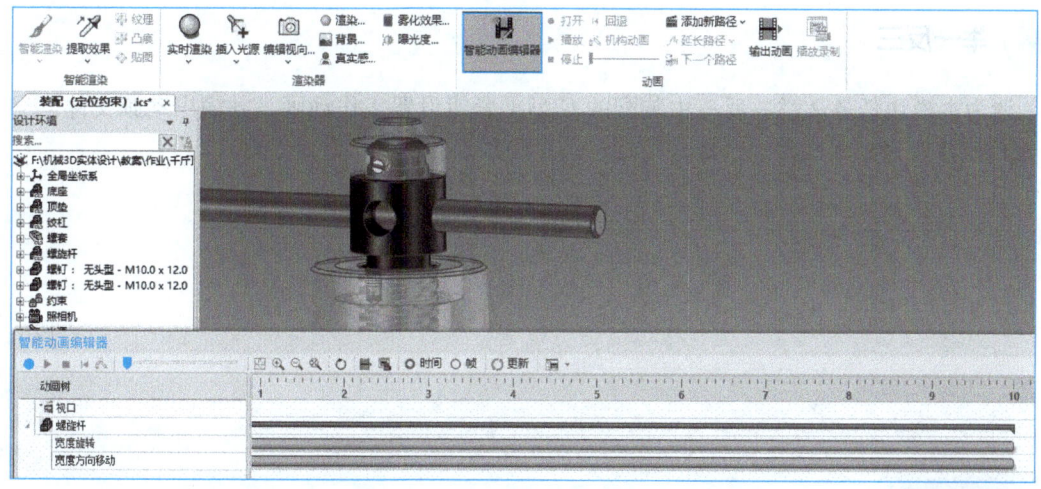

图 3-3-19 "智能动画编辑器"窗口

微课:螺旋千斤
顶动画仿真

任务评价

序号	考核内容	学生自评（30%）	小组互评（20%）	教师总评（50%）	分值
1	了解并能够阐述螺旋千斤顶的工作原理				20
2	能够为各运动件设置合理的运动路径				30
3	能够对运动路径进行合理修改				10
4	能够演示并输出工作动画				30

（续）

序号	考核内容	学生自评（30%）	小组互评（20%）	教师总评（50%）	分值
5	能够积极、有效地帮助其他同学				10
	小计				—
	总评				
	完成时间	分钟			
精进计划：					

 举一反三

请为本模块任务 2 举一反三中装配的 G 型夹紧钳设置工作动画，并输出动画文件。

模块 3　展示机械产品信息

| 任务 4 | 导出螺旋千斤顶工程图 |

智行引航

在机械领域，工程图通常是指零件图和装配图，本书模块 1 中就介绍了使用 CAXA 工程图 2023 绘制零件图的相关内容，同样也可以绘制装配图。但是，在已经拥有了零件或装配体的三维模型时，可以利用 CAXA 3D 实体设计 2023 根据设计好的三维实体模型数据自动生成所需的二维工程图，还可以根据实际情况对生成的视图进行修改，添加精确尺寸、公差配合及表面粗糙度等技术要求，以获得一个准确、设计信息齐全的工程图，为零件生产提供详细指导，这也符合现代机械产品的设计思路。不管是直接绘制二维工程图还是通过三维模型导出二维工程图，都要**遵循国家和行业的相关制图标准，保证图样的规范性和通用性**。为完成本任务需要学习工程图设计环境、生成视图、编辑视图、尺寸标注与符号应用、明细栏与零件序号标记等功能。

知识导入

一、装配图的内容及作用

装配图是机器或部件_____或_____的反映，也是制造、装配、检验、安装、使用及维修等工作的重要依据，技术的交流与推广也离不开装配图。因此，装配图是机械制造生产中重要的技术文件。

装配图上有一组视图、_____、技术要求、标题栏、零件序号和明细栏。

1. 一组视图

用一组视图（包括各种表达方法）正确、完整、清晰且简便地表达机器或部件的工作原理、零件间的_____、_____、传动路线及零件的_____结构形状。

2. 必要的尺寸

装配图中只需标注出反映机器或部件的性能、_____、_____以及装配、检验和安装时所需要的尺寸。

3. 技术要求

装配图中，需用_____或_____准确、简明地表示机器或部件的性能、_____、检验、调整要求、验收条件及试验和使用、维修规则等。

4. 标题栏、零件序号和明细栏

为了便于看图、图样管理和进行生产前的准备工作，在装配图中，应按一定的格式对零部件进行_____，并绘制明细栏，明细栏中需按编号说明机器或部件上各零件的_____、_____、_____、_____及备注等。在标题栏中填入机器或部件的名称、重量、图号、比例以及设计者、审核者的签名和日期等内容。

二、装配图的规定画法

装配图和零件图表达的重点_____，要求也_____。零件图表达的仅仅是一个零

147

件，只要将该零件的形状和结构完整、正确且清晰地表达出来即可，而装配图是以表达机器或部件的工作原理和主要装配关系为目的，需要把机器或部件的内部构造、外部形状和零件的主要结构形状表达清楚，并不要求把每个零件的形状完全表达清楚。针对装配图的特点，国家标准规定了装配图的规定画法和一些特殊的表达方法。

1. 关于接触面（或配合面）和非接触面的画法

1）两零件的接触面或公称尺寸相同的轴、孔配合面，只画_____表示公共轮廓。间隙配合即使间隙较大_____画一条线。

2）相邻两零件的非接触面或非配合面，应画_____，表示各自的轮廓。相邻两零件的公称尺寸不相同时，即使间隙很小_____画两条线。

2. 关于剖面线的画法

1）在剖视图或断面图中，相邻两零件的剖面线的倾斜方向应_____或方向_____而间隔_____。

2）在同一图样中，同一零件的剖面线方向和间隔都_____。

3）在剖视图和断面图中，厚度小于或等于 2mm 的狭小面积的剖面，可用_____代替剖面符号。

3. 关于标准件和实心件纵向剖切时的画法

在装配图中，对于_____（如螺栓、螺母、垫圈、螺柱、键及销等）和_____（如轴、手柄、球及连杆等），当剖切平面通过其_____（或_____）时，则均按_____绘制，即不画出剖面线，只画出零件的外形。实心杆件上有些结构，如键槽、销孔等需要表达时，可用_____表示。

三、装配图的技术要求

装配图中的技术要求一般包括以下几方面内容：

1）装配体装配后应达到的性能要求。例如，机器或部件的规格、参数及性能指标等。

2）装配体在装配过程中应注意的事项及特殊加工要求。例如，装配方法和顺序，装配时的有关说明，装配时应保证的精确度、密封性等要求，有的表面需装配后加工，有的孔需要将有关零件装好后配作等。

3）检验、试验时的具体要求。

4）使用要求。例如，对装配体的维护、保养方面的要求及操作使用时应注意的事项等。

5）对机器或部件的涂饰、包装、运输等方面的要求及对机器或部件的通用性、互换性的要求等。

四、装配图的零件序号和明细栏

为了便于看图和图样的配套管理以及生产组织工作的需要，装配图中必须对每种零件和部件进行编号，并根据零件编号绘制相应的明细栏。

1. 零件序号

1）装配图中的所有零部件_____均应编号。

2）装配图中一个零部件_____个序号；同一装配图中相同的零部件用一个序号，一般只标注_____次；多次出现的相同的零部件，必要时也可重复标注。

3）装配图中零部件的序号应与明细栏中的序号_____。

4）同一装配图中编排序号的形式_____。

5）按_____方向顺次排列，在整个图上无法连续时，可只在每个水平或竖直方向_____排列。也可按装配图明细栏中的序号排列，采用此种方法时，应尽量在每个水平或竖直方向顺次整齐排列。

2. 明细栏

1）明细栏一般应紧贴着标题栏_____绘制。若标题栏上方位置不足时，多出部分可绘制在标题栏的_____。

2）当装配图中的零部件较多，空白位置不够时，可以装配图续页的形式在 A4 幅面图纸上单独绘制出明细栏。若一页不够，可连续加页。

3）明细栏中的序号应与装配图上编号一致，即_____。

4）螺栓、螺母、垫圈、键及销等标准件，其标记通常分两部分填入明细栏中。将标准代号填入代号栏内，其余规格尺寸等填在名称栏内。

技能练习

一、进入工程图设计环境

进入工程图设计环境的步骤如下：

1）在快速启动工具栏中单击"新建"按钮，系统弹出"新建"对话框，选择"图纸"，如图 3-4-1 所示，然后单击"确定"按钮，系统弹出另一个"新建"对话框。

2）从"系统模板"列表框中选择一个所需的模板，如图 3-4-2 所示，在"预览"框中预览其模板样式。

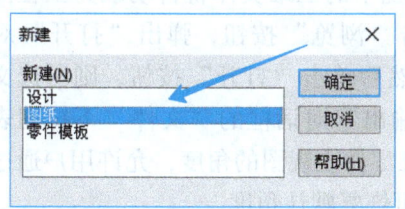
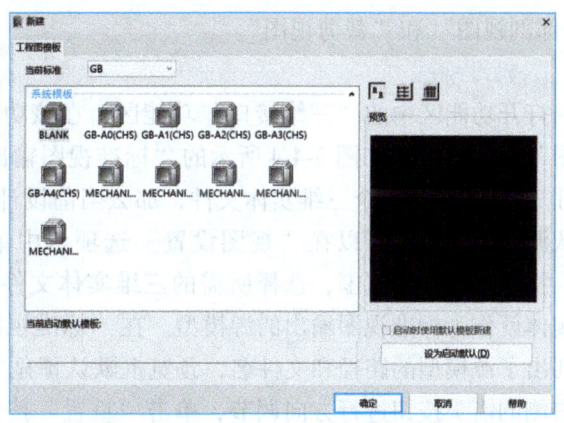

图 3-4-1 "新建"对话框（一）　　　图 3-4-2 "新建"对话框（二）

3）单击"确定"按钮，从而创建一个工程图文件，其设计环境界面如图 3-4-3 所示。

注意：在快速启动工具栏中单击"使用默认模板新建零件模板"图标，或在"主页"功能区的"新文件"工具栏中，单击"新的设计环境"图标，这两种方式都可以使用默认模板创建一个新的设计环境文档。

进入新的设计环境可以发现多了一个"三维接口"功能区，其他功能区与 CAXA 工程图 2023 一致，所涉及的主要功能区在本书模块 1 介绍；本部分主要介绍"三维接口"功能

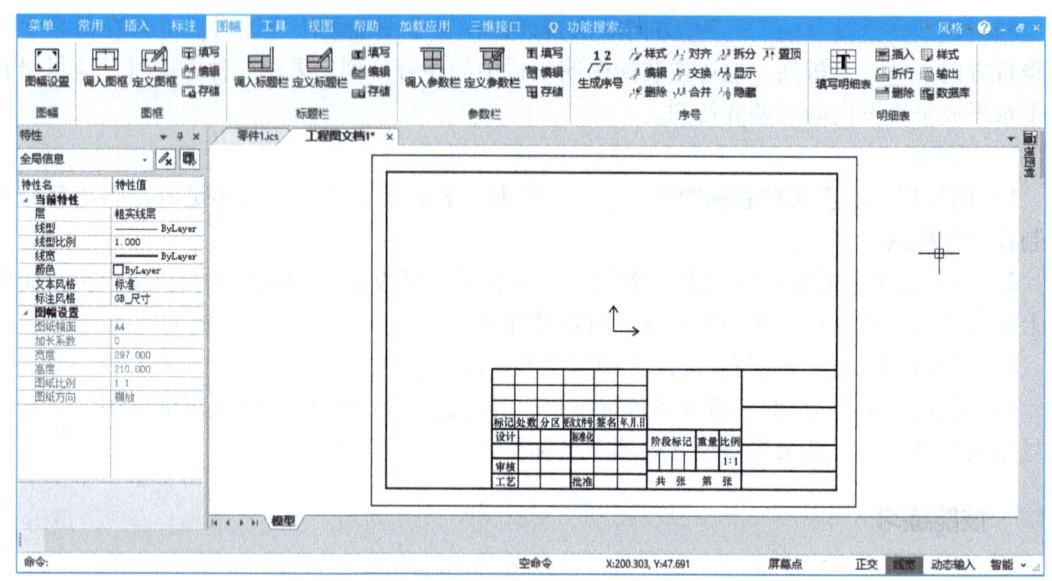

图 3-4-3　CAXA 3D 实体设计 2023 设计环境界面

区涉及的技能。

二、生成视图

在设计环境中,生成视图的工具位于"三维接口"功能区的"视图生成"面板中,包括"标准视图""投影视图""向视图""剖视图""剖面图⊖""截断视图""局部放大图""局部剖视图"和"裁剪视图"。

1. 标准视图

打开功能区中的"三维接口"功能区,在该功能区的"视图生成"面板中单击"标准视图"按钮,弹出如图 3-4-4 所示的"标准视图输出"对话框。如果之前在 CAXA 3D 实体设计 2023 中打开一个三维实体文件,那么当前设计环境中的三维实体将自动成为工程图的默认源模型。用户可以在"视图设置"选项卡中单击"浏览"按钮,弹出"打开"对话框,指定要查找的范围,选择所需的三维实体文件,然后单击"打开"按钮,则所选文件的实体就作为标准视图输出的源模型。在"标准视图输出"对话框的"文件"下拉列表框中列出了源模型的路径和文件名,预览框默认预显三维零件主视图的角度,允许用户通过使用右侧的箭头按钮进行方向调节,单击"重置"按钮可恢复默认角度。

在"视图设置"选项卡的"其他视图"选项组中选择需要投射生成的标准视图。如果在"标准三视图设置"选项组中单击"标准三视图"按钮,则会选择"主视图""俯视图"和"左视图"。也可以根据需要选择其中的一个或两个视图,使用非标准三视图。

如果有需要,还可以对"标准视图输出"对话框中的其他三个选项卡("部件设置"选项卡、"螺纹线设置"选项卡和"选项"选项卡)进行相应的设置。其中,"部件设置"选项卡主要用来设置部件在二维视图中是否显示、在剖视图中是否剖切、是否显示螺纹紧固件

⊖ 此处应为断面图,为了与软件中的选项保持一致,这里保留"剖面图"。

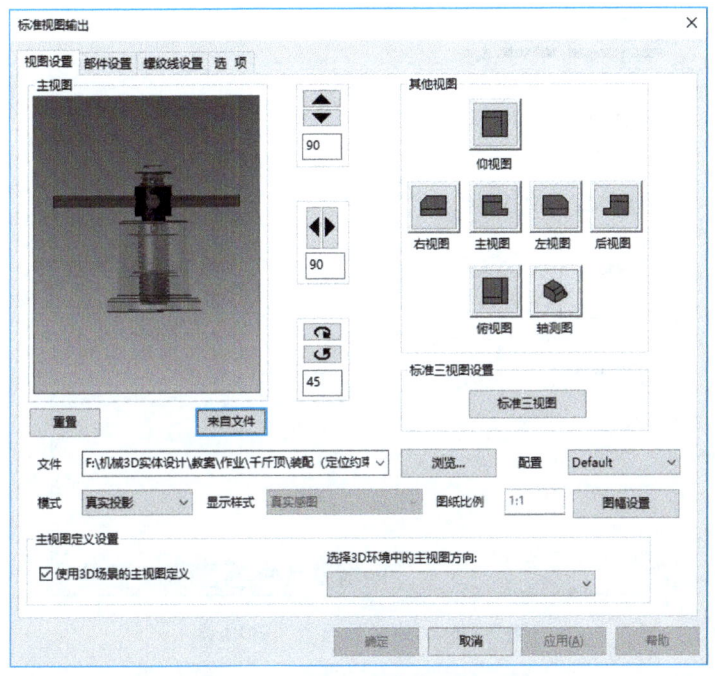

图 3-4-4 "标准视图输出"对话框

以及是否剖切螺纹紧固件,如图 3-4-5 所示。"螺纹线设置"选项卡用于设置是否显示 270°圆、选择螺纹线打开位置类型,指定螺纹线 3/4 圆开口的偏移角度,如图 3-4-6 所示。"选项"选项卡则用于设置投射生成二维视图时隐藏线和过渡线的处理、生成何种投影对象、剖面线参数、视图尺寸类型和单位等,如图 3-4-7 所示。

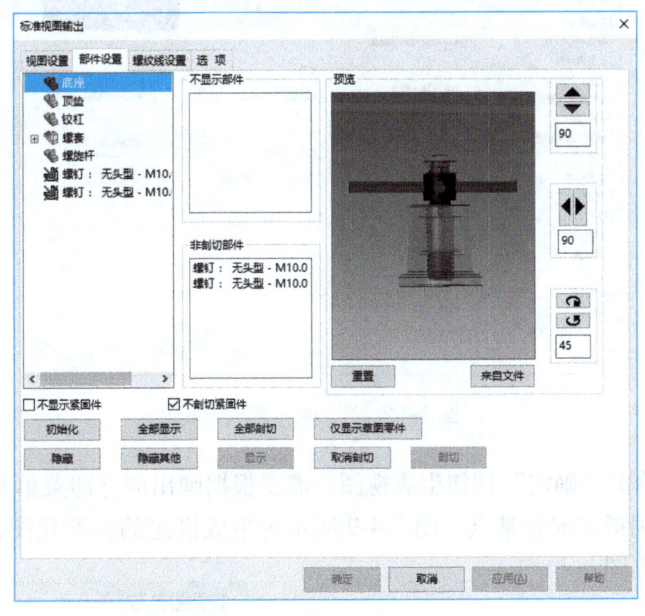

图 3-4-5 "部件设置"选项卡

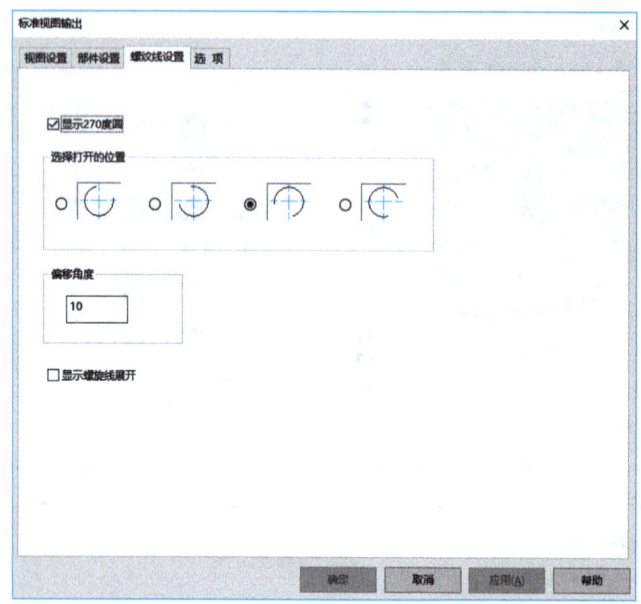

图 3-4-6 "螺纹线设置"选项卡

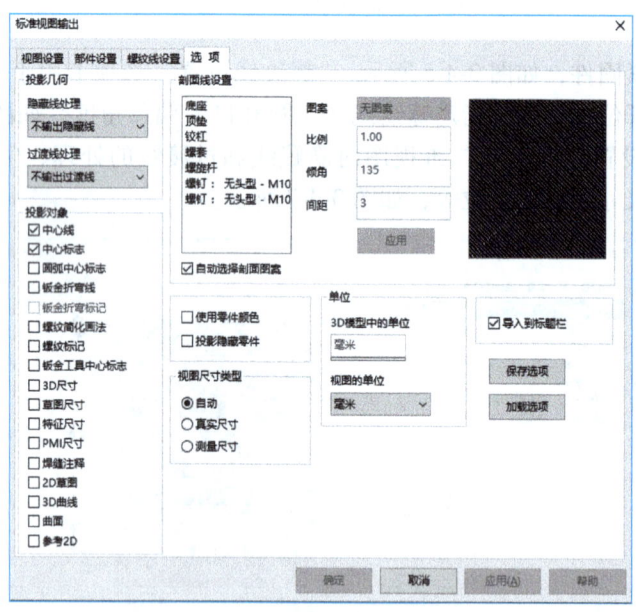

图 3-4-7 "选项"选项卡

设置完成后，单击"确定"按钮生成视图。需要根据弹出的立即菜单及提示（图 3-4-8），为设定的各视图分别指定放置基点。图 3-4-9 所示为生成设定的标准视图，包括主视图、俯视图、左视图和轴测图。

2. 投影视图

投影视图是基于某一个已存在的视图（父视

图 3-4-8 立即菜单

图），在其投影通道上生成的相应视图，这些投影视图可以作为指定视图的左视图、右视图、仰视图、俯视图及轴测图等。

1）"投影视图"命令启动后，出现如图 3-4-10 所示的立即菜单和状态栏提示信息，通过在立即菜单中单击选项框的方式来切换投影选项和尺寸信息选项。

2）选择一个已有的视图作为父视图。

3）系统出现"请单击或输入视图的基点"的提示信息。移动光标在该父视图的下方投影通道中单击一点作为该投影视图的放置基点。

4）可以继续生成父视图的其他投影视图，包括轴测图，如图 3-4-9 所示。

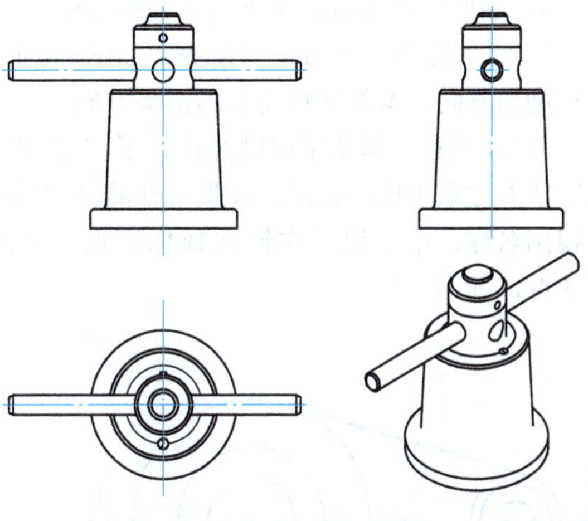

图 3-4-9 生成设定的标准视图

5）按〈Esc〉键退出"投影视图"命令，完成投影视图的生成操作。

3. 向视图

向视图是基于某一个已存在视图的给定视向的视图，它是可以自由配置的视图。创建向视图的方法和步骤如下：

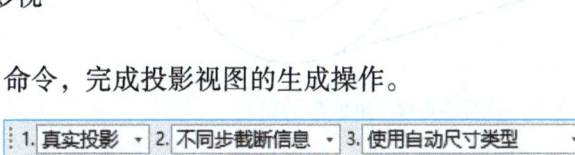

图 3-4-10 "投影视图"命令立即菜单和状态栏提示

1）在"三维接口"功能区的"视图生成"工具栏中单击"向视图"按钮。

2）状态栏中出现"请选择一个视图作为父视图"的提示信息。在设计环境中选择一个已有的视图作为父视图。

3）在状态栏中出现"请选择向视图的方向"的提示信息。选择一条线决定投射方向，所选的线可以是视图上的轮廓线也可以是单独绘制的一条线。

4）在选项"2."中可设置"无箭头"或"带箭头"，状态栏出现"请单击或输入视图的基点"的提示信息。

5）在投射方向上的合适位置处指定一点来生成向视图。

4. 剖视图

创建剖视图的方法和步骤如下：

1）在"三维接口"功能区的"视图生成"工具栏中单击"剖视图"按钮。

2）状态栏中出现"画剖切轨迹（画线）"的提示信息。此时可以根据零件结构特征和设计需要在状态栏中单击"正交"按钮以启用或关闭正交模式，并注意"剖视图"命令立即菜单中的各项设置，如图 3-4-11 所示。使用鼠标在视图上画轨迹（注意画轨迹其实就是依次指定几个点来定义轨迹，而不用使用草绘工具），可以利用导航功能追踪捕捉特殊点来定义剖切线。如图 3-4-12 所示，在主视图中结合导航捕捉功能依次捕捉两个点来完成剖切线（在操作过程中也启用了正交模式）。

图 3-4-11 剖视图命令立即菜单

3）画好剖切线后，单击鼠标右键结束。

4）此时出现两个方向的箭头，如图 3-4-13 所示。在所需箭头方向的一侧单击鼠标以选择该剖切方向，本例选择向上的箭头方向。

5）如果在立即菜单中已经选择了"自动放置剖切符号名"，则在预设位置处单击鼠标左键或右键来生成剖视图，如果选择的是"手动放置剖切符号名"，则可以在立即菜单中指定视图名称，单击鼠标左键选择标注点，单击鼠标右键并指定剖视图放置基点位置，如图 3-4-14 所示。

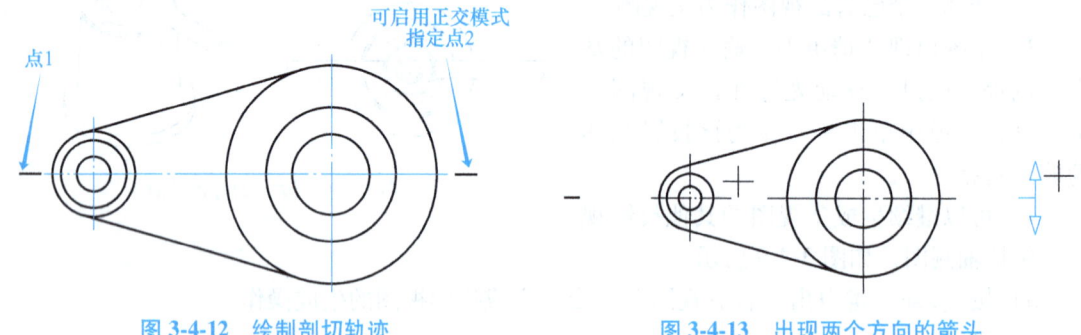

图 3-4-12　绘制剖切轨迹　　　　　　　　图 3-4-13　出现两个方向的箭头

5. 剖面图

剖面图，也称断面图，它是基于一个已存在视图绘制出来的，用来表示这个面上的结构，下面以某轴零件（图 3-4-15）为例，介绍断面图的调用步骤：

1）在"三维接口"功能区的"视图生成"工具栏中单击"剖面图"按钮。

2）此时状态栏显示"画剖切轨迹（画线）"，建议在状态栏中单击"正交"按钮以启用正交模式。在立即菜单中设置"1. 绘制剖切轨迹""2. 不垂直导航""3. 自动放置剖切符号名"。在主视图（图 3-4-16）左边键槽的上、下两侧各指定一点（两点在同一垂直线上）来画剖切线，如图 3-4-17 所示。

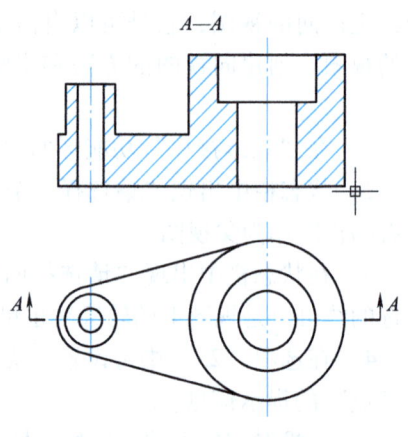

图 3-4-14　生成剖视图

3）单击鼠标右键结束剖切轨迹绘制，此时显示两个方向的箭头，如图 3-4-18 所示。

图 3-4-15　轴零件

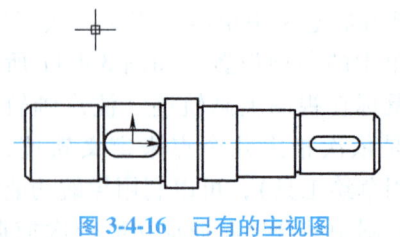

图 3-4-16　已有的主视图

模块 3　展示机械产品信息

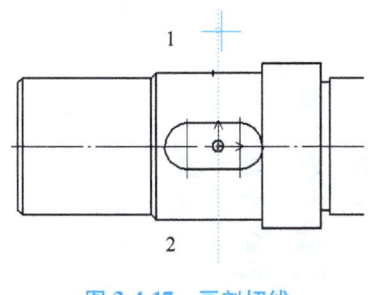

图 3-4-17　画剖切线

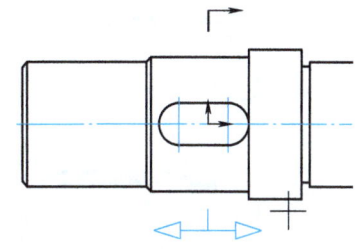

图 3-4-18　显示两个方向的箭头

4）单击指向右侧的箭头，注意需要向哪个方向投射就单击哪个方向的箭头。

5）确保选项"2."设置为"不导航"，如图 3-4-19 所示，指定断面图的放置位置，而生成第一个断面图，如图 3-4-20 所示。

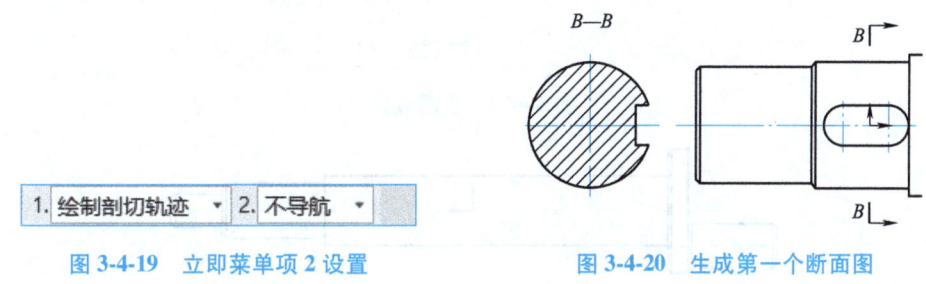

图 3-4-19　立即菜单项 2 设置　　　　　　图 3-4-20　生成第一个断面图

6）使用同样的方法生成第二个断面图，结果如图 3-4-21 所示。

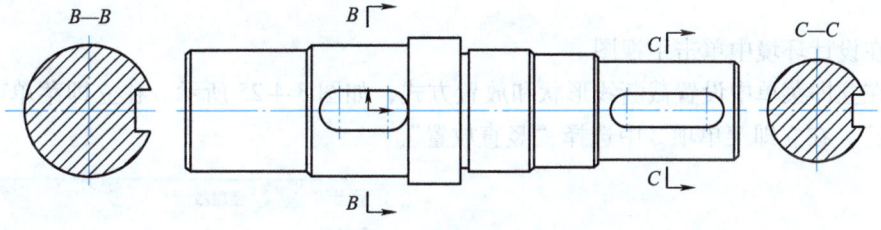

图 3-4-21　生成第二个断面图

6. 截断视图

截断视图的生成思路是对一个已存在视图进行打断处理。通常，当较长零件沿长度方向的形状一致或按一定规律变化时，可以用生成截断视图的方法来表示，即用波浪线、细双点画线或双折线绘制其断裂边界，注意在标注尺寸时需要标注零件的实长。

创建截断视图的方法和步骤如下：

1）调用零件主视图，如图 3-4-22 所示。"选项"工具栏可以采用默认设置。完成相关设置后，单击"确定"按钮。

2）在设计环境中指定一点放置主视图，生成的主视图如图 3-4-23 所示。

3）在"三维接口"功能区的"视图生成"工具栏中单击"截断视图"按钮。

4）在出现的立即菜单中设置"截断间距"，如图 3-4-24 所示。

155

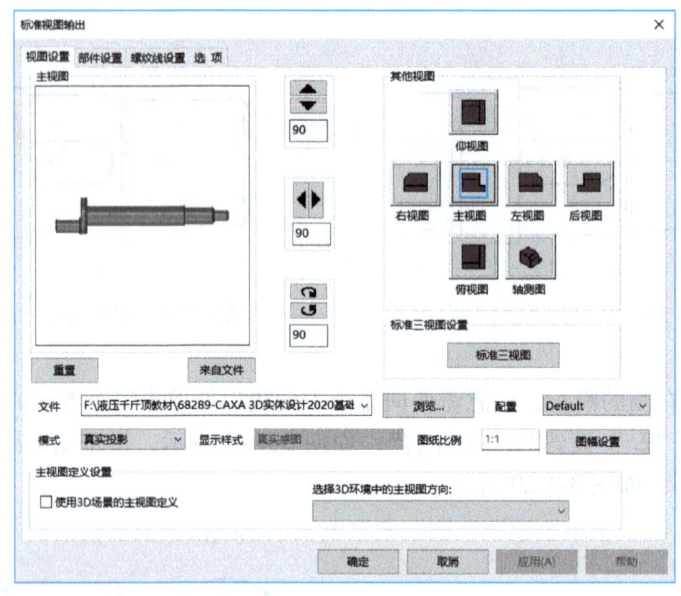

图 3-4-22 视图设置

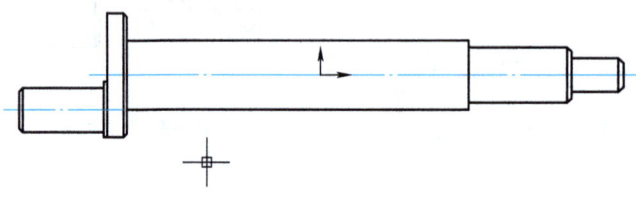

图 3-4-23 生成的主视图

5）在设计环境中单击主视图。

6）在立即菜单中设置截断线形状和放置方式，如图 3-4-25 所示。在立即菜单项 1 中选择"曲线"，在立即菜单项 2 中选择"竖直放置"。

图 3-4-24 设置"截断间距"

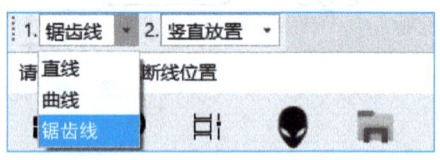

图 3-4-25 设置截断线形状和放置方式

7）在视图中的预设位置处单击指定第一条截断线位置，然后根据状态栏提示选定第二条截断线位置，如图 3-4-26 所示。

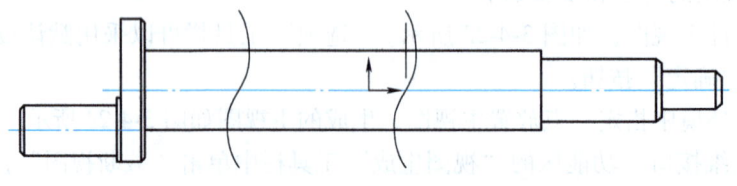

图 3-4-26 指定两条截断线位置

8）此时"截断视图"命令仍然可用，单击鼠标右键结束命令。生成的截断视图效果如图 3-4-27 所示。

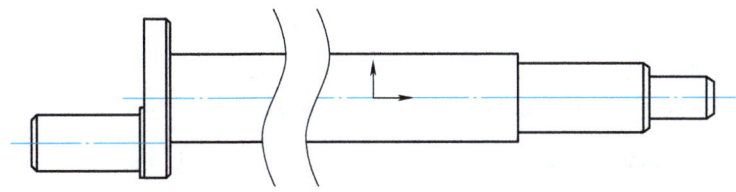

图 3-4-27　生成的截断视图效果

7. 局部放大图

局部放大图是基于一个已存在视图的局部区域的放大视图它通过放大的方式来表达选定区域的结构。创建局部放大图的方法和步骤如下：

1）在"三维接口"功能区的"视图生成"工具栏中单击"局部放大"按钮，出现如图 3-4-28 所示的立即菜单。

| 1.圆形边界 ▼ | 2.加引线 ▼ | 3.放大倍数 2 | 4.符号 A | 5.保持剖面线图样比例 ▼ |

图 3-4-28　局部放大命令立即菜单（一）

2）在选项"1."中设置局部放大图的边界形状，如圆形边界或矩形边界，如果设置边界形状为"圆形边界"，那么在立即菜单项"2."中设置是否加引线，在立即菜单项"3."中设置放大倍数，在立即菜单项"4."中设置标注符号，在立即菜单项"5."中设置是否保持剖面线图样比例。如果在立即菜单项"1."中设置的边界形状为"矩形边界"，那么需要分别设置如图 3-4-29 所示的参数，其中在立即菜单项 2 中设置边框是否可见。

| 1.矩形边界 ▼ | 2.边框不可见 ▼ | 3.放大倍数 2 | 4.符号 A | 5.保持剖面线图样比例 ▼ |

图 3-4-29　局部放大命令立即菜单（二）

3）如果设置局部放大图的边界形状为"圆形边界"，那么需要在父视图中指定一点作为局部区域的中心点（圆心位置），接着输入半径或圆上一点。如果设置局部放大图的边界形状为"矩形边界"，那么需要在父视图中分别指定第一角点和第二角点来定义要局部放大的区域。

4）状态栏中出现"符号插入点"的提示信息，在该提示下指定符号插入点。

5）此时，一个局部放大图的预览图跟随光标移动，单击一点确定实体插入点（即指定局部放大图的插入点）。

6）状态栏中出现"输入角度或由屏幕上确定"的提示信息，此时可以输入局部放大图的旋转角度，或者在屏幕上合适的位置单击以指定旋转角度。

7）确定旋转角度后，再指定标注的位置，从而完成局部放大图的创建。

8. 局部剖视图

局部剖视图是指用剖切平面将物体局部剖开所得到的剖视图。在 CAXA 3D 实体设计 2023 软件中，局部剖视图包括普通局部剖视图和半剖视图。

在"三维接口"功能区的"视图生成"工具栏中单击"局部剖视图"按钮,在弹出的立即菜单中设置局部剖视图的类型,可以在"普通局部剖"和"半剖"两个选项之间切换,如图 3-4-30 所示。

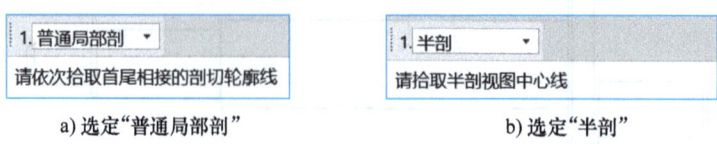

a) 选定"普通局部剖"　　　　　　b) 选定"半剖"

图 3-4-30　在立即菜单中设置局部剖视图类型

1）创建普通局部剖视图的方法和步骤如下：

①在创建普通局部剖视图之前,需要使用"常用"功能区中的相关绘图工具在需要局部剖视的部位绘制一条封闭曲线。注意通常使用波浪形状的样条曲线来表示普通局部剖视图和视图部分的分界。

在"常用"功能区的"绘图"工具栏中单击"样条"按钮,在主视图中绘制如图 3-4-31 所示的一条封闭的样条曲线。注意将这条样条曲线所在的图层改为细实线层。

②切换至"三维接口"功能区,在"视图生成"工具栏中单击"局部剖视图"按钮,在弹出的立即菜单中选择"普通局部剖"选项。

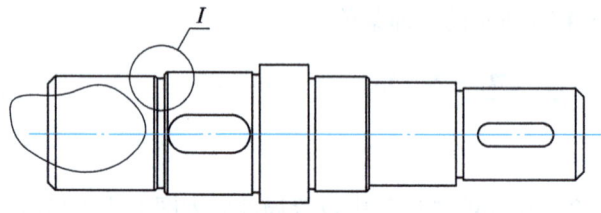

图 3-4-31　绘制一条封闭的样条曲线

③选取左边的一条首尾相接的剖切轮廓线（样条曲线）,单击鼠标右键。

④在立即菜单中设置相关选项,如图 3-4-32 所示。

图 3-4-32　设置相关选项

若在选项"2."中选择"直接输入深度",则可以在选项"4."中输入深度值（在选项"3."选择"预显"时,指定深度的剖切位置在视图上有预显）,如图 3-4-33 所示。

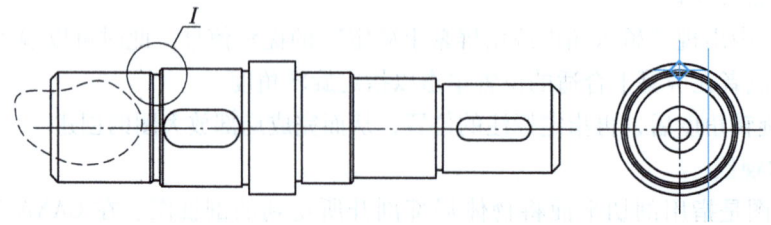

图 3-4-33　选择"直接输入深度"

⑤在左视图中选择剖切深度,如图 3-4-34 所示。

图 3-4-34　在左视图中选择剖切深度

在主视图中生成的普通局部剖视图如图 3-4-35 所示。

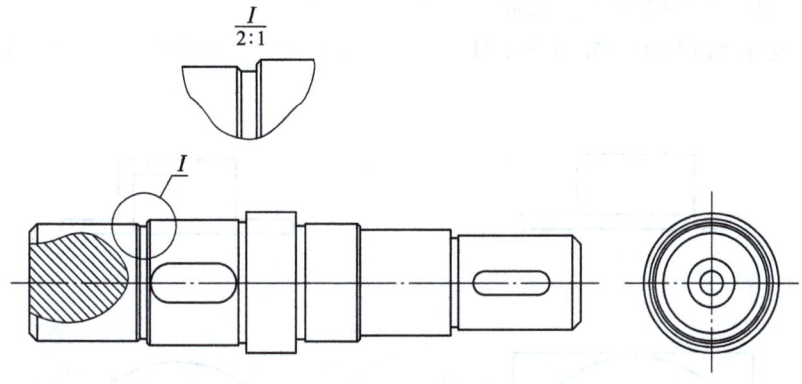

图 3-4-35　普通局部剖视图

2）创建如图 3-4-36 所示零件的半剖视图的方法和步骤如下：

①在生成半剖视图之前，需要先使用绘图工具在中心位置绘制一条直线段。打开"常用"功能区，单击"绘图"工具栏中的"直线"按钮，在主视图的对称位置上绘制一条直线段，然后将该直线段所在的图层设置为"中心线层"，完成的中心线如图 3-4-37 所示（即图中所选的直线段）。

②打开"三维接口"功能区，在"视图生成"工具栏中单击"局部剖视图"按钮，在弹出的立即菜单中设置选项"1."为"半剖"。

③在主视图中选择之前绘制的直线段（中心线）作为半剖视图的中心线。

④此时在所选中心线处出现指向两个方向的箭头，如图 3-4-38 所示，单击选择指向右侧的箭头。

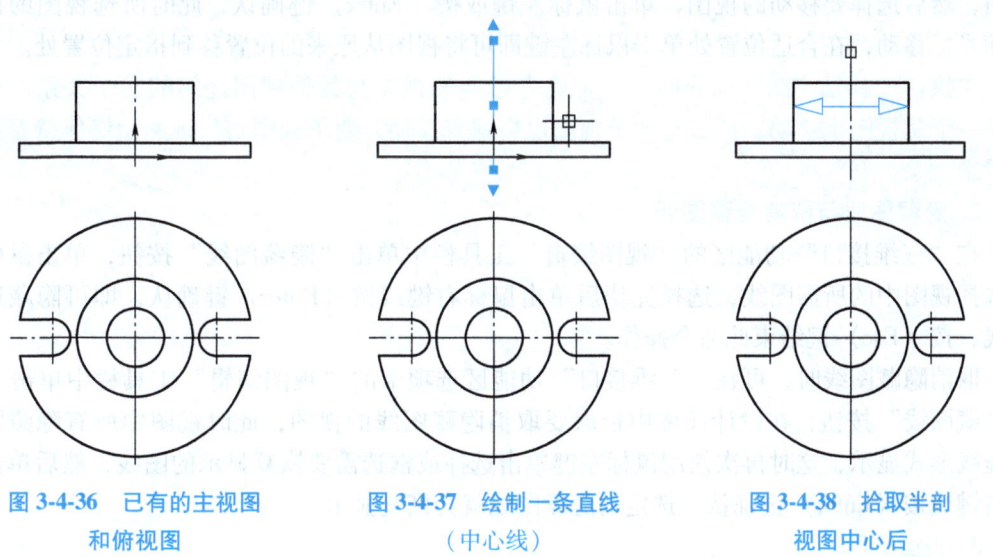

图 3-4-36　已有的主视图和俯视图　　图 3-4-37　绘制一条直线（中心线）　　图 3-4-38　拾取半剖视图中心后

⑤在选项"2."中选择"动态拖放模式"，在选项"3."中选择"预显"，在选项"4."中选择"不保留剖切轮廓线"，如图 3-4-39 所示。

⑥在俯视图中捕捉到圆心位置以指定剖切深度，如图 3-4-40 所示，从而在主视图中生成半剖视图，如图 3-4-41 所示。

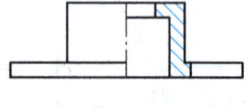

图 3-4-39　在立即菜单中设置相关选项

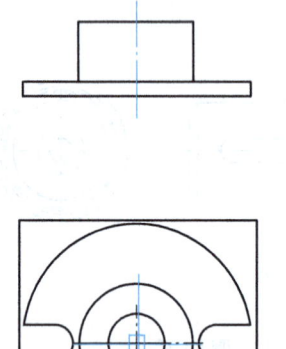

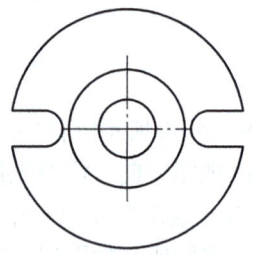

图 3-4-40　指定剖切深度　　　　图 3-4-41　在主视图中生成半剖视图

三、编辑视图

视图生成之后，还可以对其进行适当地编辑。

1. 视图移动

要移动视图，可以在"三维接口"功能区的"视图编辑"工具栏中单击"视图移动"按钮，然后选择要移动的视图，单击鼠标左键或按〈Enter〉键确认，此时所选视图的预显跟随光标移动，在合适位置处单击鼠标左键即可将视图从原来的位置移到指定位置处。

在执行"移动视图"命令时，一定要考虑所选视图与其他视图之间的父子关系。如果选择一个父视图来移动，那么它的子视图也会跟着移动，使子视图与父视图始终保持着约定的投影关系。

2. 隐藏图线与取消隐藏图线

在"三维接口"功能区的"视图编辑"工具栏中单击"隐藏图线"按钮，单击鼠标左键选择视图中的所需图线，选择完毕后单击鼠标右键或按〈Enter〉键确认，即可隐藏这些图线，按〈Esc〉键结束此命令操作。

取消隐藏图线时，可在"三维接口"功能区选项卡的"视图编辑"工具栏中单击"取消隐藏图线"按钮，在设计环境中拾取要取消隐藏图线的视图，此时视图中所有隐藏图线以虚线形式显示，这时再次使用鼠标左键单击选择或框选需要恢复显示的图线，然后单击鼠标右键或按〈Enter〉键确认，选定的隐藏图线就会恢复显示。

3. 视图分解

视图中无法单独选中部分曲线对其进行修改，因为单击视图时会选中整个视图。因此，当需要修改部分曲线时，可以将视图分解。

使用视图分解（打散）命令的方法是在"三维接口"功能区的"视图编辑"工具栏中

单击"分解"按钮,选择要分解的视图并单击鼠标右键,则所选视图将被分解成若干条二维曲线,此时便可单独选中视图中的单个曲线了。另外,分解视图还可以先选择要分解的视图,然后单击鼠标右键,在弹出的快捷菜单中选择"视图打散"命令。

4. 修改元素属性

在"三维接口"功能区的"视图编辑"工具栏中单击"修改元素属性"按钮,在选项"1."中选择"根据零件"或"根据元素"选项,根据设置的选项和状态栏的提示拾取零件,或者拾取视图中的图线并单击鼠标右键确认,系统弹出如图 3-4-42 所示的"编辑元素属性"对话框,修改视图上元素的属性,如图层、线型、线宽和颜色。

5. 设置零件属性

在"三维接口"功能区的"视图编辑"工具栏中单击"设置零件属性"按钮,在状态栏"请拾取零件"的提示下选择某区域内的视图,系统弹出如图 3-4-43 所示的"设置零件属性"对话框,从中可以对零件进行剖切设置和隐藏设置。

图 3-4-42 "编辑元素属性"对话框

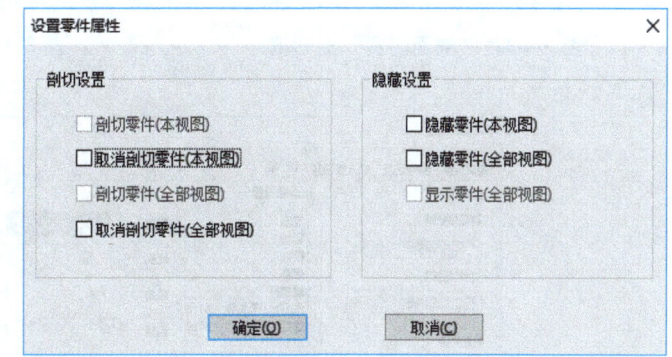

图 3-4-43 "设置零件属性"对话框

6. 编辑剖面线

要编辑视图中的剖面线,可以在"三维接口"功能区的"视图编辑"工具栏中单击"编辑剖面线"按钮,选择视图中的剖面线,系统弹出如图 3-4-44 所示的"剖面图案"对话框,在此对话框中对所选零件的剖面线进行设置,包括选择剖面图案和设置比例、旋转角及间距错开值等。单击"高级浏览"按钮,弹出如图 3-4-45 所示的"浏览剖面图案"对话框,可浏览各种剖面图案,能使用户更直观地选择想要的剖面图案。对于同一零件,编辑其中一个剖面线时,不同视图中同一零件的剖面线都会随之变化。

四、尺寸标注与符号应用

在由三维模型数据产生二维工程图的过程中,可以设置在一个或多个视图中自动生成三维模型数据中的 3D 尺寸、特征尺寸及草图尺寸。也可以在二维工程图生成之后,使用尺寸标注工具在视图中进行相关的标注。另外,工程视图中的符号应用也是非常重要的,如几何公差、表面粗糙度、倒角及基准代号的标注等。

1. 自动生成尺寸

在输出三维模型的标准视图时,可以打开"标准视图输出"对话框的"选项"选项卡,设置合适的"视图尺寸类型"等选项(如将"视图尺寸类型"设置为"真实尺寸")后,在"投影对象"选项组中选中"3D 尺寸""草图尺寸"和"特征尺寸"复选按钮，以分别控制是否自动生成 3D 尺寸、草图尺寸和特征尺寸，如图 3-4-46 所示。

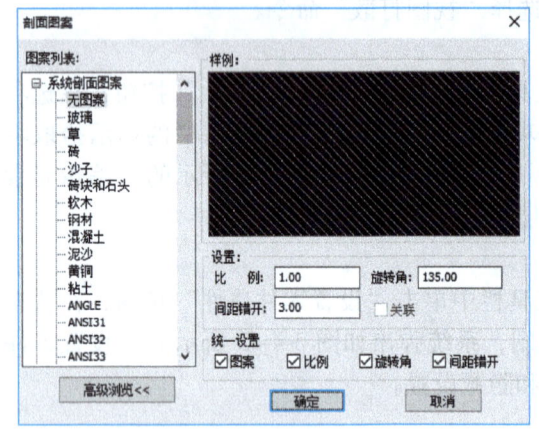

图 3-4-44 "剖面图案"对话框　　　　　图 3-4-45 "浏览剖面图案"对话框

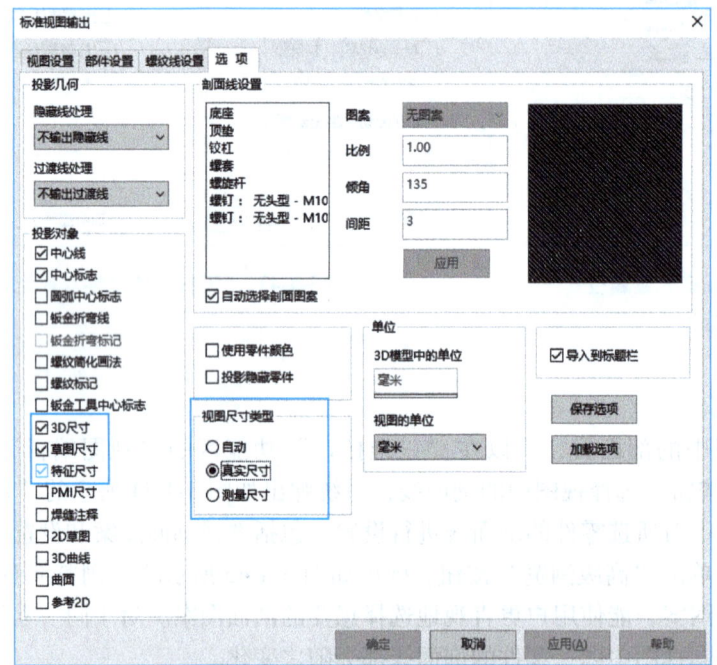

图 3-4-46 "选项"选项卡的设置

自动生成的各种尺寸会使图面显得比较凌乱，后期需要由设计人员调整尺寸位置，并判断尺寸的合理性和必要性。

2. 编辑尺寸

如果自动生成的尺寸（投影生成的尺寸）或手动标注的尺寸不符合要求，那么可以对其进行编辑，如编辑其放置位置、尺寸数值等。

在编辑尺寸放置位置时，可以先选择尺寸，然后长按鼠标左键拖动尺寸线位置夹点到合适位置处释放。也可以选择尺寸后单击鼠标右键，从弹出的快捷菜单中选择"标注编辑"命令。此时，可以通过拖动尺寸来修改它的位置。

在编辑尺寸数值时，可以先选择要编辑的尺寸，接着单击鼠标右键，从弹出的快捷菜单中选择"标注编辑"命令，此时出现图 3-4-47 所示的立即菜单。在该立即菜单中可以为尺寸添加前缀或后缀，还可以修改基本尺寸值（修改后的基本尺寸值并非真实测量值，只是替代值）。

| 1.尺寸线位置 ▼ | 2.文字平行 ▼ | 3.文字居中 ▼ | 4.界限角度 90 | 5.前缀 | 6.后缀 | 7.基本尺寸 60 |

图 3-4-47 "标注编辑"命令立即菜单

此外，选择尺寸后，可以打开"特性"选项卡（也称属性窗口），从中可查看和修改尺寸的各种属性，如所在图层、线型、线型比例、颜色、标注风格、标注字高、标注比例、文本代替、尺寸前缀、尺寸后缀及箭头是否反向等。

由三维模型数据生成的尺寸会随着三维设计的更新而更新。当三维模型数据更新时，未经修改的尺寸标注会自动更新，经过修改的尺寸标注将维持修改后的状态，但系统会更新尺寸背后的原始信息。如果在三维设计环境中由删除、退化等修改操作导致现有的尺寸无法关联到 ID，那么该尺寸将无法更新，只能保持悬挂状态。

3. 标注尺寸与符号应用

在设计环境中，可以使用"三维接口"功能区的"标注"工具栏中相应的尺寸标注工具标注视图中的尺寸，软件中还提供了丰富的符号工具，包括"形位公差""粗糙度""倒角标注""引出说明""基准代号""剖切符号""焊接符号""中心孔标注""向视符号""标高""孔标注""圆孔标记""旋转符号"和"焊缝符号"，相应的应用方法与模块 1 工程图中相关标注工具的应用方法相同，此处不再赘述。

五、明细栏与零件序号

对于由三维模型数据生成的二维装配图，还需要设计其相应的明细栏并注写零件序号。

1. 导入 3D 明细栏

要在设计环境中导入 3D 明细栏，可切换至"三维接口"功能区，在"注释"工具栏中单击"导入 3D 明细"按钮，弹出图 3-4-48 所示的"导入 3D 明细"对话框。

在"选择源文件"选项组的"源文件"列表框中选择所需的源文件。如果"源文件"列表框中没有所需的源文件，则可单击"添加"按钮，弹出"打开"对话框，如图 3-4-49 所示。在"打开"对话框中选择要往二维图样导入明细栏的三维数据模型，然后单击"打开"按钮。

在"选择源文件"选项组的源文件列表框中选择要导入的源文件时，需要在"导入级别"下拉列表框中设置导入级别，即进行对应关系设置。可供选择的导入级别选项有"零件""第 1 级"和"第 2 级"等。通常选择"零件"导入级别选项，这样将输出所有零件。而在"导入设置"框中将显示若干个"属性名"，与每个"属性名"对应的"属性定义"框中均具有一个 ▼ 图标，单击该图标打开下拉列表框，从中选择与该"属性名"对应 3D 环境中的项目。在"导入后处理"选项组中设置导入 3D 明细栏后需要做的工作，如"填写明细表""清除隐藏标记""导入到标题栏"和"合并同类项"等，如图 3-4-50 所示。

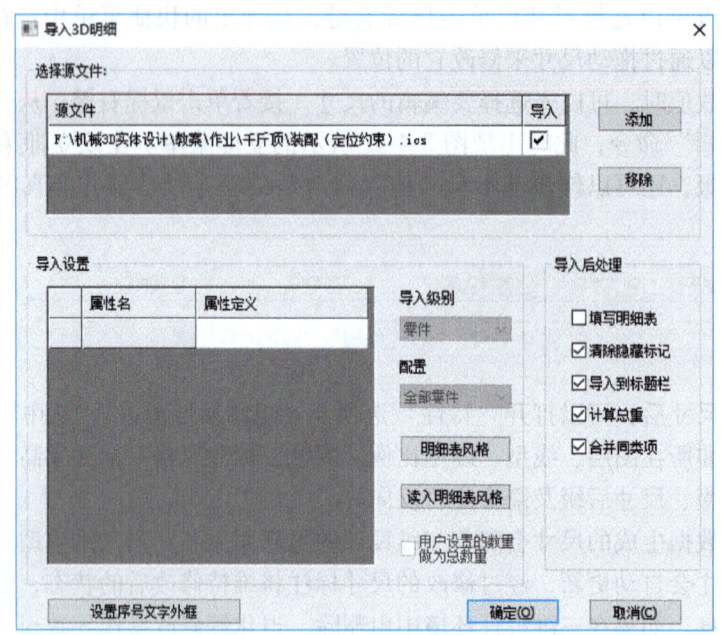

图 3-4-48 "导入 3D 明细"对话框

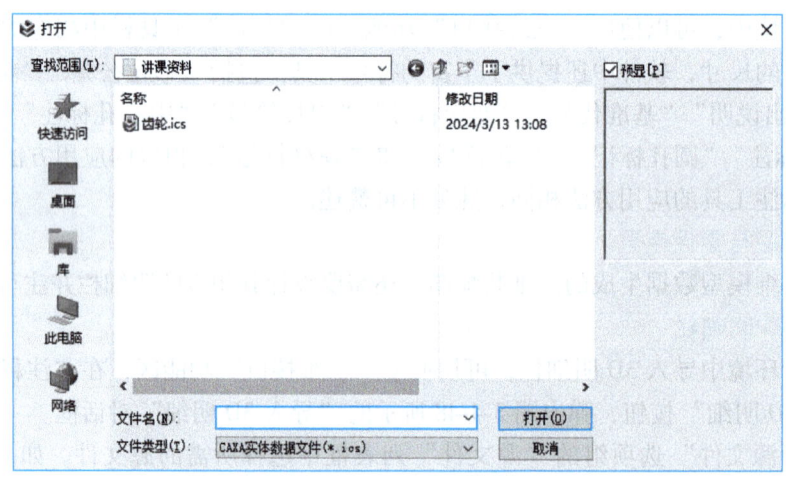

图 3-4-49 "打开"对话框

若在"导入后处理"选项组中勾选了"填写明细表""合并同类项"复选按钮等，那么单击"确定"按钮将导入 3D 明细栏，并弹出如图 3-4-51 所示的"填写明细表"对话框，从中可填写和修改明细栏的内容。

在完成"填写明细表"对话框中的内容填写后，单击"确定"按钮，则可以生成如图 3-4-52 所示的明细栏。

2. 更新 3D 明细栏

当 BOM（明细表）对应的三维模型源文件发生设计变更时（比如删除了某个零件），那么当打开进入其对应的二维工程视图时，明细栏将根据更改进行自动更新。

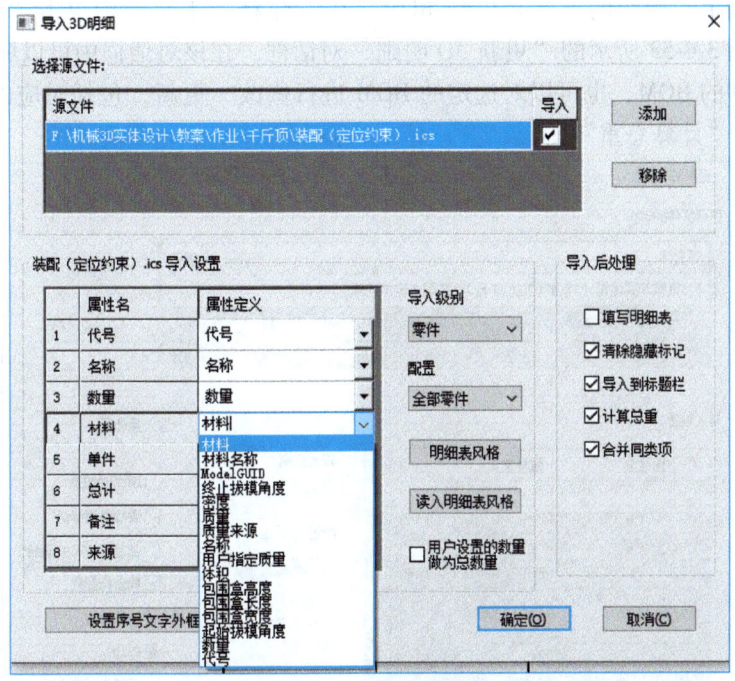

图 3-4-50　相关参数设置

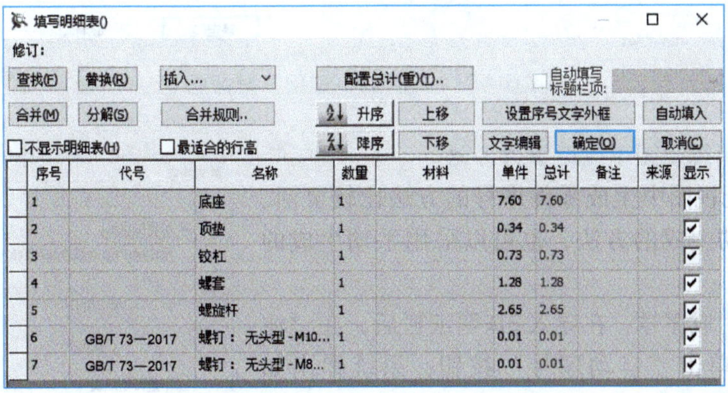

图 3-4-51　"填写明细表"对话框

7	GB/T 73—2017	螺钉：无头型-M8×10	1		0.01	0.01	
6	GB/T 73—2017	螺钉：无头型-M10×12	1		0.01	0.01	
5		螺旋杆	1		2.65	2.65	
4		螺套	1		1.28	1.28	
3		铰杠	1		0.73	0.73	
2		顶垫	1		0.34	0.34	
1		底座	1		7.60	7.60	
序号	代号	名称	数量	材料	单件	总计	备注
					重量		

图 3-4-52　生成的明细栏

也可以采用手动操作的方式来更新 BOM。在"注释"工具栏中单击"更新 3D 明细"按钮，弹出如图 3-4-53 所示的"更新 3D 明细"对话框，在该对话框中可以删除选定的某个三维模型源文件的 BOM，也可以对选定的 BOM 进行修改、更新，包括对应的"属性定义""导入级别"及"计算总重"等。

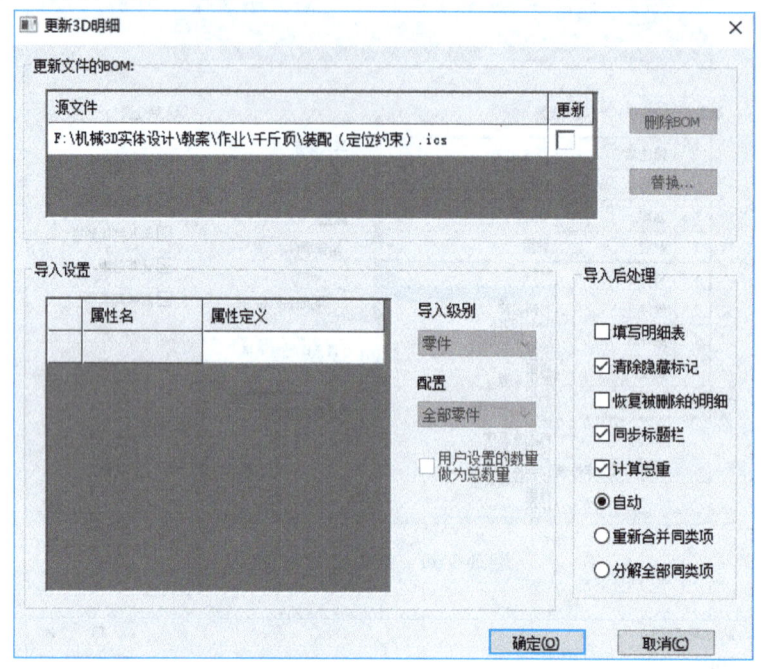

图 3-4-53 "更新 3D 明细"对话框

3. 在二维装配视图中生成零件序号

在二维装配视图中生成零件序号的方法比较灵活，既可以采用自动生成的方法，也可以采用手动生成的方法。

（1）自动生成序号 在导入 3D 明细栏后，在"注释"工具栏中单击"自动序号"按钮，系统弹出如图 3-4-54 所示的"自动序号"对话框，在该对话框中可以设置是否重排明细栏，以及在"位置"选项组中通过勾选不同的位置复选按钮（如"上""下""左""右"）来调整序号的排列位置。当选择"重排明细表"单选按钮时，明细栏中的零部件顺序会根据序号的位置重新排序，需要的位置可按照"顺时针"排列，也可按照"逆时针"排列。

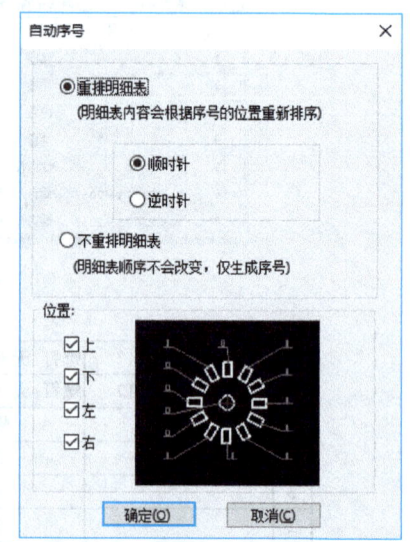

图 3-4-54 "自动序号"对话框

在"自动序号"对话框中设定自动序号排列的方式后，单击"确定"按钮，弹出"自动序号"命令立即菜单，如图 3-4-55 所示，接着在该立即菜单中选择"不生成重复序号"选项或"允许重复序号"选项，然后在图形窗口中选择要自动生成序号的视图，则在所选视图上就会自动生成零件序号。若选择了"重排明细表",则在自动生成序号的同时,明细栏的顺序也会根据序号而改变。注意:系统会根据设置的输出级别、遮挡关系及所选视图中已经标注过的零件序号等综合判断,从而得出所选视图上可以标注哪些序号及序号引出位置。例如,在图 3-4-56 中的一个视图上自动生成序号。

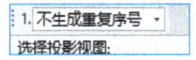

图 3-4-55 "自动序号"命令立即菜单

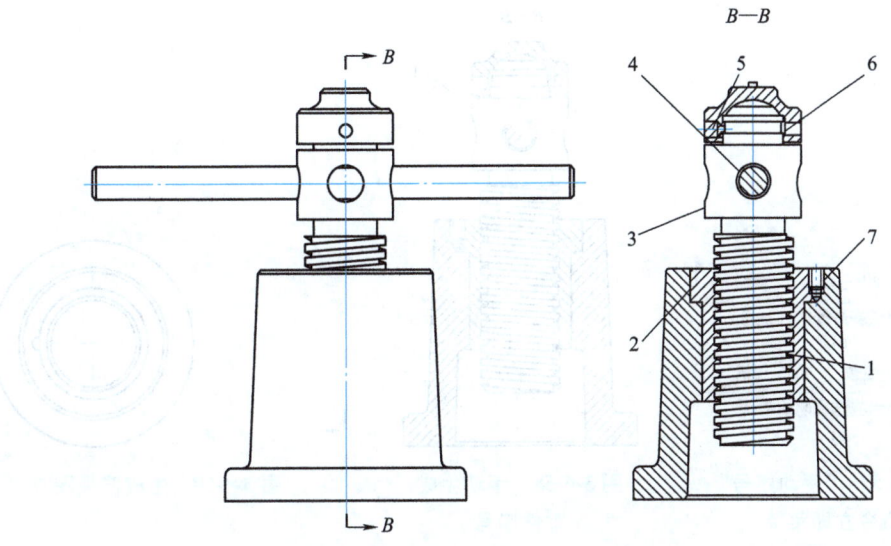

图 3-4-56 选择一个视图自动生成序号

(2) 手动生成序号 在"注释"工具栏中单击"手动序号"按钮,弹出如图 3-4-57 所示的"手动序号"命令立即菜单,在选项"1."中选择"不重排明细表"或"重排明细表",在选项"2."中选择"多折"或"单折"以定义引出线样式。这里以选择"单折"为例,在状态栏"拾取引出点或选择明细表行:"的提示下,单击所需视图,系统根据单击位置自动选中该处的零件进行标注,并指定引出线的转折点,完成该零件的序号标注(即生成该零件的 1 号),如图 3-4-58 所示。继续进行手动序号标注的操作,完成其他序号的标注。需要注意的是如果在立即菜单中选择了"不重排明细表"选项,那么手动生成的序号是根据明细表中的顺序来产生的。

 任务实施

一、导出零件图

对于螺旋千斤顶,需要导出底座、顶垫、铰杠、螺套和螺旋杆等非标准件的零件图。在本任务中只介绍底座零件图的导出和完善。

1. 打开零件设计环境

打开底座零件模型文件,在"主页"功能区的"新文件"工具栏中单击"新图纸"按钮,打开工程图文件。

2. 生成标准视图

在"三维接口"功能区的"视图生成"工具栏中单击"标准视图"按钮,打开"标准视图输出"对话框。在"视图设置"选项卡的"主视图"框中调整主视图方向,将螺纹孔调整至右侧。在"其他视图"框中选择主视图(此视图在零件图中是俯视视角,只作全剖主视图的父视图,生成全剖的主视图后还需要将其删除,再以主视图为父视图作全剖的俯视图),单击"确定"。状态栏中出现"请单击或输入视图的基点"的提示信息,在绘图区指定该投影视图的放置基点,生成俯视图,如图3-4-59所示。

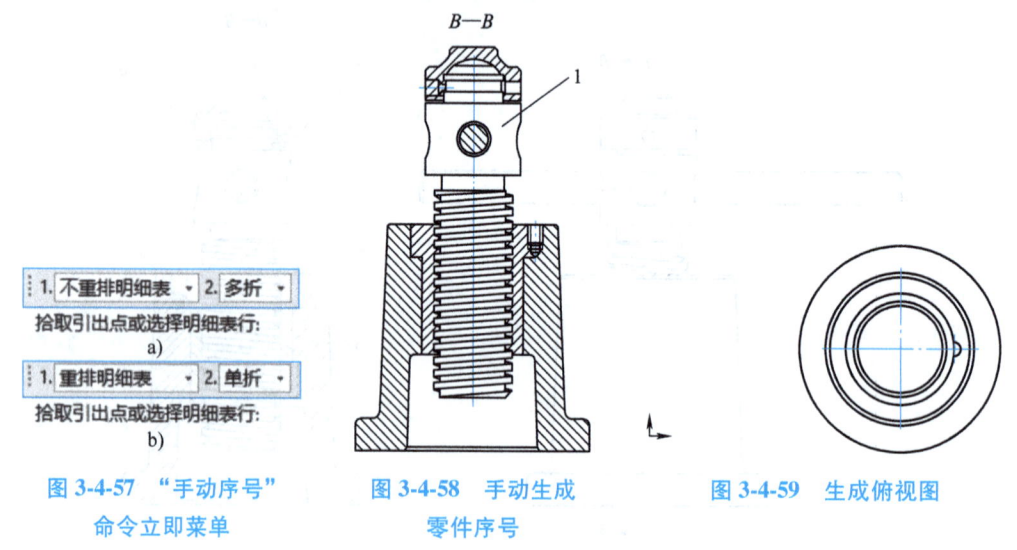

图3-4-57 "手动序号"命令立即菜单

图3-4-58 手动生成零件序号

图3-4-59 生成俯视图

3. 作全剖的主视图

在"视图生成"工具栏中单击"剖视图"按钮,随即弹出如图3-4-60所示的立即菜单和状态栏的提示信息,剖切位置即底座前、后的对称面,根据提示进行操作,生成如图3-4-61a所示的全剖的主视图,可以通过"视图编辑"工具栏中的"编辑剖面线"命令调整剖面线的倾斜方向和间隔,如图3-4-61b所示。

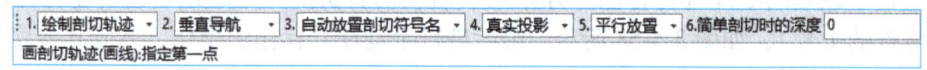

图3-4-60 "剖视图"命令立即菜单和状态栏提示

4. 作全剖的俯视图

删除第二步中生成的俯视图,在"视图生成"工具栏中单击"剖视图"按钮,从底座上端圆柱孔的中部向下剖切。注意,剖切时起点和终点要设置在底座底部圆形的外侧,如图3-4-62所示。

如需要对俯视图进行裁剪,则可以先使用"常用"功能区"绘图"工具栏中的"直线"命令绘制封闭曲线,圈出需要保留的部分,然后使用"三维接口"功能区"视图生成"工具栏中的"裁剪视图"命

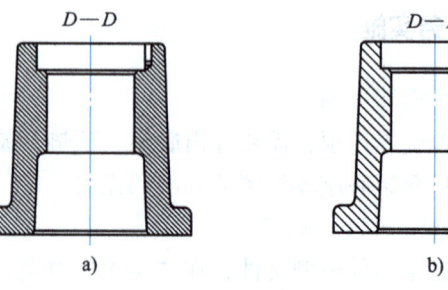

图3-4-61 全剖的主视图

令，根据状态栏中的提示信息裁剪俯视图。另外，由于两个视图的剖切位置非常明确，因此可以删除标注的字母和符号，如图 3-4-63 所示。

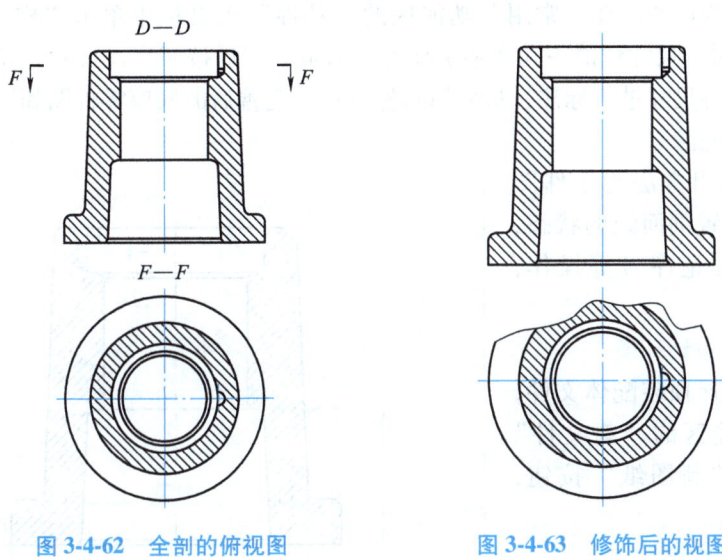

图 3-4-62　全剖的俯视图　　　　　　图 3-4-63　修饰后的视图

5. 调用图幅及标题栏

视图调用完成后，不应急于标注尺寸，因为图幅和比例的大小会影响尺寸位置和文字显示的大小，因此，应先设置图幅和比例。使用 A4 图幅 1∶1 比例、A4 图幅 1∶2 比例和 A3 图幅 1∶1 比例的显示效果如图 3-4-64 所示。显然 A4 图幅 1∶1 比例不合适，其他两种都可以，推荐采用 A3 图幅 1∶1 比例。

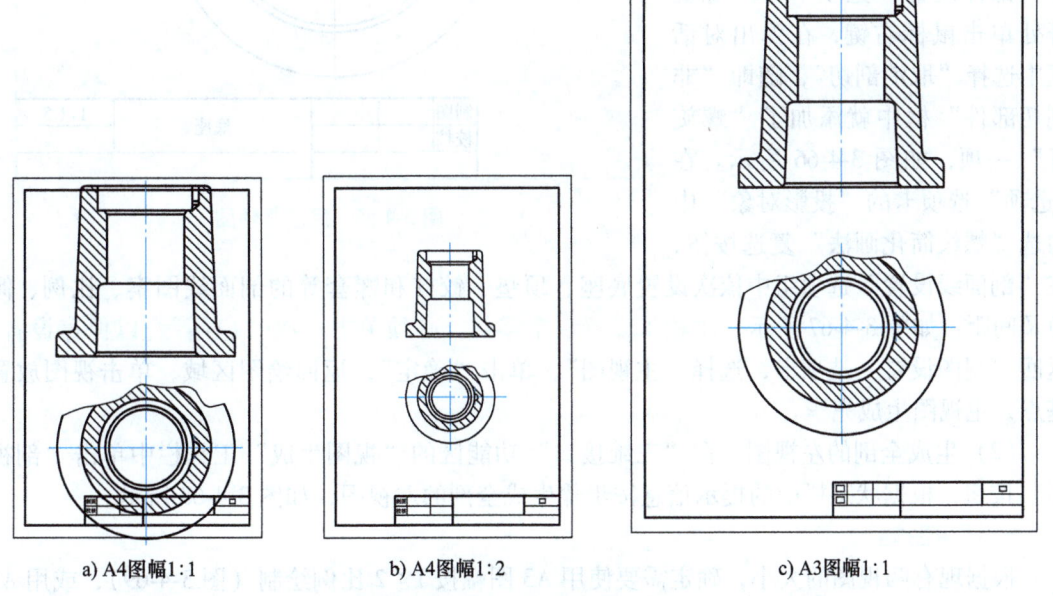

a) A4图幅1∶1　　　　　b) A4图幅1∶2　　　　　c) A3图幅1∶1

图 3-4-64　各种图幅和比例的显示效果

6. 标注尺寸

当采用 A3 图幅按 1∶1 比例绘制时，经过尝试，将尺寸线箭头和文字字高设置为 7mm，可使显示效果更为协调。在"常用"功能区的"特性"工具栏中单击"样式管理"按钮，选择"尺寸"，设置尺寸线箭头和文字字高均为 7mm，然后按照直径尺寸、高度尺寸的顺序依次对底座中的各尺寸进行标注，最后填写标题栏，完善后的底座零件图如图 3-4-65 所示。

二、导出装配图

装配图的导出方法与零件图基本一致，仅设置剖面线的状态、调用明细栏及标记序号等操作，会略复杂。

1. 打开零件设计环境

打开螺旋千斤顶装配体文件，在"主页"功能区的"新文件"工具栏中单击"新图纸"按钮，打开工程图文件。

2. 生成一组视图

螺旋千斤顶装配体可以由全剖的主视图和俯视图来表达，具体步骤如下：

（1）生成主视图　在"三维接口"功能区的"视图生成"工具栏中单击"标准视图"按钮，打开"标准视图输出"对话框。在"部件设置"选项卡中的螺旋杆处单击鼠标右键，在弹出对话框中选择"取消剖切"，随即"非剖切部件"框中就添加了"螺旋杆"一项，如图 3-4-66 所示。在"选项"选项卡的"投影对象"中勾选"螺纹简化画法"复选按钮，

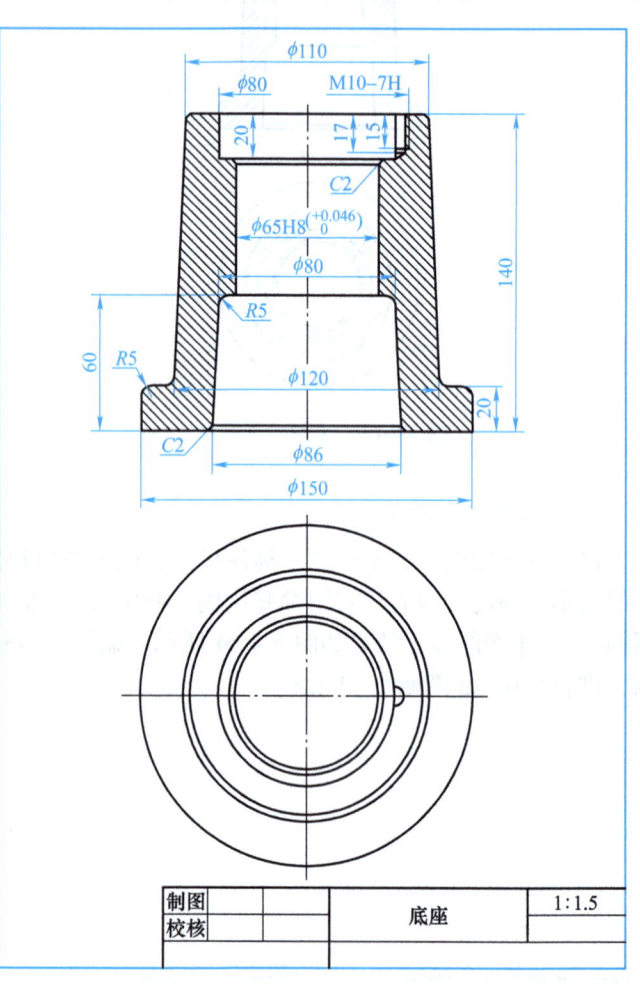

图 3-4-65　底座零件图

在"剖面线设置"选项组中依次设置底座、顶垫、铰杠和螺套等的剖面线图案、比例、倾角及间距，如图 3-4-67 所示。注意每设置一个零件，必须单击一次"应用"，以保存设置。返回"视图设置"选项卡，选择"主视图"，单击"确定"，返回绘图区域，单击视图放置基点，主视图生成完毕。

（2）生成全剖的左视图　在"三维接口"功能区的"视图生成"工具栏中单击"剖视图"按钮，根据状态栏中的提示信息按步骤生成全剖的左视图，如图 3-4-68 所示。

3. 调用图幅

根据现有两视图的大小，确定需要使用 A3 图幅按 1∶2 比例绘制（图 3-4-69），或用 A2 图幅按 1∶1 比例绘制。

模块 3　展示机械产品信息

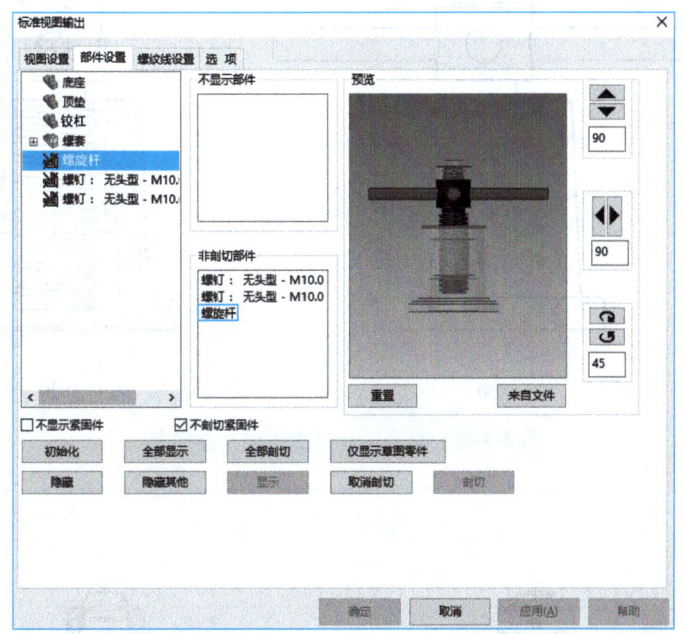

图 3-4-66　"部件设置"选项卡

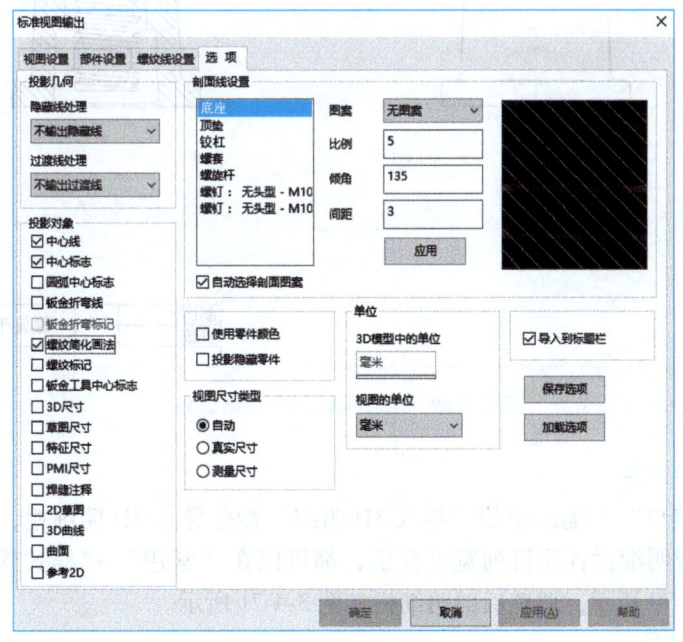

图 3-4-67　"选项"选项卡

171

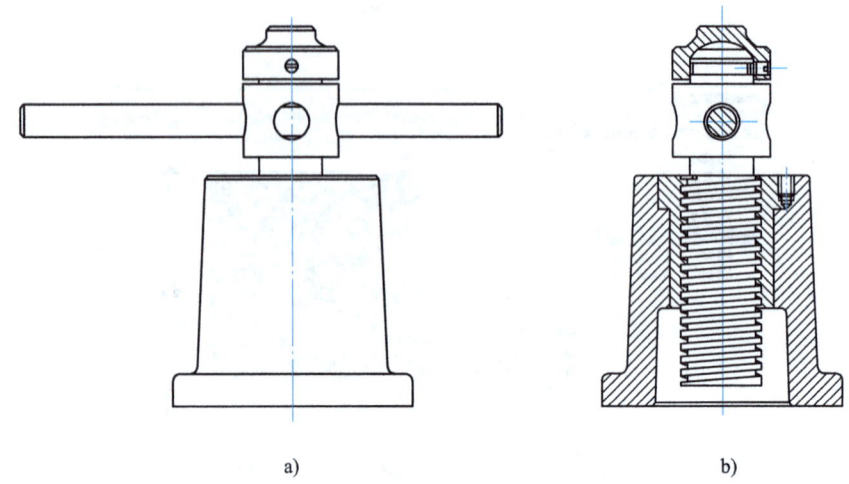

图 3-4-68 螺旋千斤顶主视图和左视图

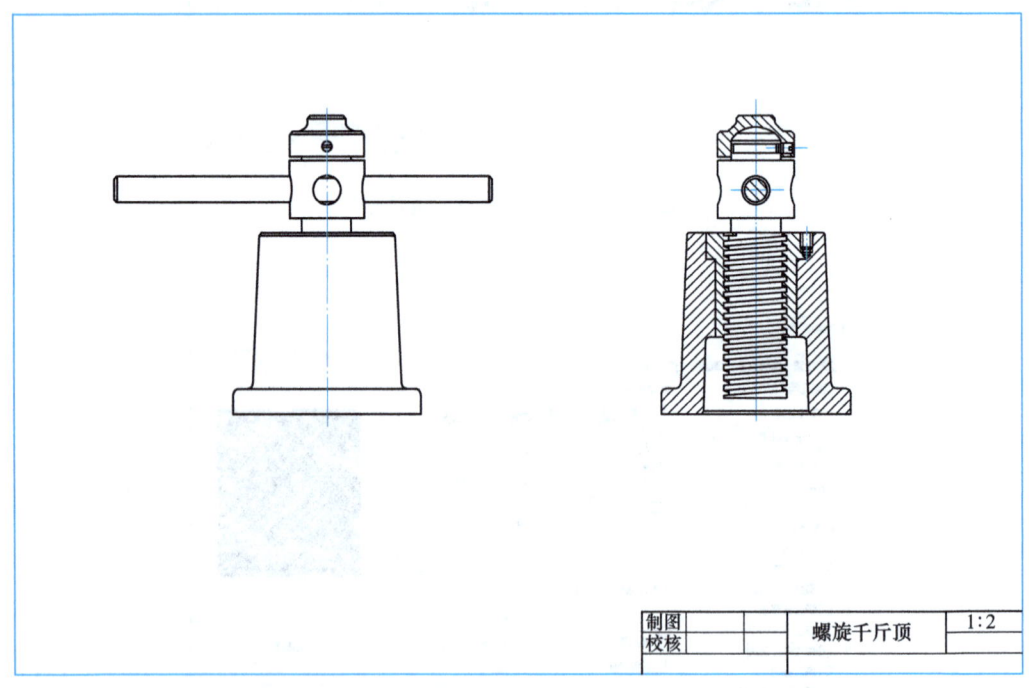

图 3-4-69 A3 图幅 1∶2 绘制效果

4. 导入 3D 明细栏

使用"三维接口"功能区中的"导入 3D 明细"命令导入 3D 明细栏,若明细栏的长度与标题栏有差距或明细栏各项目列宽不合适,都可以在"常用"→"样式管理"→"明细表"中调整,如图 3-4-70 所示,调整后的明细栏如图 3-4-71 所示。

5. 标记零件序号

按照明细栏的顺序,手动标注零件序号,注意按照顺时针/逆时针顺序依次标注,保证各序号的行列对齐。

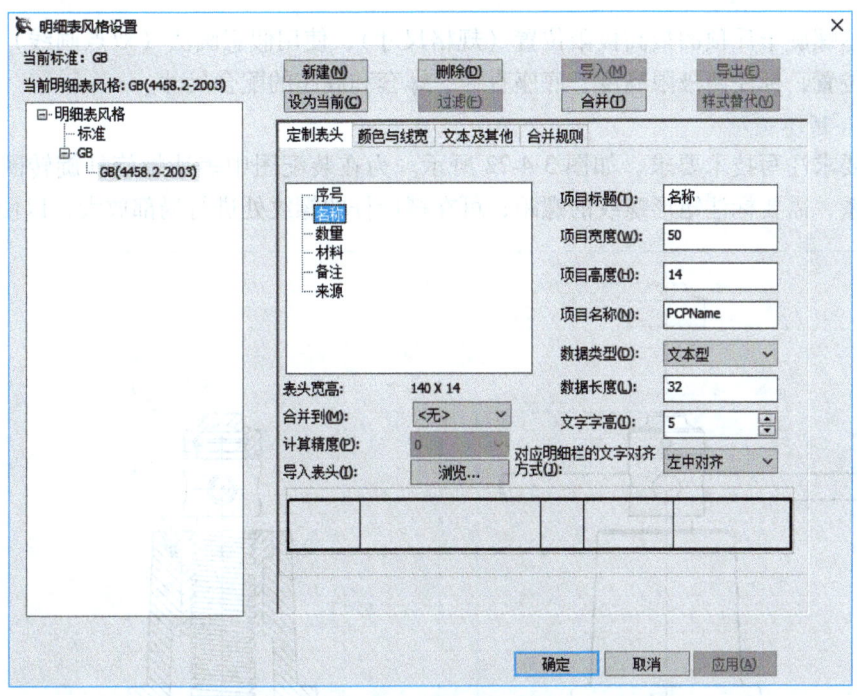

图 3-4-70 "明细表风格设置"对话框

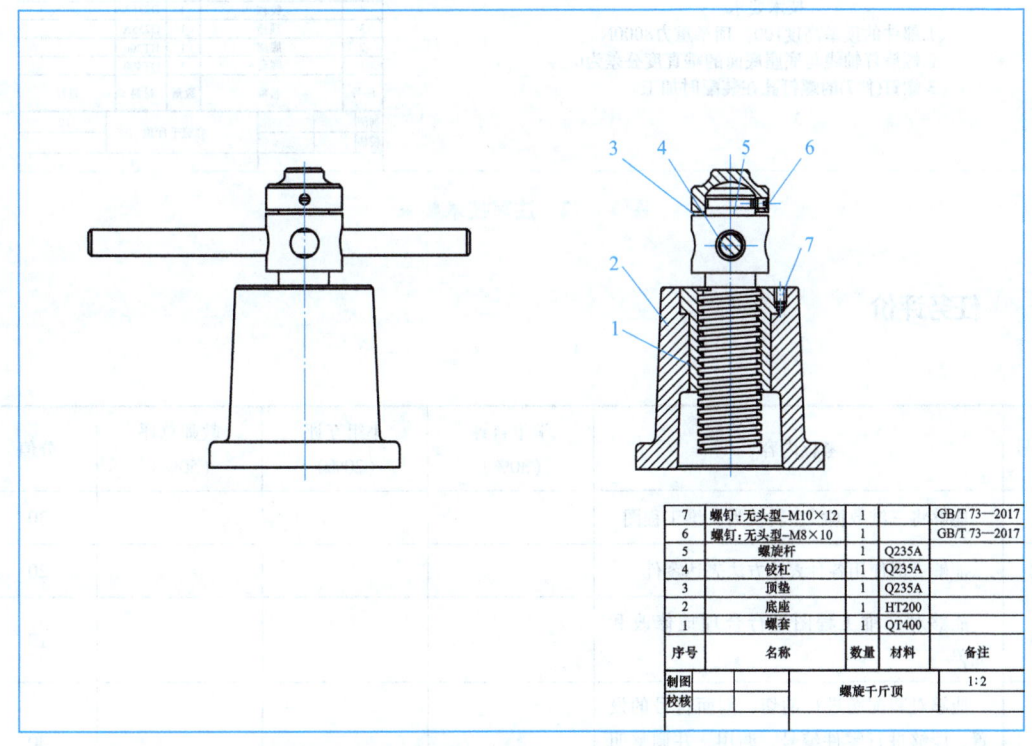

图 3-4-71 螺旋千斤顶的明细栏和零件序号

6. 标注必要尺寸

为表达螺旋千斤顶的最高极限位置（规格尺寸），使用假想画法（双点画线）绘制出顶垫的最高位置，标注两极限高度、底座直径、螺套和底座的配合尺寸。

7. 注写技术要求

根据要求注写技术要求，如图 3-4-72 所示。为在装配图中表达螺旋杆旋转圈数与移到距离的关系，需要标注矩形螺纹的螺距；可在螺旋杆的螺纹处进行局部放大，以便标注。

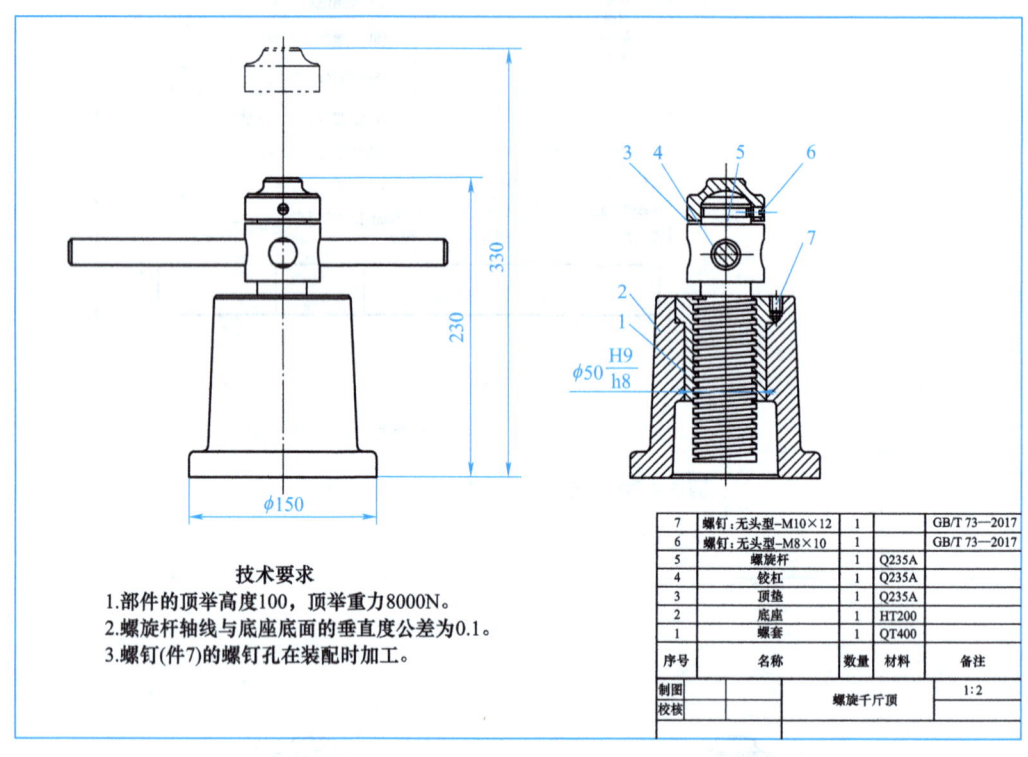

图 3-4-72　注写技术要求

 任务评价

序号	考核内容	学生自评（30%）	小组互评（20%）	教师总评（50%）	分值
1	能够将三维数据模型转换为二维工程图				30
2	能够灵活使用各种表达方法表达零件				20
3	能够对二维工程图进行合理地修改和完善				10
4	能够对装配图进行剖切、剖面符号的设置，能够进行零件编号、调用，并调整明细栏				30

（续）

序号	考核内容	学生自评（30%）	小组互评（20%）	教师总评（50%）	分值
5	能够积极、有效地帮助其他同学				10
	小计				—
	总评				
	完成时间		分钟		
精进计划：					

举一反三

请根据本模块任务 2 举一反三中装配的 G 型夹紧钳导出一套符合国家标准的工程图。

模块 4　　机械产品拓展案例

前面几个模块已经介绍了基本零件的实体设计、装配及动画仿真，本模块将综合使用之前所学的知识，以机用虎钳、球阀、齿轮泵和减速器 4 个经典机械部件为载体，进行各零件的模型创建、装配和工作原理的动画制作，巩固所学的知识技能。机械装配需要有精益求精的工匠精神，一个小的失误可能导致严重的结构碰撞，哪怕是一个螺钉装错，都可能导致装配松动，甚至带来巨大的损失。完成本模块任务的同时，还要养成执着专注、精益求精、一丝不苟、追求卓越的工匠精神。

任务 1　机用虎钳建模及动画仿真

智行引航

机用虎钳是一种通用的夹具，能夹持小型工件，它是铣床、钻床的随机附件，将其固定在机床工作台上，用来夹持工件进行切削加工。在机械加工中，机用虎钳没有华丽的外观，也不施展惊天动地的力量，只是静静坚守在机床之上，以稳固、可靠的夹持保障每一次加工的精准推进。就像无数在普通工作岗位上的工作者，他们没有惊涛骇浪般的壮举，也没有壮志凌云的豪言，工作平凡琐碎，却时刻兢兢业业、恪尽职守，用认真负责的态度对待每一项任务，用点滴行动诠释责任与担当的深刻内涵。

知识导入

机用虎钳的使用方法是用扳手转动螺杆，通过螺杆螺母带动活动钳口移动，形成对工件的夹紧与松开。本任务将根据给定的机用虎钳零件图和装配图对各个零件进行建模，并设计其仿真动画。图 4-1-1 所示为机用虎钳三维模型爆炸图。

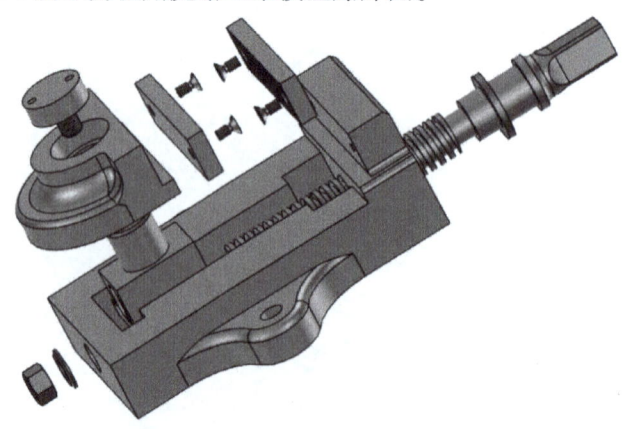

图 4-1-1　机用虎钳三维模型爆炸图

任务实施

一、创建机用虎钳各零件

1. 创建固定螺钉

图 4-1-2 所示为固定螺钉零件图,零件的建模需要使用"旋转"或智能图素、"自定义孔""拷贝"及"修饰螺纹"等命令。

微课:固定螺钉

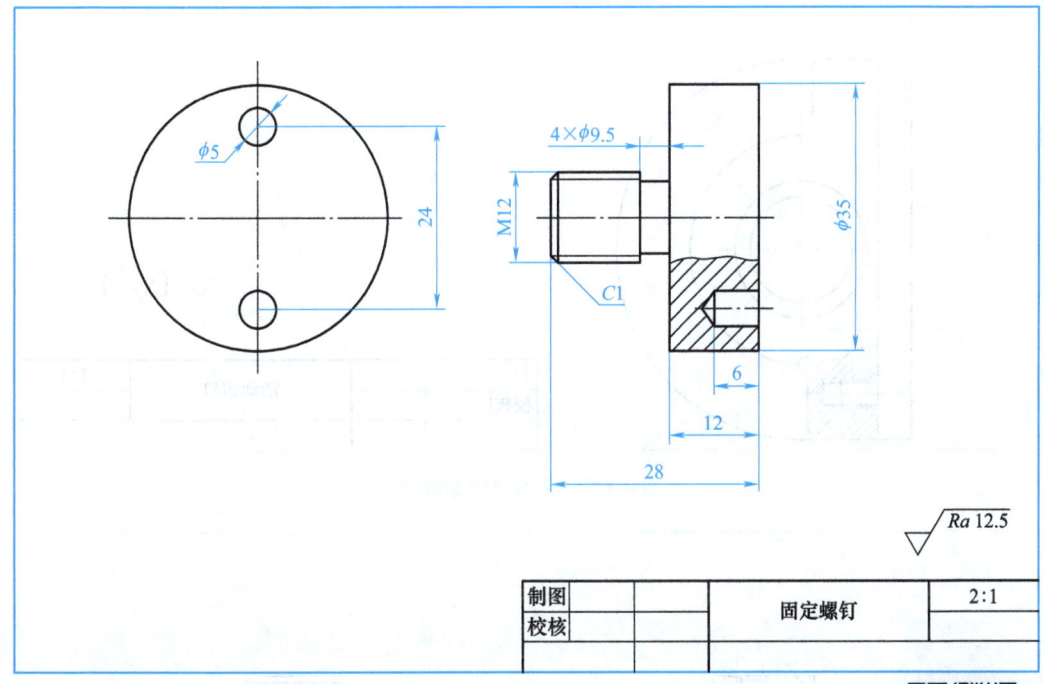

图 4-1-2 固定螺钉零件图

2. 创建活动钳口

图 4-1-3 所示为活动钳口零件图,零件的建模需要使用"拉伸"或智能图素、"自定义孔""拷贝""倒角"及"圆角"等命令。

3. 创建螺母

图 4-1-4 所示为螺母零件图,零件的建模需要使用智能图素、"自定义孔""矩形螺纹"及"倒角"等命令。

4. 创建螺杆

图 4-1-5 所示为螺杆零件图,零件的建模需要使用"旋转"或智能图素、"修饰螺纹""矩形螺纹"及布尔运算等命令。

5. 创建固定钳口

图 4-1-6 所示为固定钳口零件图,零件的建模需要使用"拉伸"、智能图素、"自定义孔""拷贝"及"修饰螺纹"等命令。命令不难,但是需要认真分析零件结构的组成。

微课:活动钳口

微课:螺母

微课:螺杆

微课:固定钳口

机械 CAD 与 3D 建模

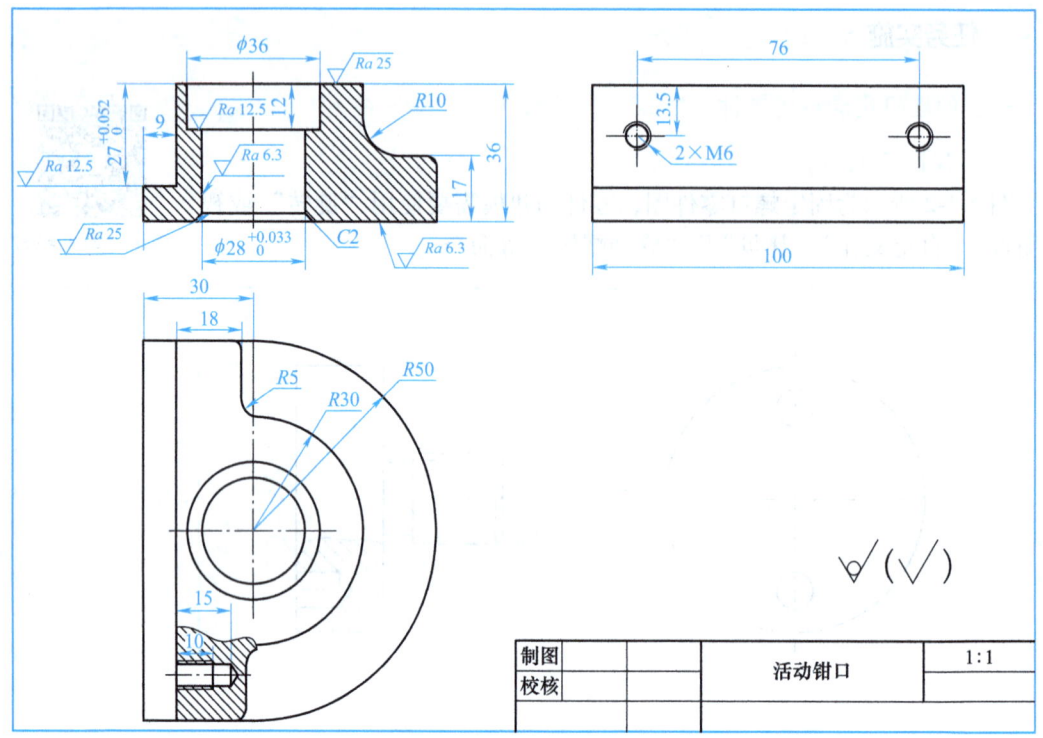

图 4-1-3 活动钳口零件图

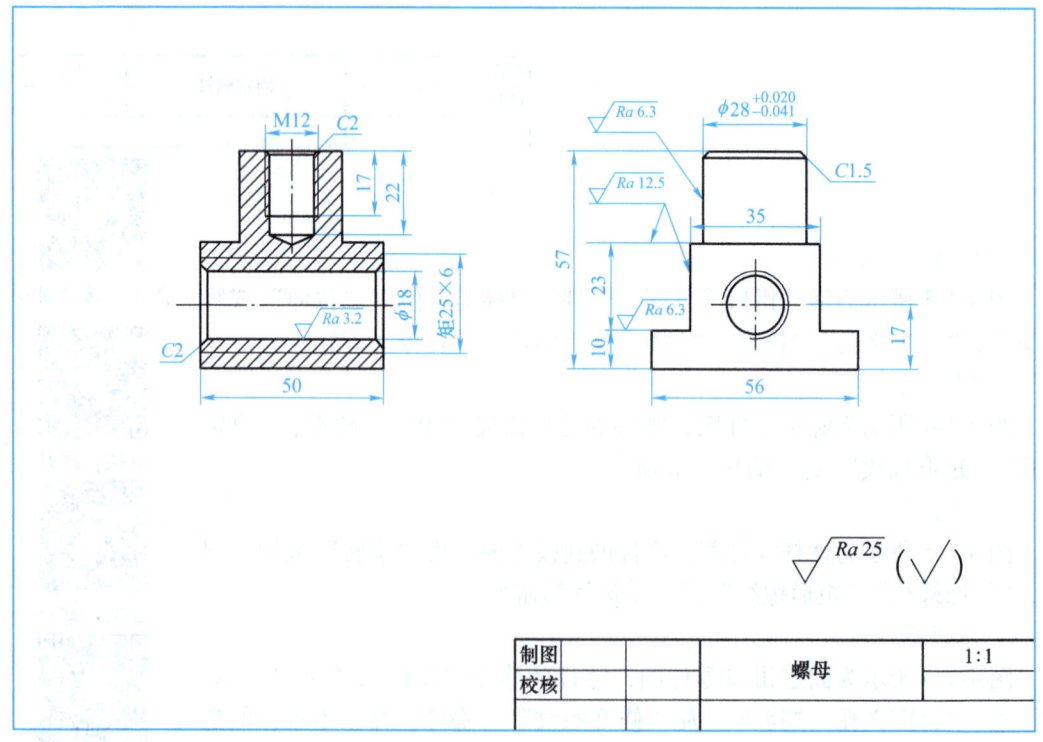

图 4-1-4 螺母零件图

模块 4　机械产品拓展案例

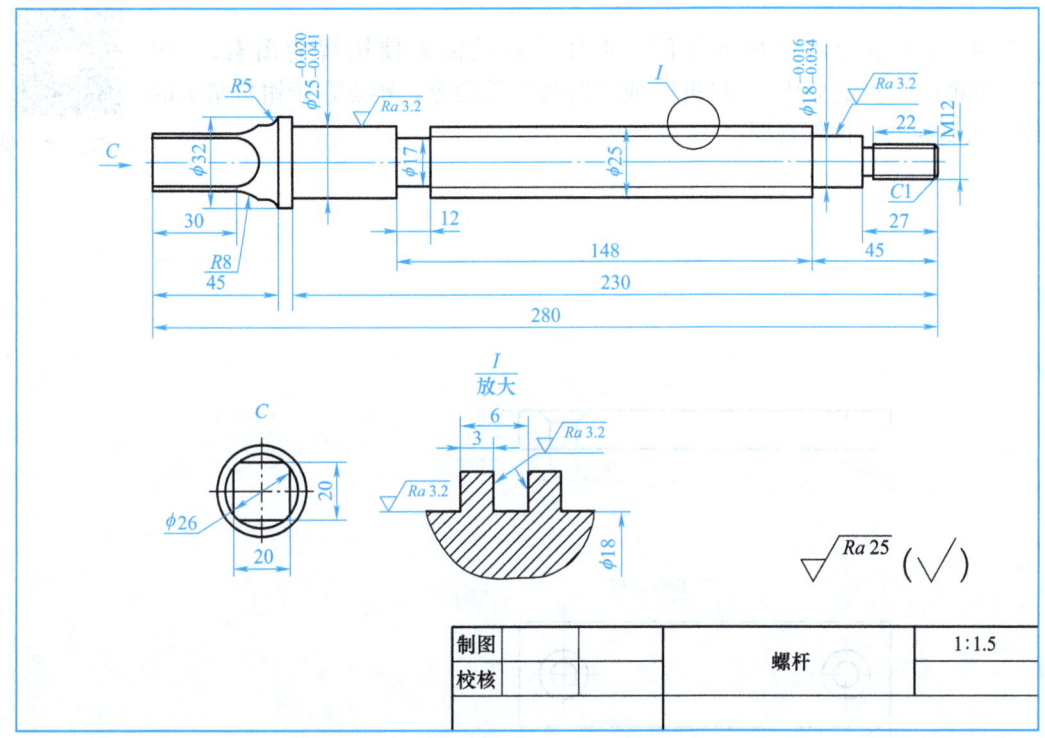

图 4-1-5　螺杆零件图

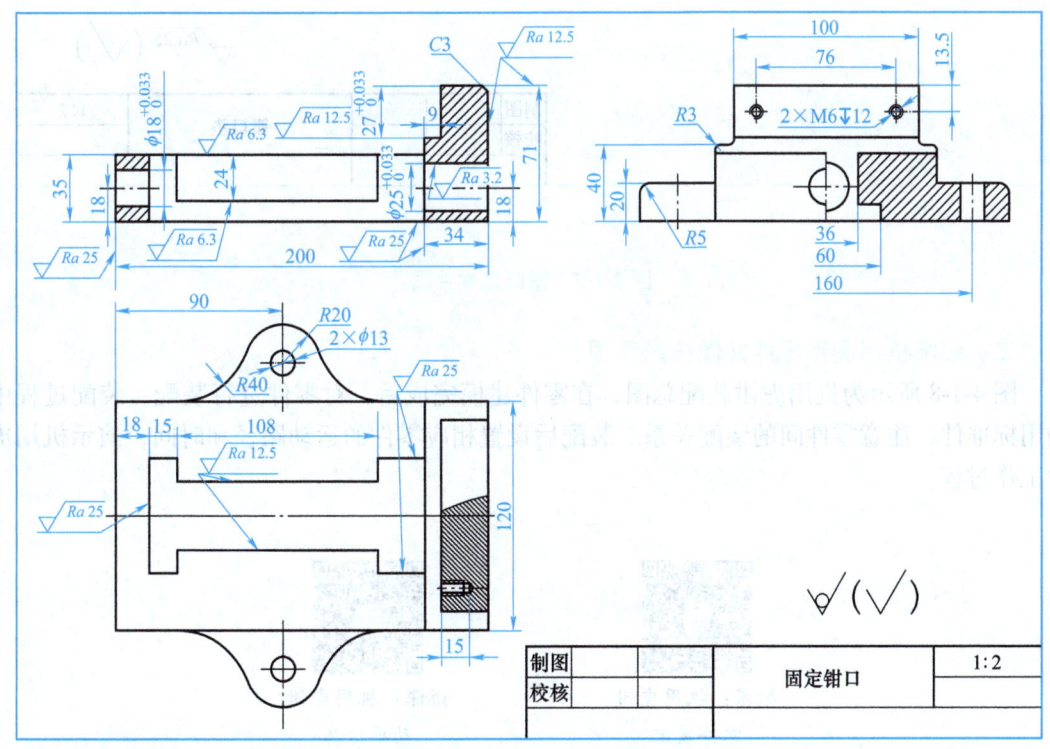

图 4-1-6　固定钳口零件图

6. 创建钳口垫

图 4-1-7 所示为钳口垫零件图，零件的建模需要使用智能图素、"拉伸"（切除）、"自定义孔""拷贝"或"阵列"等命令。难点在于钳口垫上的花纹，认真观察 A 向斜视图。

微课：钳口垫

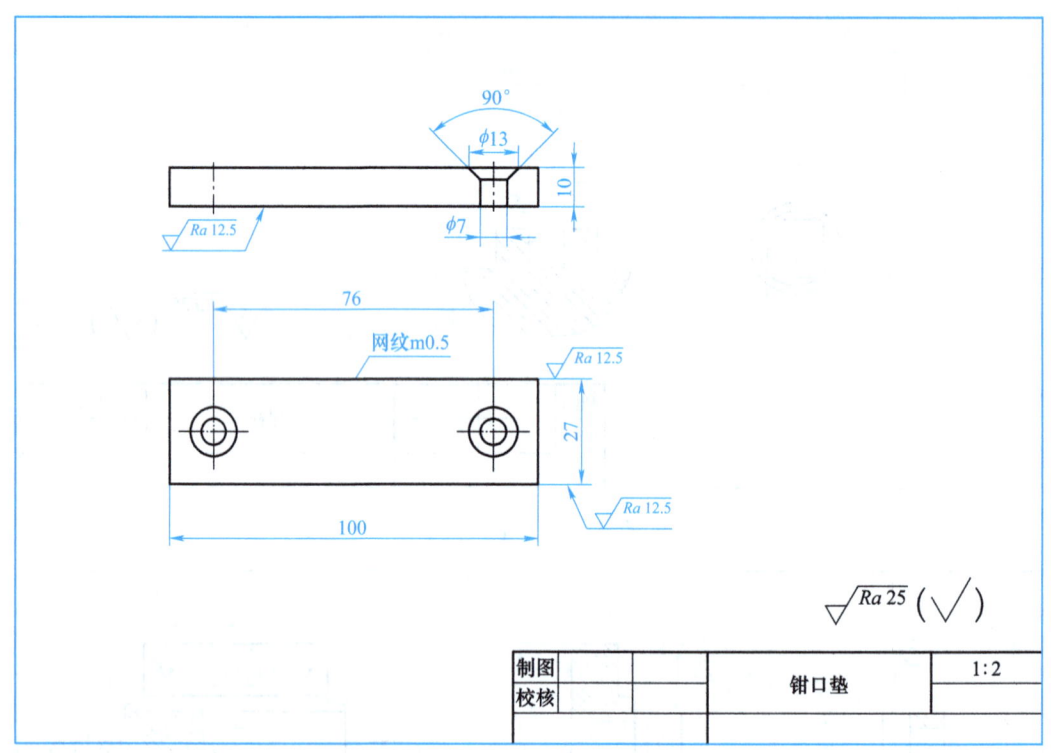

图 4-1-7 钳口垫零件图

二、装配机用虎钳零件并做仿真动画

图 4-1-8 所示为机用虎钳装配总图，在零件建模完成后，对零件进行装配，装配过程中调用标准件，注意零件间的装配关系。装配后设置相应零件的运动路径和时间，演示机用虎钳工作过程。

微课：机用虎钳
零件装配

微课：机用虎钳
动画仿真

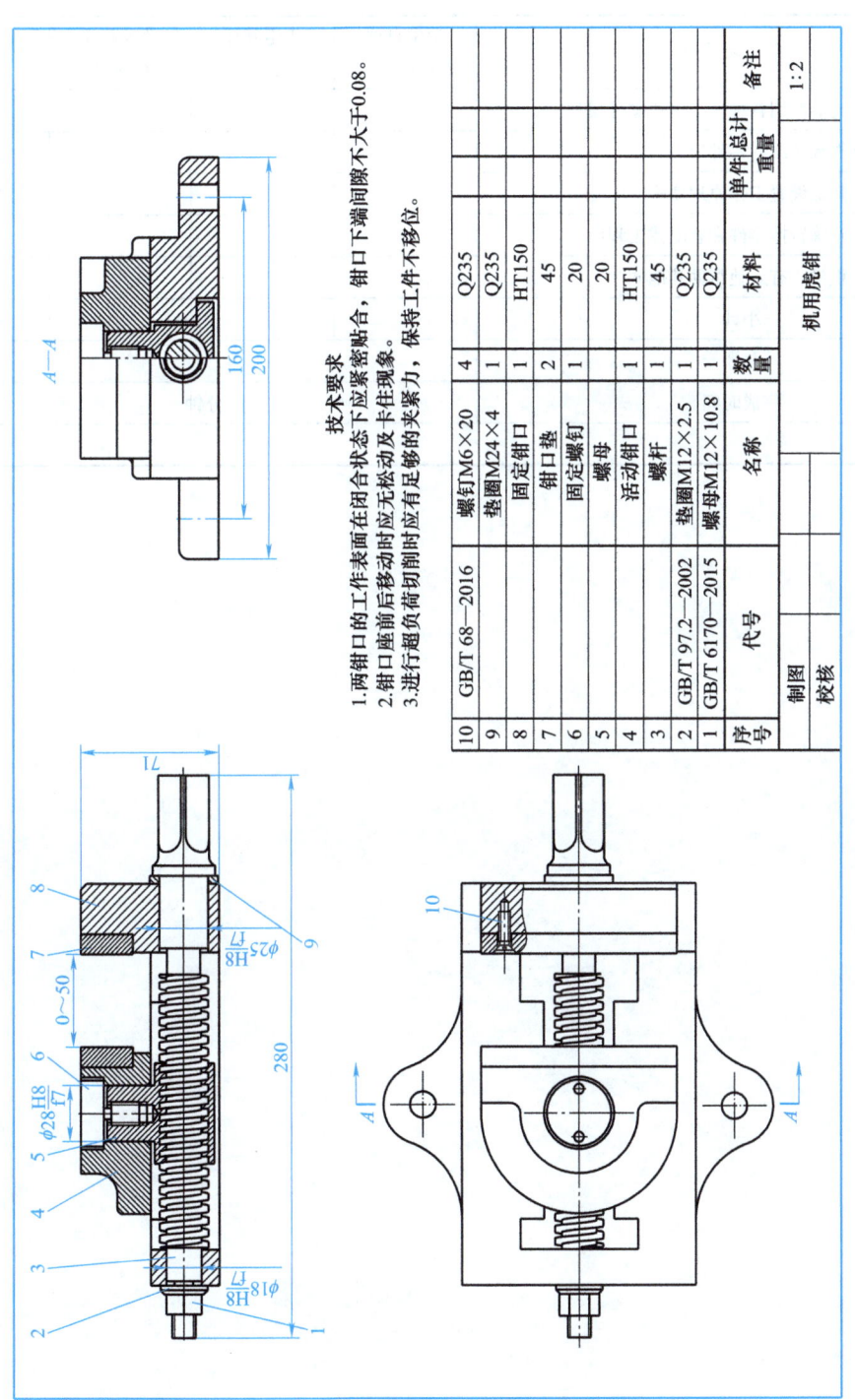

图 4-1-8 机用虎钳装配总图

任务评价

序号	考核内容	学生自评（30%）	小组互评（20%）	教师总评（50%）	分值
1	能够灵活使用各种命令创建零件模型				30
2	能够熟练装配各零件				20
3	能够熟练设置工作原理动画				20
4	能够熟练转换零件和装配体工程图				20
5	能够积极、有效地帮助其他同学				10
	小计				—
	总评				
	完成时间		分钟		
精进计划：					

模块 4　机械产品拓展案例

任务 2　螺纹连接球阀建模及动画仿真

 智行引航

螺纹连接球阀是一种通过旋转球体来实现开启和关闭流体通道的阀门，它具有结构简单、密封性好及操作方便等特点，被广泛应用于各种管道系统中，控制流体通断和流量大小，可谓是"小身躯，大作用"。球阀虽小，但其制造过程却需要极高的精度和工艺水平。每一个零部件的加工、每一处密封的处理，都凝聚着工匠们对品质的执着追求。学习和工作中要培养精益求精、一丝不苟的工匠精神，不断追求卓越，用专注和热爱铸就非凡成就。

 知识导入

螺纹连接球阀的阀体带有内螺纹或外螺纹，与管螺纹连接。球阀的阀芯是球形的，使用中转动手柄，手柄带动阀杆，阀杆带动阀芯旋转，使球阀开启或关闭。图 4-2-1 所示为螺纹连接球阀的三维模型爆炸图。

图 4-2-1　螺纹连接球阀的三维模型爆炸图

 任务实施

一、创建螺纹连接球阀各零件

1. 创建阀盖

图 4-2-2 所示为阀盖零件图，零件的建模需要使用"旋转"、智能图素及"修饰螺纹"等命令。

微课：阀盖

2. 创建密封圈和阀杆

图 4-2-3 所示为密封圈零件图，图 4-2-4 所示为阀杆零件图。两个零件都比较简单，使用命令不再赘述。

183

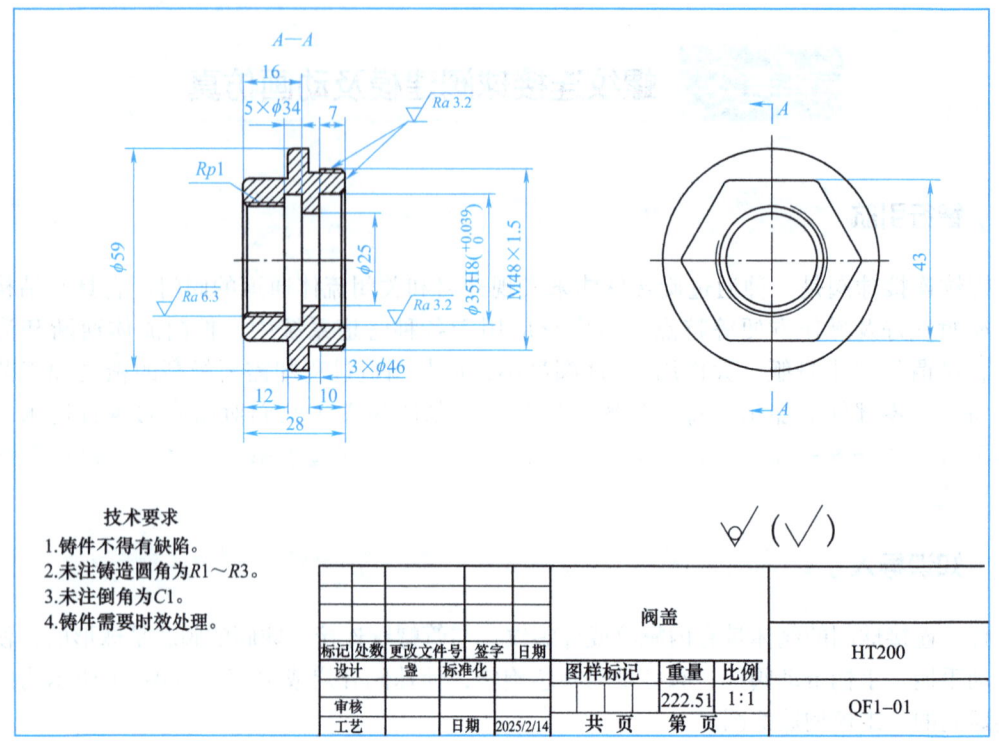

图 4-2-2　阀盖零件图

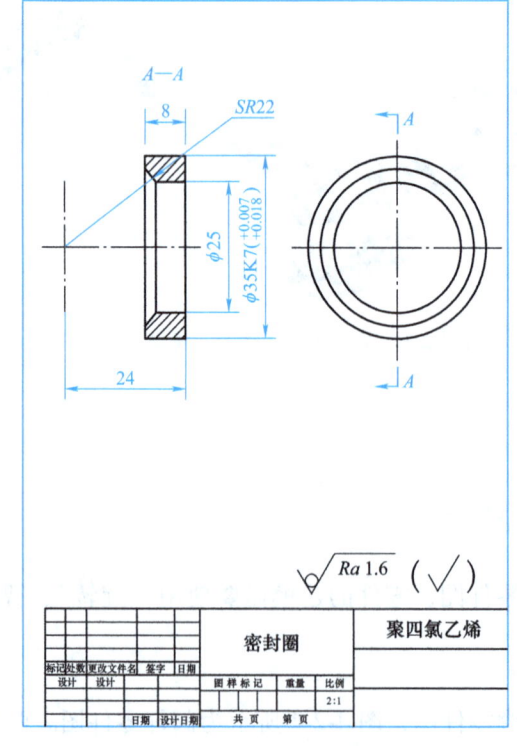

图 4-2-3　密封圈零件图

模块 4　机械产品拓展案例

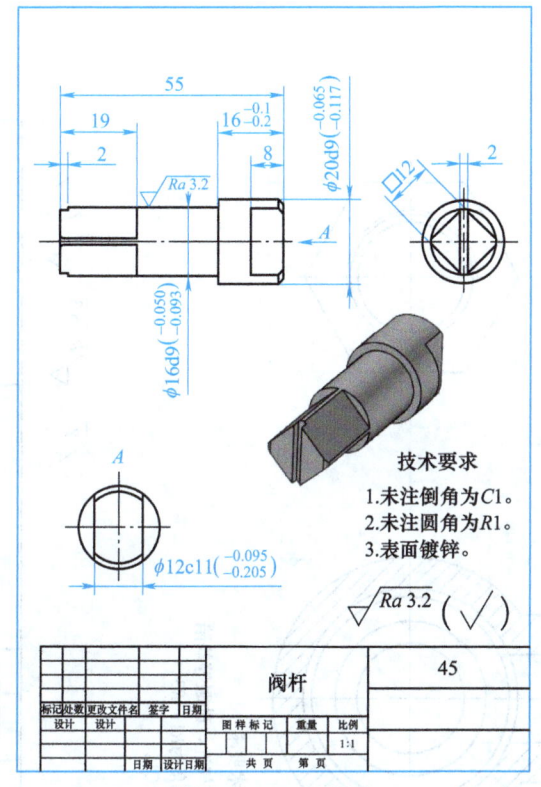

图 4-2-4　阀杆零件图

3. 创建阀体

图 4-2-5 所示为阀体零件图。阀体零件相对复杂，其建模所需的命令较多，需要仔细读图，确定结构形状、位置。

微课：阀体

4. 创建阀芯和扳手

图 4-2-6 所示为阀芯零件图，图 4-2-7 所示为扳手零件图，阀芯主体为球形，扳手主体需要拉伸才能得到。

微课：阀芯

微课：扳手

5. 创建压盖、填料及密封垫

压盖、填料及密封垫零件较简单，在没有零件图的情况下，可根据与之相配合的零件的尺寸和装配关系设计创建。

微课：压盖

二、装配螺纹连接球阀并做仿真动画

图 4-2-8 所示为螺纹连接球阀装配总图，在零件建模完成后，对零件进行装配，装配过程中注意零件间的装配关系，保证不影响动画效果。

微课：球阀零件装配及动画仿真

微课：阀杆

185

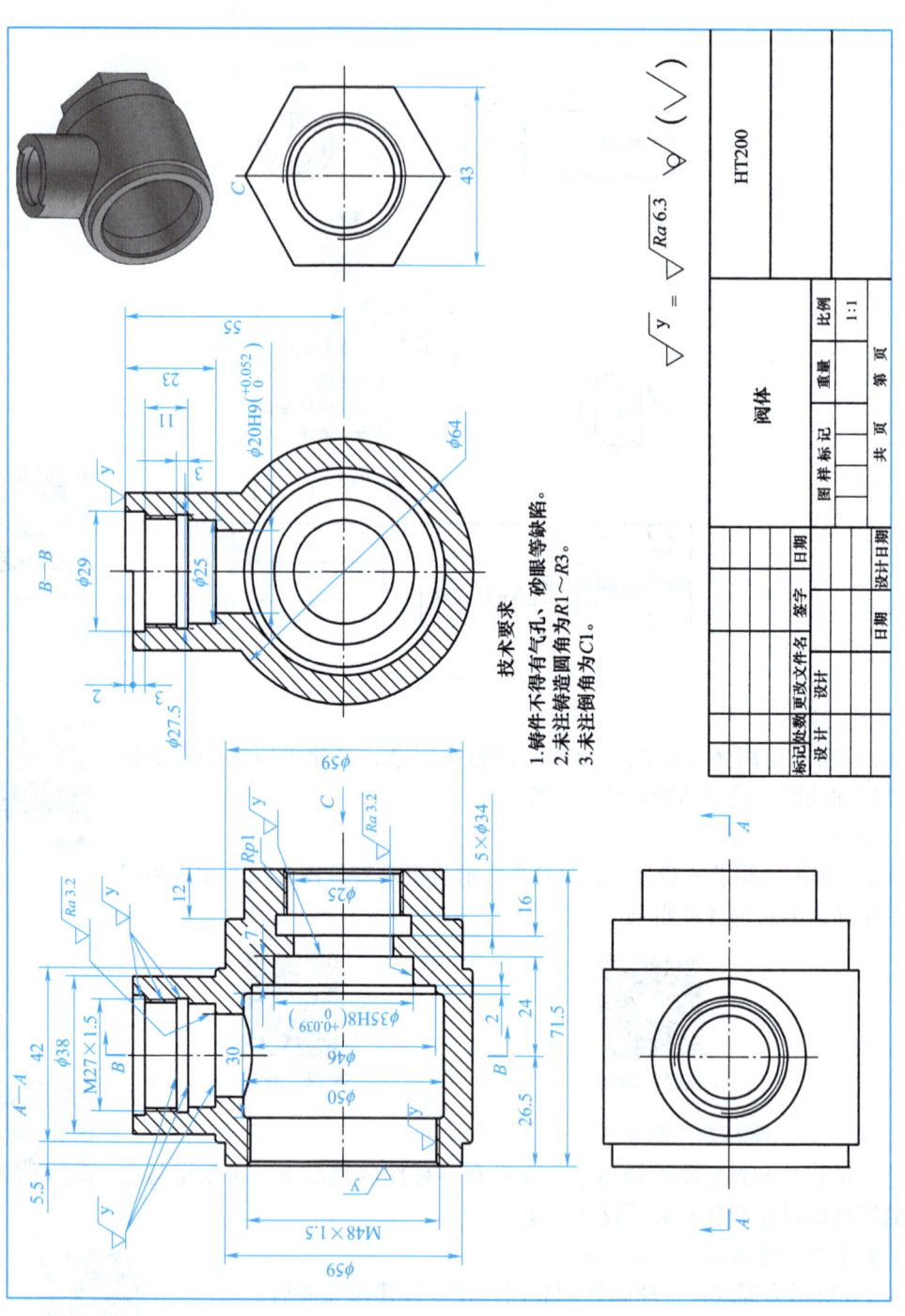

图 4-2-5 阀体零件图

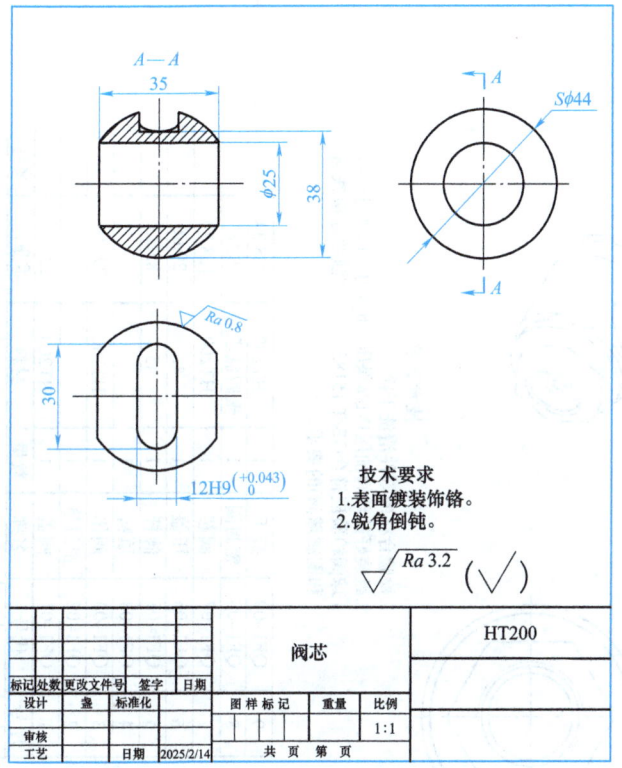

图 4-2-6 阀芯零件图

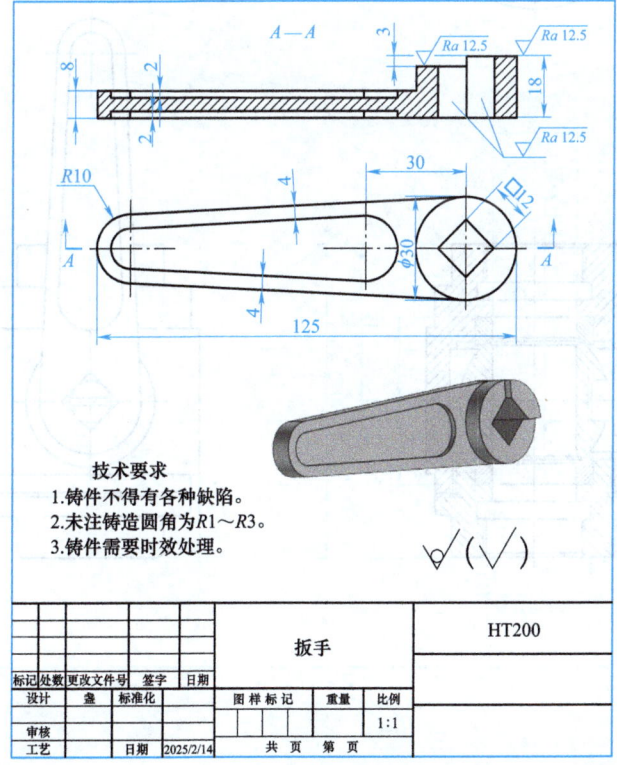

图 4-2-7 扳手零件图

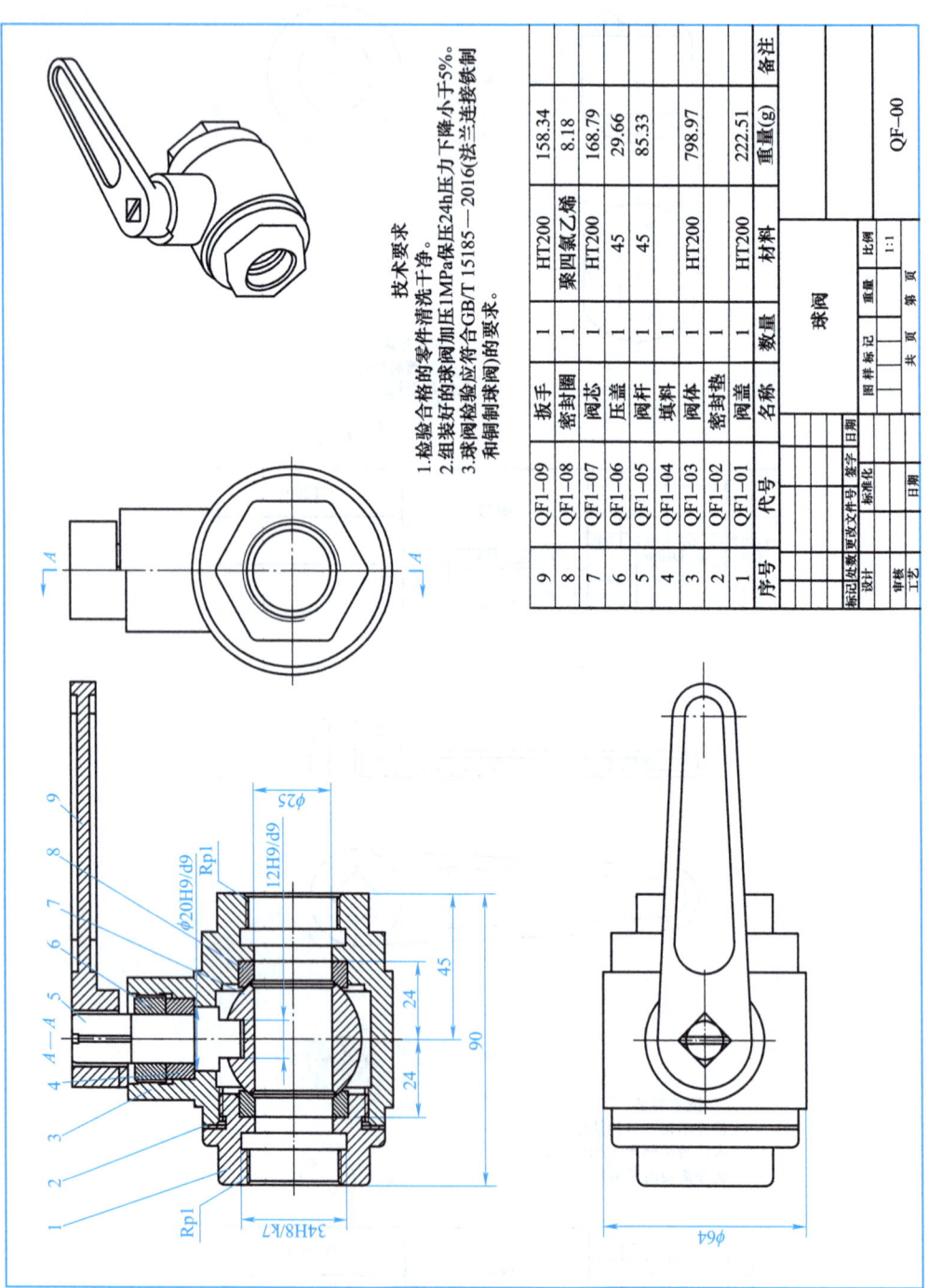

图 4-2-8 球阀装配总图

任务评价

序号	考核内容	学生自评（30%）	小组互评（20%）	教师总评（50%）	分值
1	能够灵活使用各种命令创建零件模型				30
2	能够熟练装配各零件				20
3	能够熟练设置工作原理动画				20
4	能够熟练转换零件和装配体工程图				20
5	能够积极、有效地帮助其他同学				10
	小计				—
	总评				
	完成时间		分钟		

精进计划：

任务 3　齿轮泵建模及动画仿真

智行引航

泵是一种输送流体或使流体增压的液压元件，有叶片泵、柱塞泵和齿轮泵等多种类型。其中齿轮泵结构简单、自吸能力强、压力稳定、工作可靠，能适应不同的工作压力和流量需求，被广泛应用于石油、化工和机械等行业，为各类设备提供必要的液体供应，确保生产过程的连续性。齿轮泵工作在高温、高压及高腐蚀性的工作环境下，还需要保持稳定的工作状态，这就需要齿轮泵的各零件具有耐高温、高压及抗腐蚀的特性。人们在面对学习和生活中的困难时，也应像齿轮泵一样，不畏艰难，持之以恒，努力克服困难，实现自己的价值。

知识导入

齿轮泵适用于输送各种有润滑性的液体，它是依靠两个齿轮相互啮合转动来工作的，对介质要求不高。在泵体中装有一对回转齿轮，一个主动，一个从动，依靠两齿轮的相互啮合，可以把泵内的整个工作腔分两个独立的部分：一边为吸入腔，一边为排出腔。齿轮泵运转时，主动齿轮带动从动齿轮旋转，当齿轮从啮合到脱开时在吸入侧就形成局部真空，油液因此被吸入。被吸入的油液充满齿轮的各个齿谷而被带到排出侧，齿轮进入啮合时油液被挤出，形成高压液体并经泵排出口排出泵外。图 4-3-1 所示为齿轮泵三维模型爆炸图。

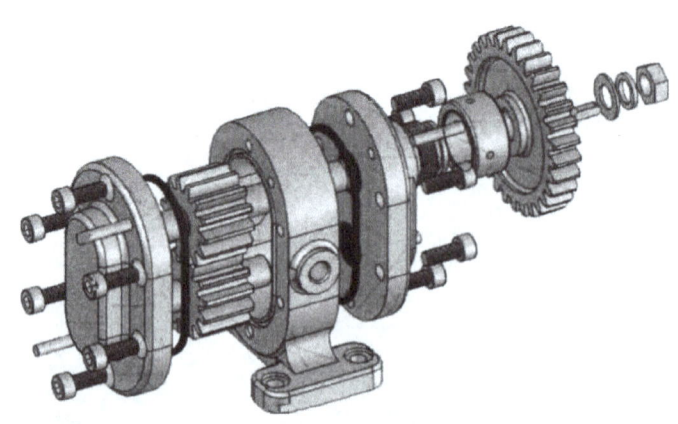

图 4-3-1　齿轮泵三维模型爆炸图

任务实施

一、创建齿轮泵各零件

1. 创建左泵盖

图 4-3-2 所示为左泵盖零件图，左泵盖主体可以通过"拉伸"或智能图素得到，再添加孔即可。

微课：左泵盖

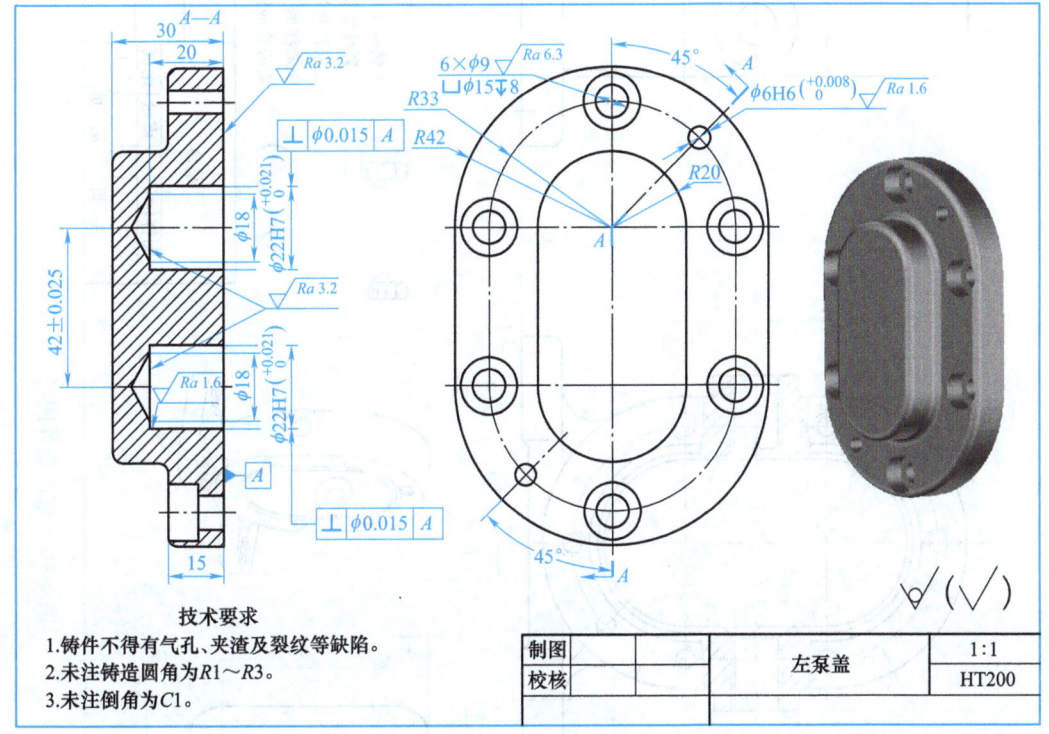

图 4-3-2　左泵盖零件图

2. 创建泵体

图 4-3-3 所示为泵体零件图。泵体结构复杂，需要认真读图，分析其结构形状、大小和位置。

3. 创建右泵盖

图 4-3-4 所示为右泵盖零件图。右泵盖与左泵盖结构类似，因此使用的命令也基本相同。

4. 创建主动齿轮轴

图 4-3-5 所示为主动齿轮轴零件图。主动齿轮轴与从动齿轮轴的创建方法一致。

微课：泵体　　　　微课：右泵盖　　　微课：主动齿轮轴

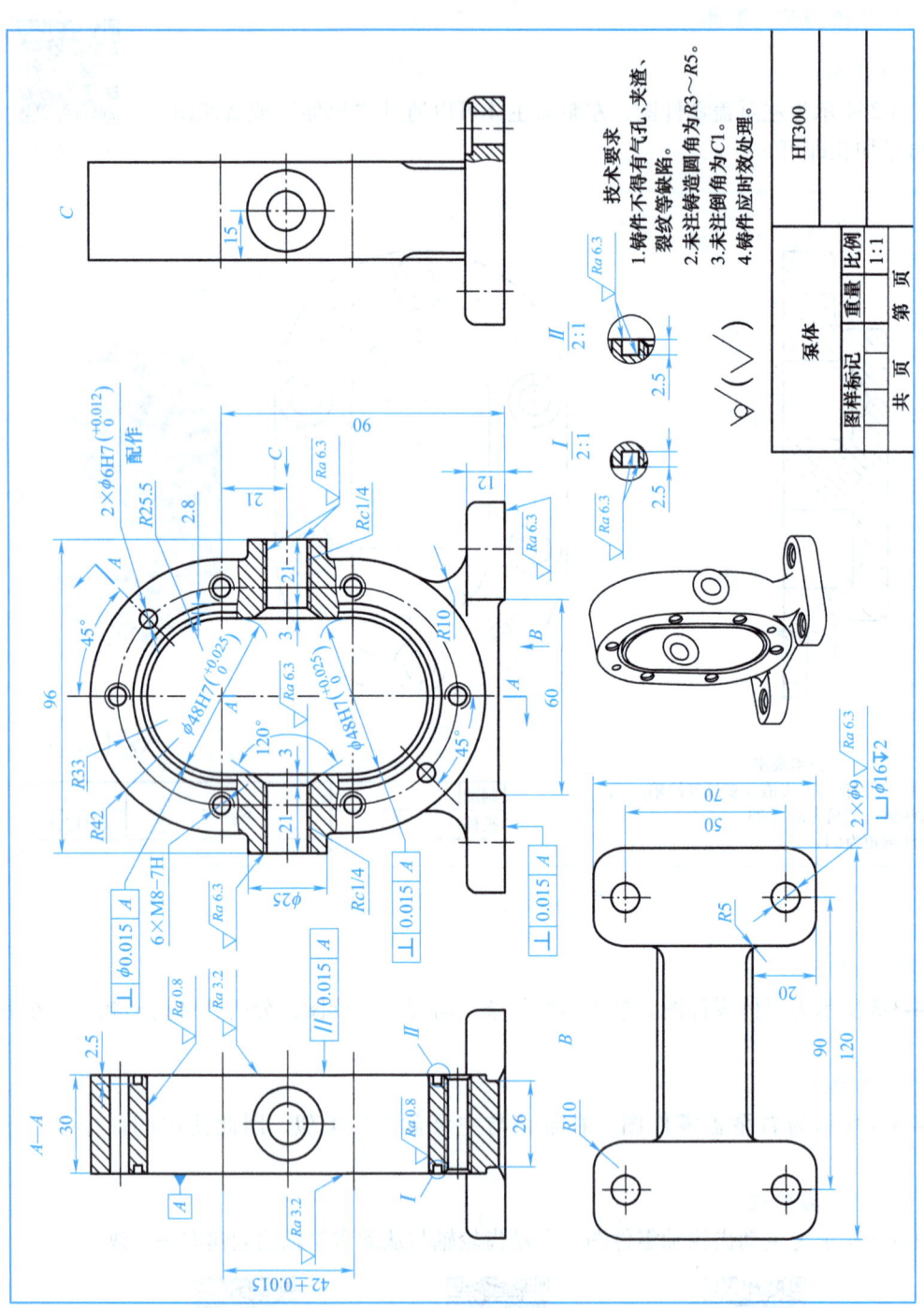

图 4-3-3 泵体零件图

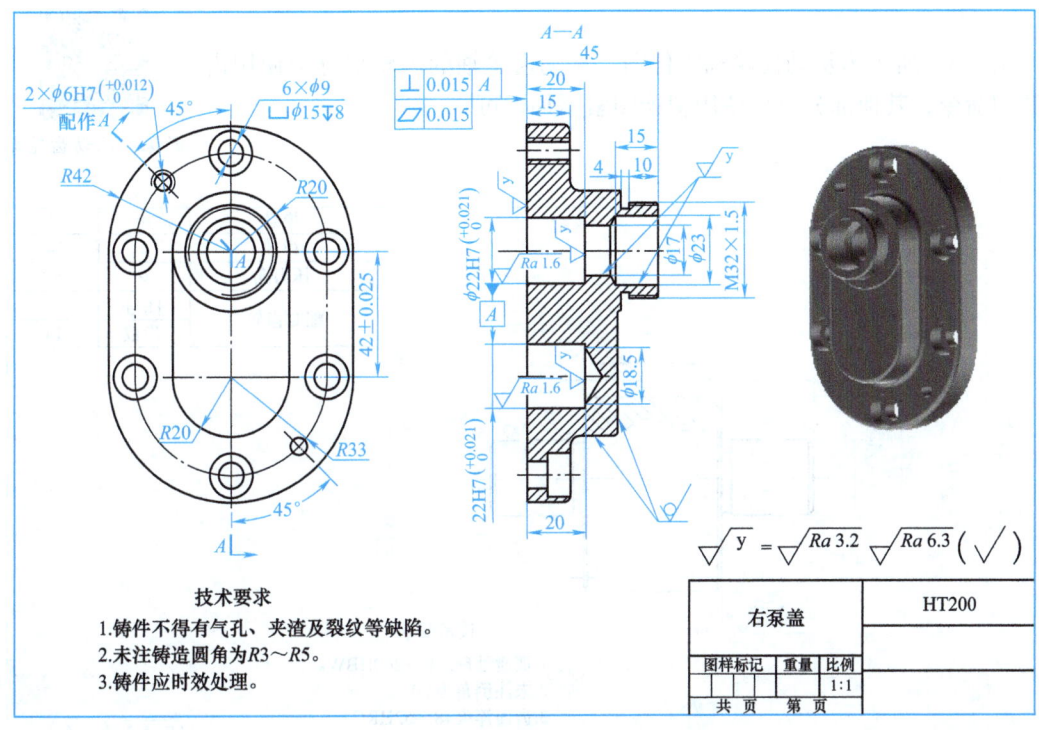

图 4-3-4 右泵盖零件图

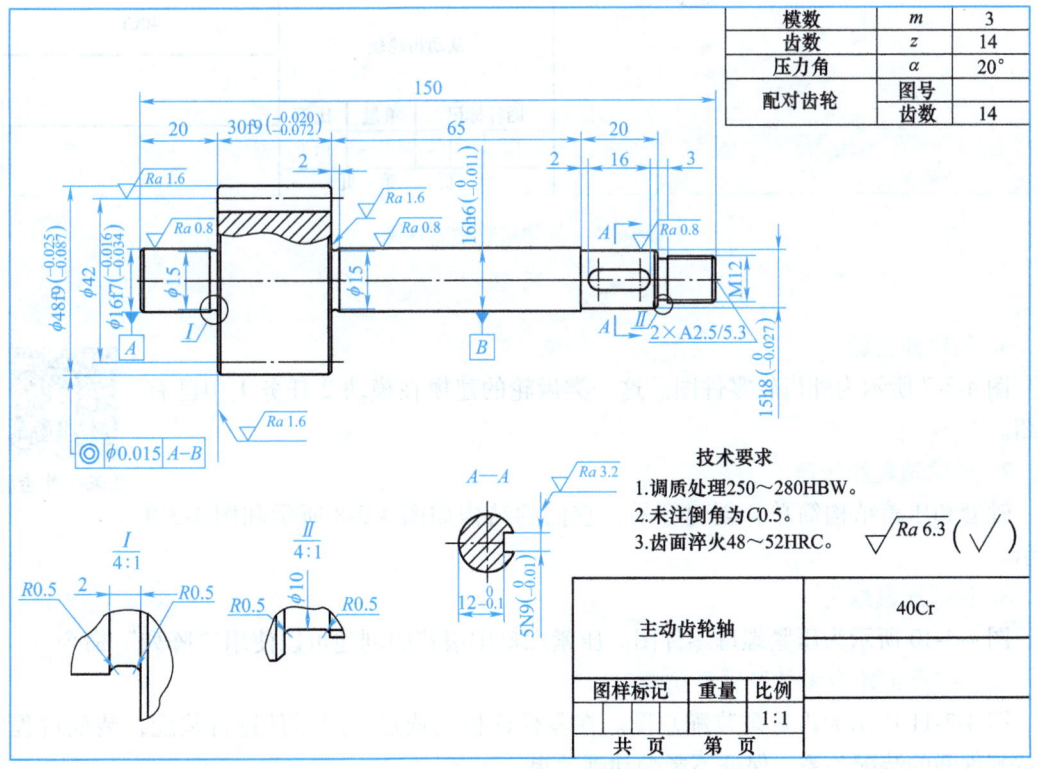

图 4-3-5 主动齿轮轴零件图

5. 创建从动齿轮轴

图 4-3-6 所示为从动齿轮轴零件图。从动齿轮轴的齿轮部分会使用齿轮调用命令，其他部分直接使用智能图素添加即可。

微课：从动齿轮轴

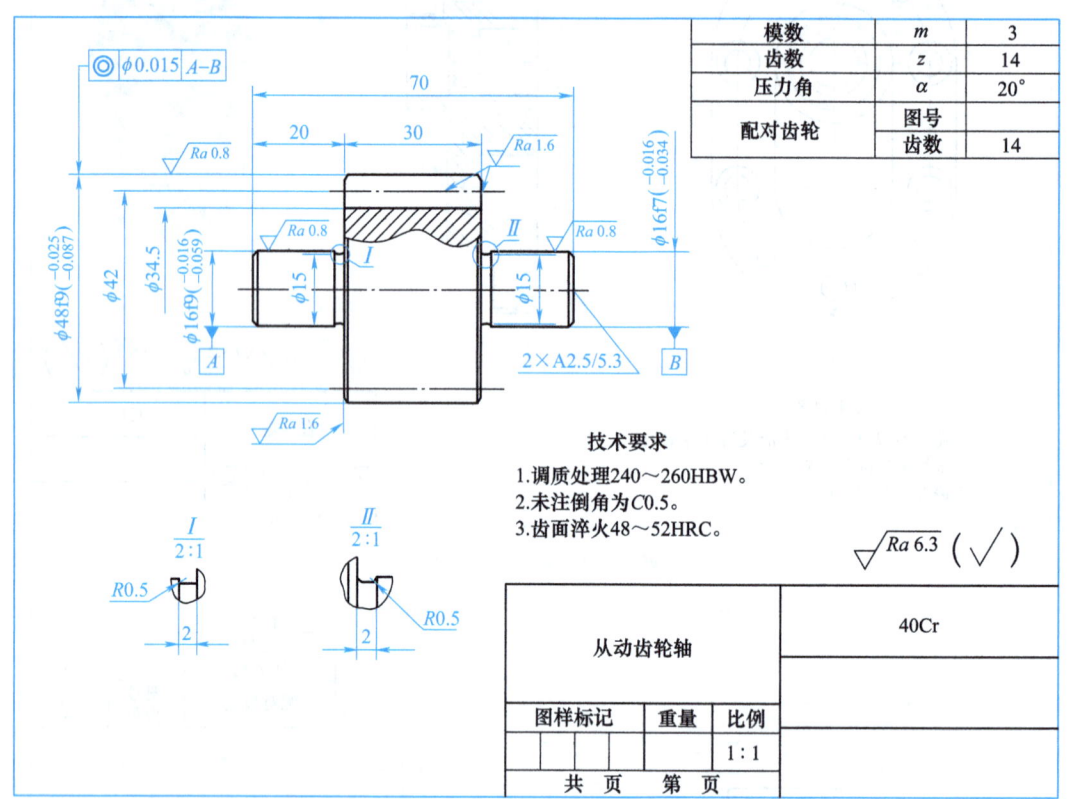

图 4-3-6　从动齿轮轴零件图

6. 创建外齿轮

图 4-3-7 所示为外齿轮零件图。这一类齿轮的建模在模块 2 任务 1 中已有介绍。

微课：外齿轮

7. 创建轴套和压盖

轴套和压盖结构简单，创建容易，它们的结构如图 4-3-8 所示和图 4-3-9 所示。

8. 创建压紧螺母

图 4-3-10 所示为压紧螺母零件图。压紧螺母中滚花的创建可以使用"阵列"命令。

二、装配齿轮泵零件及动画仿真

图 4-3-11 所示为齿轮泵装配总图。在零件建模完成后，对零件进行装配，装配过程中注意零件间的装配关系，保证不影响动画效果。

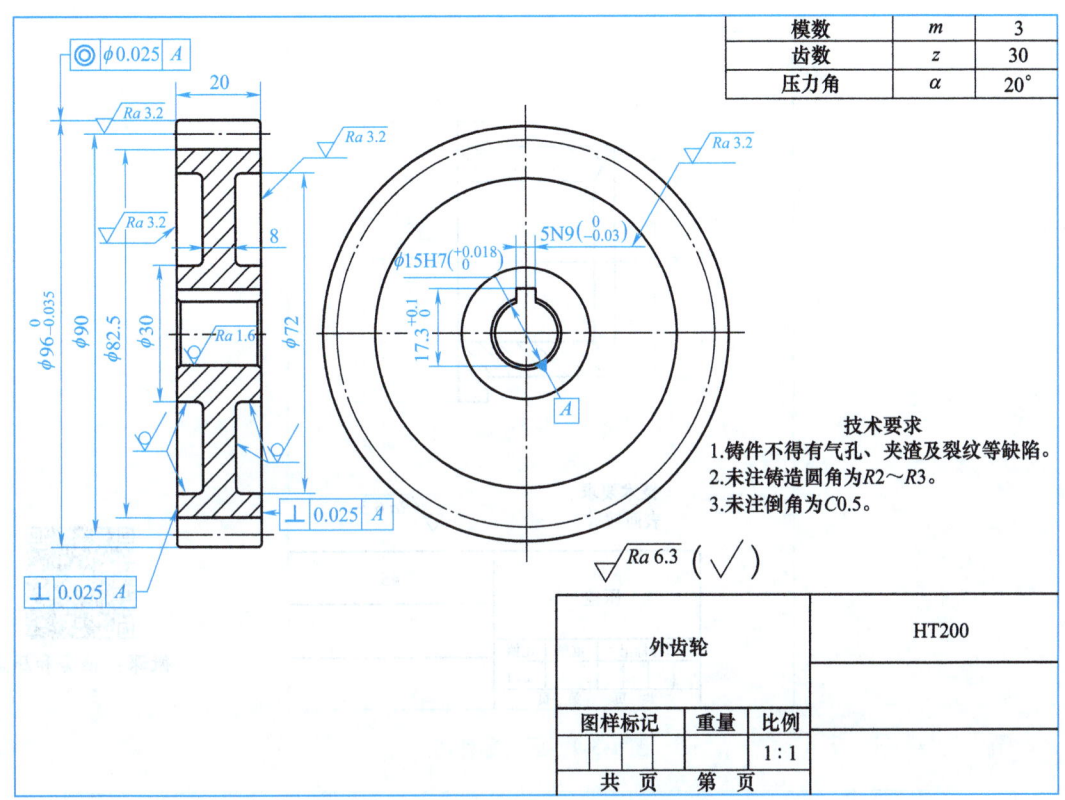

图 4-3-7 外齿轮零件图

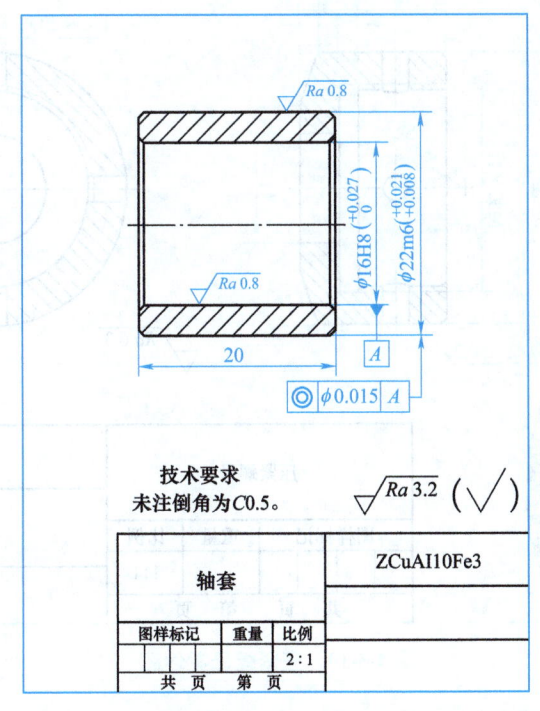

图 4-3-8 轴套零件图

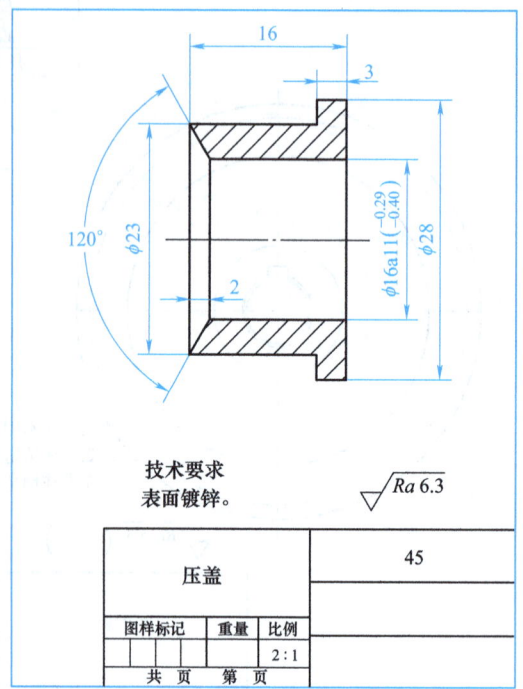

微课：轴套和压盖

图 4-3-9　压盖零件图

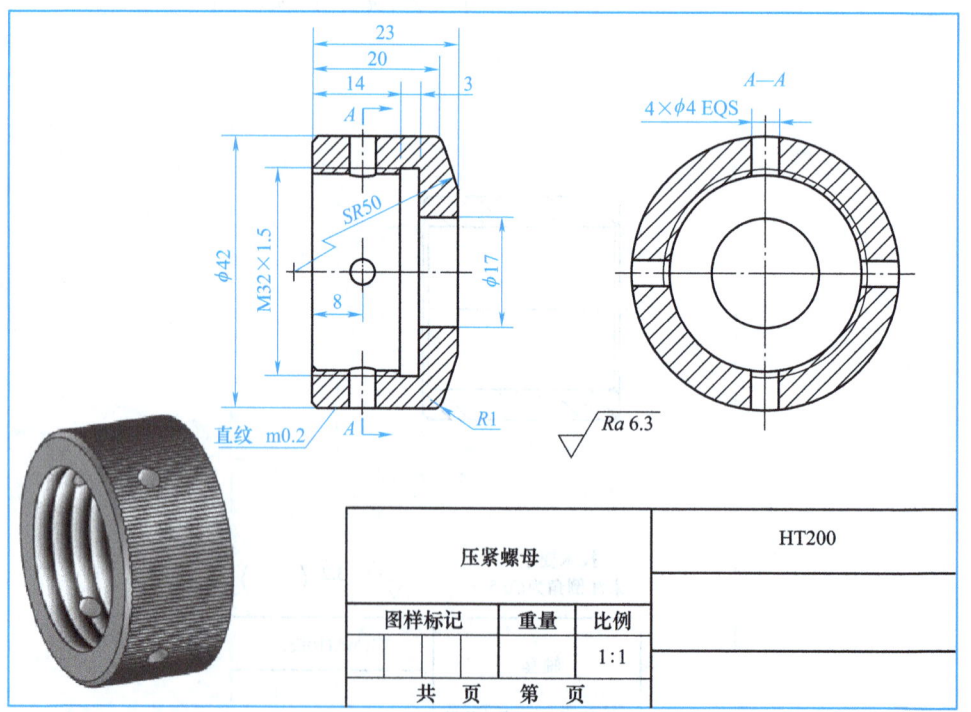

微课：压紧螺母

图 4-3-10　压紧螺母零件图

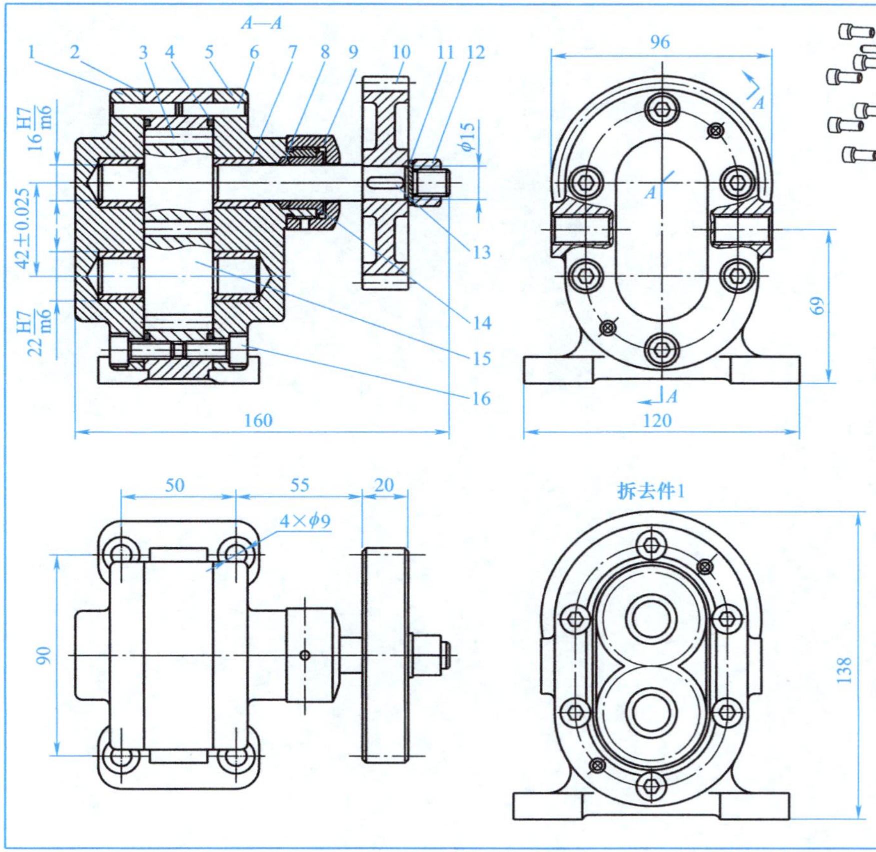

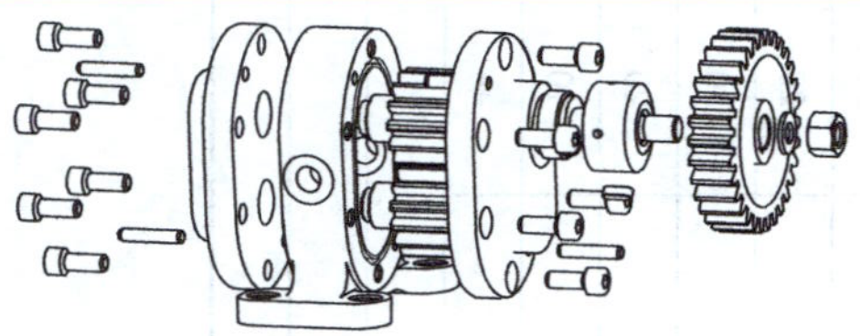

模块4 机械产品拓展案例

技术要求
1. 零件安装前清洗干净,去毛刺,倒锐角。
2. 组装单齿轮泵不允许有渗漏现象。
3. 合格产品涂防锈油并包装塑料袋。

序号	名称	数量	材料	备注
16	螺钉M8×20	12	45	GB/T 70.1—2008
15	从动齿轮轴	1	40Cr	
14	压盖	1	45	
13	键5×15	1	35	GB/T 1096—2003
12	螺母M12	1	45	GB/T 41—2016
11	垫圈12	1	Q235	GB/T 97.1—2002
10	外齿轮	1	HT200	
9	压紧螺母	1	HT200	
8	填料	4	ZCuAl10Fe3	
7	轴套	1	耐油橡胶	
6	销6×30	4	35	GB/T 119.2—2000
5	右泵盖	1	HT200	
4	泵体密封圈	1	耐油橡胶	
3	主动齿轮轴	1	40Cr	
2	泵体	1	HT300	
1	左泵盖	1	HT200	

齿轮泵 比例 1:1

图 4-3-11 齿轮泵装配总图

微课:齿轮泵动画仿真

微课:齿轮泵装配

任务评价

序号	考核内容	学生自评（30%）	小组互评（20%）	教师总评（50%）	分值
1	能够灵活使用各种命令创建零件模型				30
2	能够熟练装配各零件				20
3	能够熟练设置工作原理动画				20
4	能够熟练转换零件和装配体工程图				20
5	能够积极、有效地帮助其他同学				10
	小计				—
	总评				
	完成时间		分钟		
精进计划：					

模块 4 机械产品拓展案例

任务 4　直齿单级减速器建模及动画仿真

 智行引航

减速器是机械领域的关键部件，它宛如一个精密的"动力调节枢纽"，一端连接高转速、低转矩输出的动力源，一端对接需要低转速、高转矩的各类负载，实现动力与负载的完美匹配，保障工业生产、交通运输等领域的设备稳定运行。它不仅能让动力传递高效、节能，还能在关键时刻充当安全卫士，缓冲过载冲击，保护设备核心部件。同时，凭借改变动力传递方向的特性，为复杂设备的紧凑布局与精巧设计提供了可能，极大地推动了现代机械工业的蓬勃发展。恰似青年在时代浪潮中找准个人定位、勇担社会责任，投身国家建设，不断探索创新，突破技术壁垒，推动行业发展。

 知识导入

应用减速器的目的是降低转速，增加转矩。它的种类较多，型号各异，不同种类有不同的用途。按照传动类型可将减速器分为齿轮减速器、蜗杆减速器和摆线针轮减速器等。本任务介绍直齿单级减速器，直齿单级减速器速比较小，两轴相互平行，它基于圆柱齿轮的啮合传动，通过固定齿轮和转动齿轮之间的啮合配合实现传动效果。其传动比是由输入轴和输出轴的齿轮齿数比决定的，输出轴上安装的是大齿轮，输入轴上安装小齿轮，实现减速效果。图 4-4-1 所示为直齿单级减速器三维模型爆炸图。

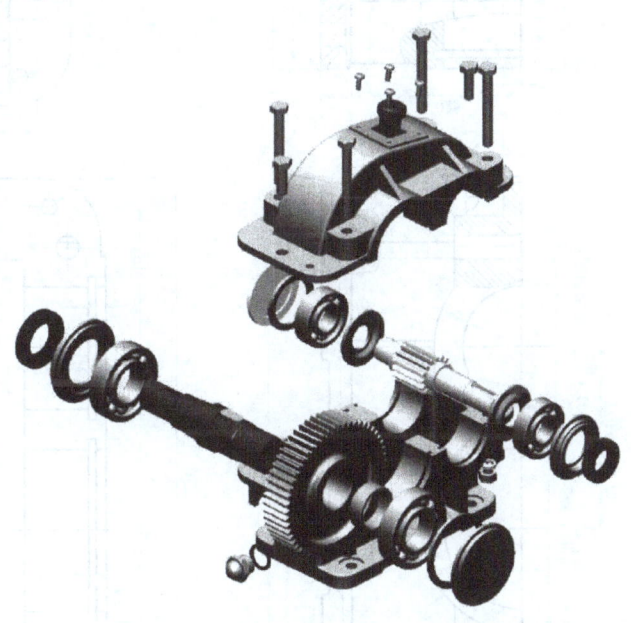

图 4-4-1　直齿单级减速器三维模型爆炸图

 任务实施

一、创建减速器各零件

1. 创建齿轮箱体

图 4-4-2 所示为齿轮箱体零件图，可以看出其结构复杂，因此建模步骤较多。

微课：齿轮箱体

199

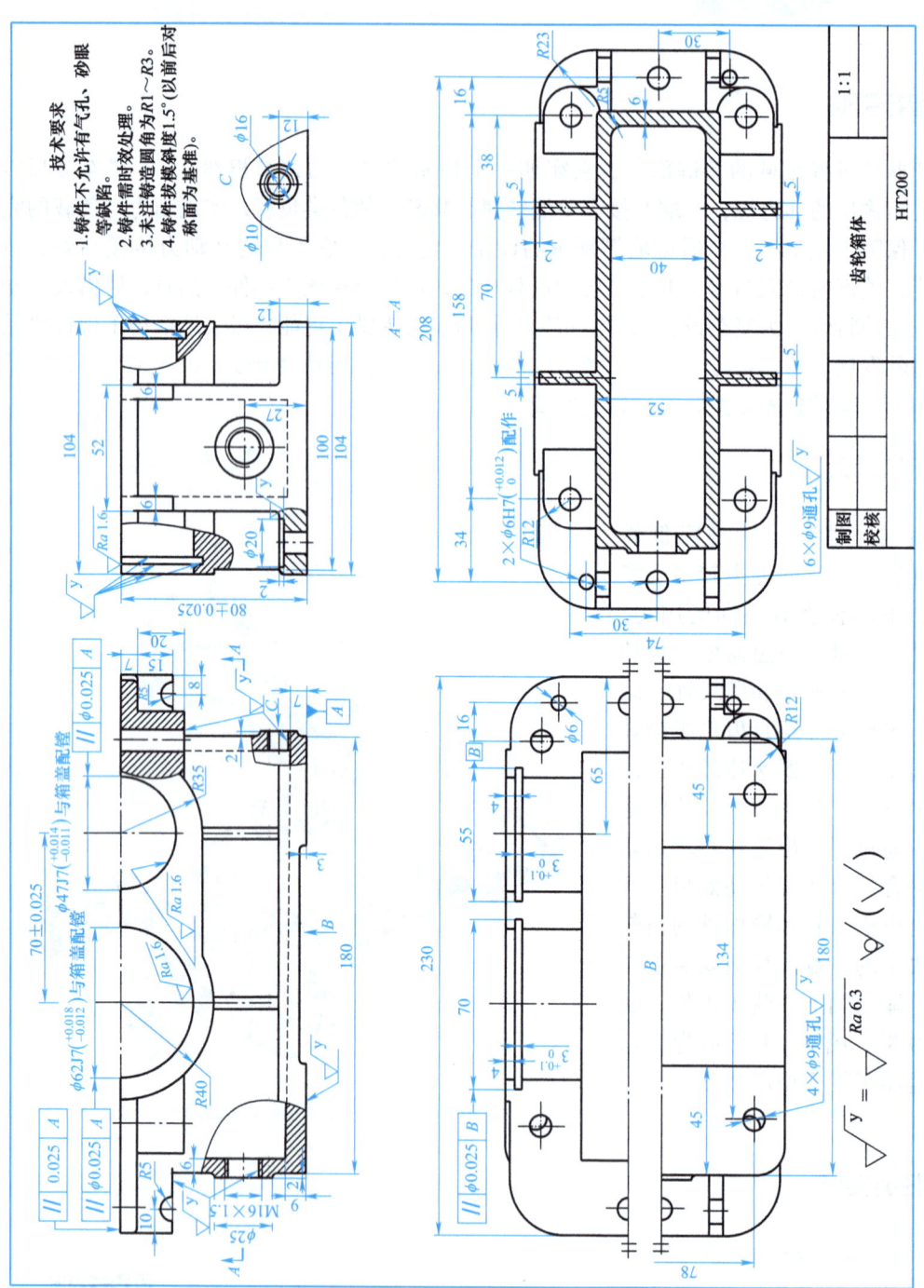

图 4-4-2 齿轮箱体零件图

2. 创建输出轴

图 4-4-3 所示为输出轴零件图，结构简单，容易创建。

3. 创建输入轴透盖和输入轴端盖

图 4-4-4 所示为输入轴透盖零件图，图 4-4-5 所示为输入轴端盖零件图，结构简单，容易创建。

微课：输出轴

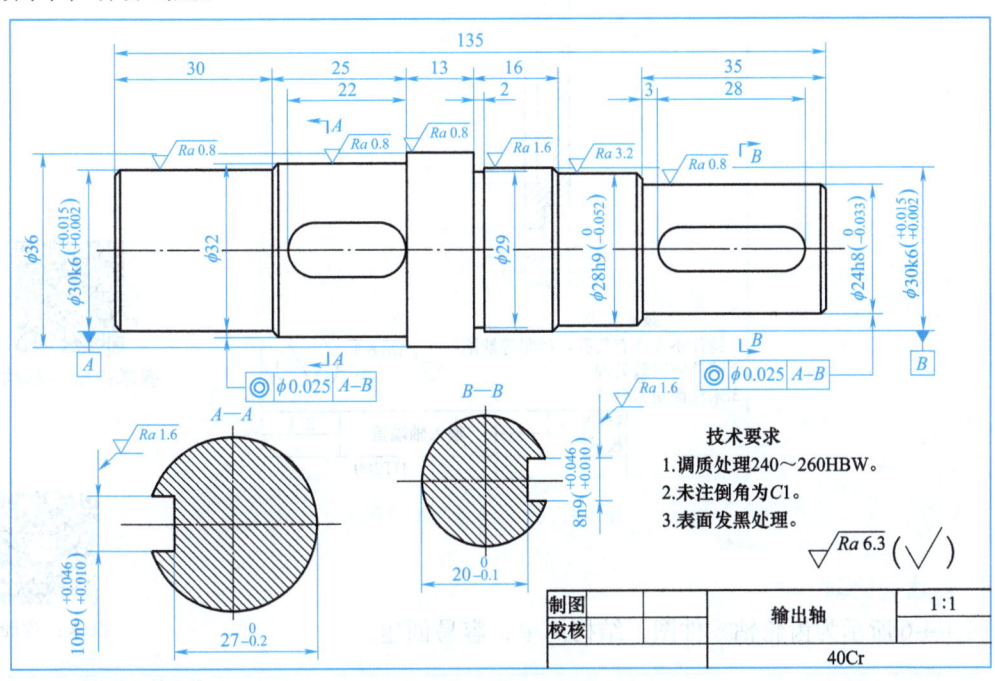

图 4-4-3　输出轴零件图

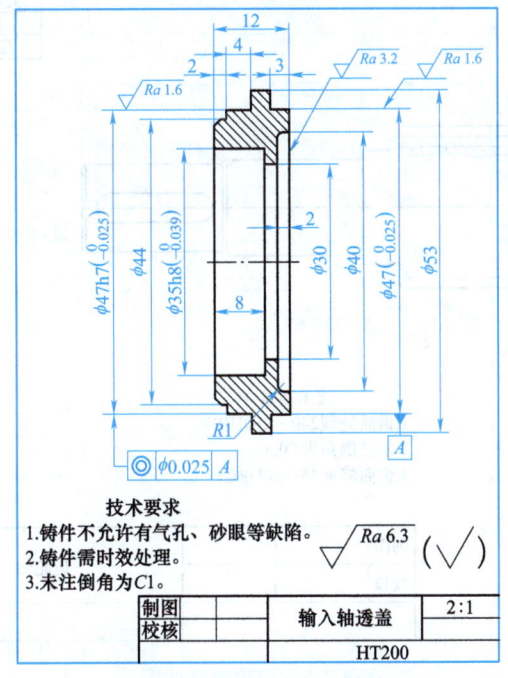

图 4-4-4　输入轴透盖零件图

微课：输入轴透盖

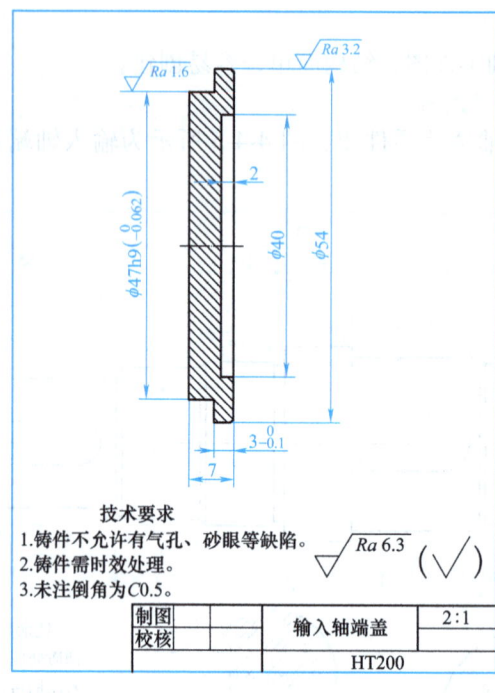

微课：输入轴端盖

图 4-4-5 输入轴端盖零件图

4. 创建齿轮轴

图 4-4-6 所示为齿轮轴零件图，结构简单，容易创建。

微课：齿轮轴

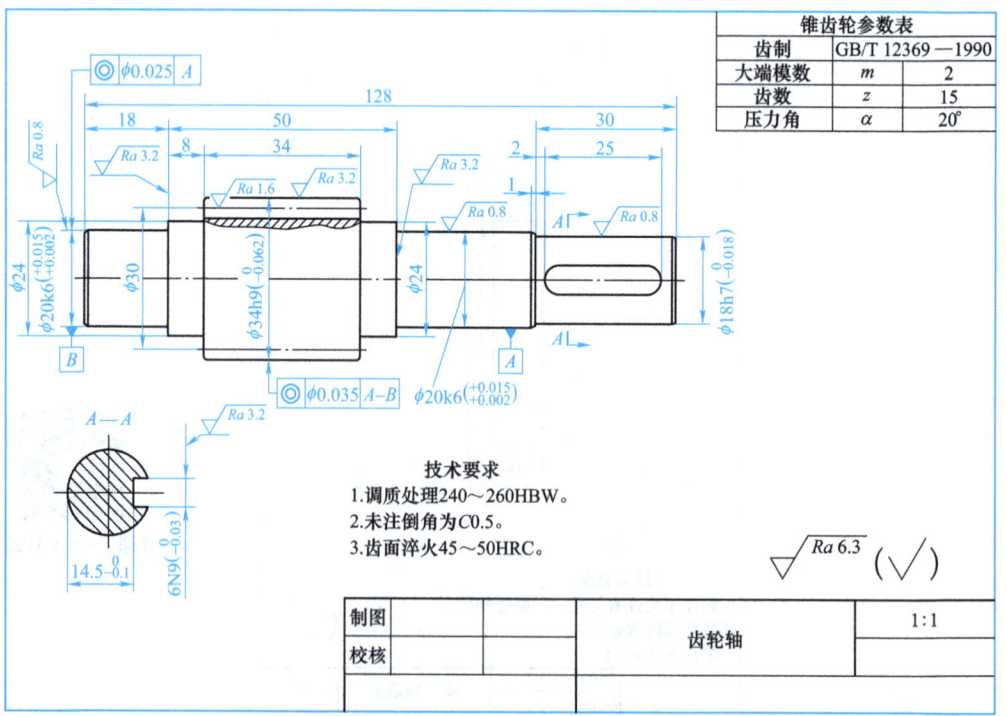

图 4-4-6 齿轮轴零件图

5. 创建输入轴调整环和放油螺栓

图 4-4-7 所示为输入轴调整环零件图。图 4-4-8 所示为放油螺栓零件图，结构简单，容易创建。

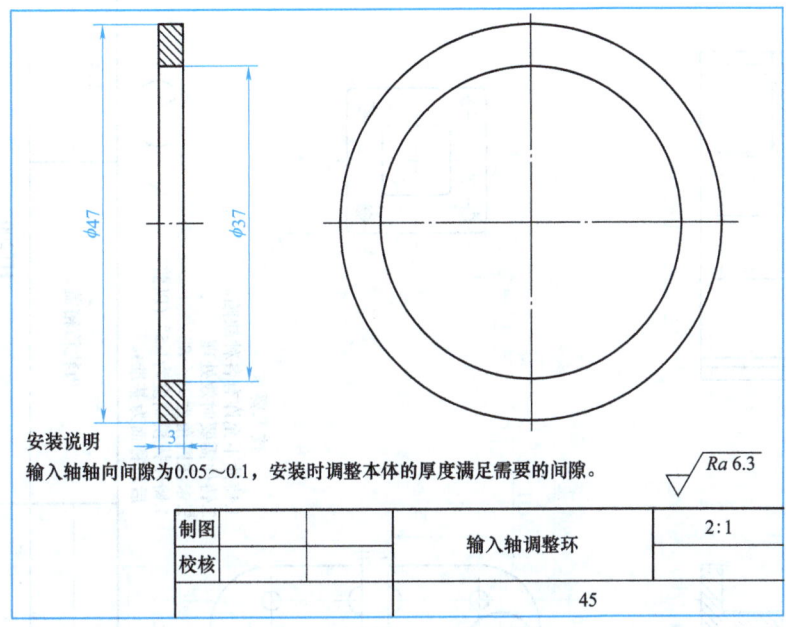

微课：输入轴调整环

图 4-4-7　输入轴调整环零件图

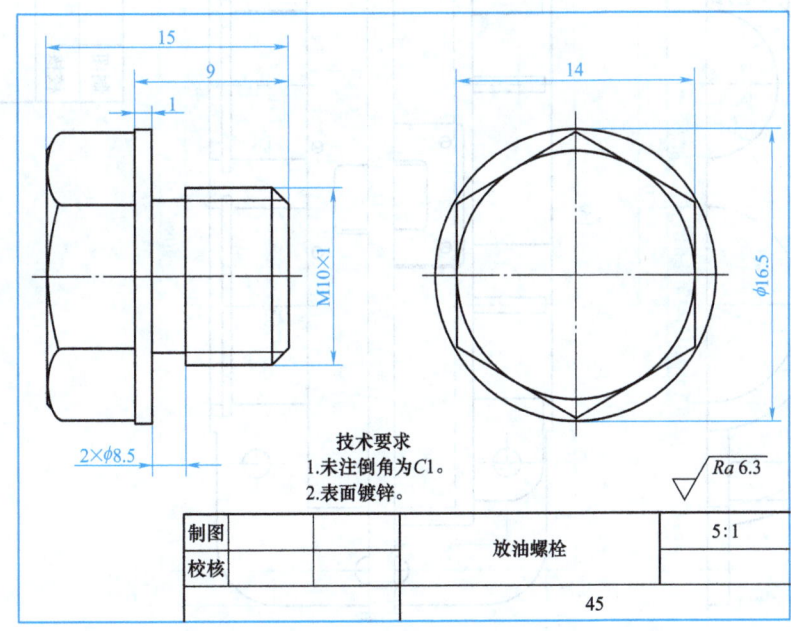

微课：放油螺栓

图 4-4-8　放油螺栓零件图

6. 创建齿轮箱箱盖

图 4-4-9 所示为齿轮箱箱盖零件图，与齿轮箱体复杂程度相当。

微课：齿轮箱箱盖

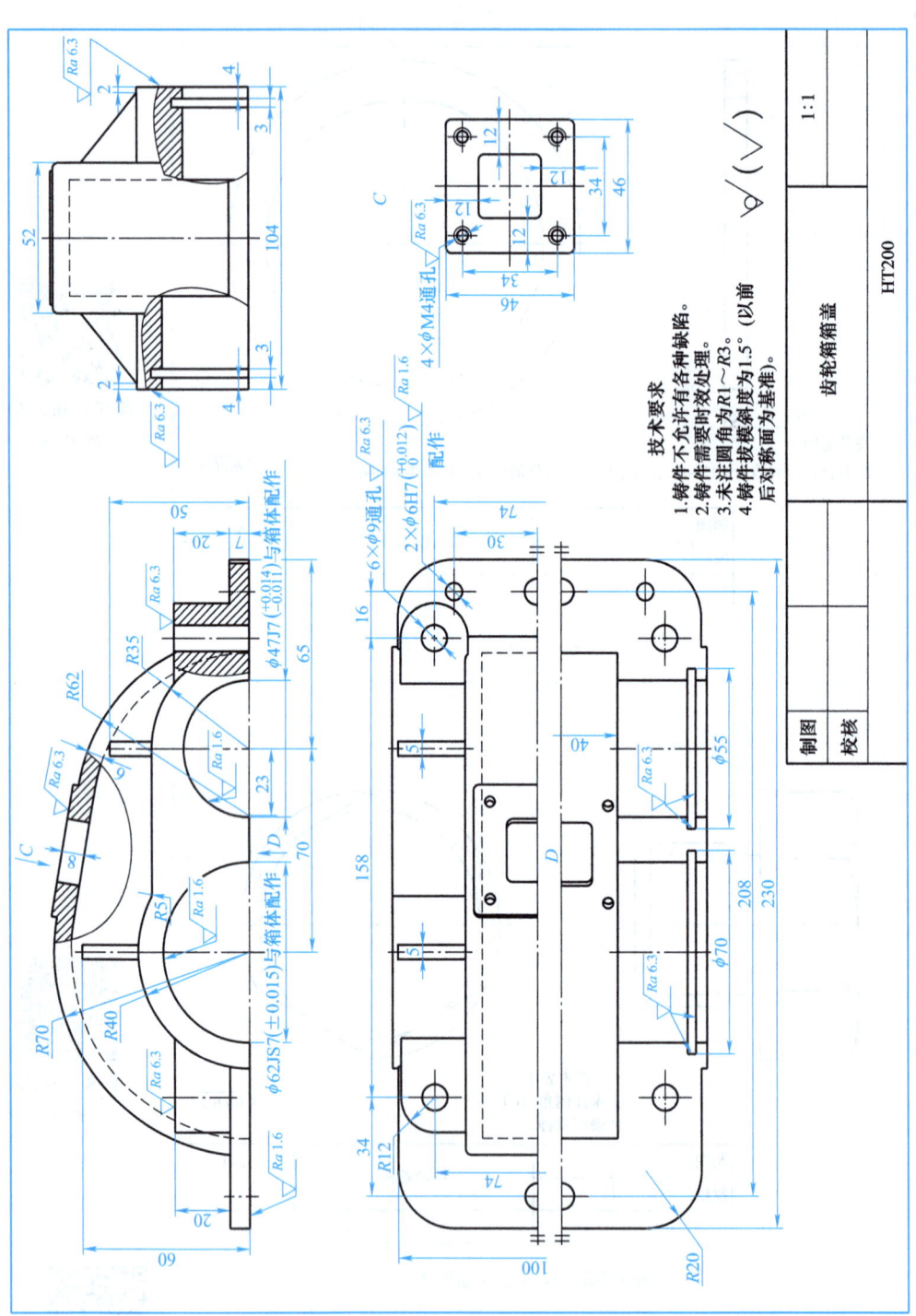

图 4-4-9 齿轮箱箱盖零件图

7. 创建挡油环和输出轴透盖

图 4-4-10 所示为挡油环零件图，图 4-4-11 所示为输出轴透盖零件图，结构简单，容易创建。

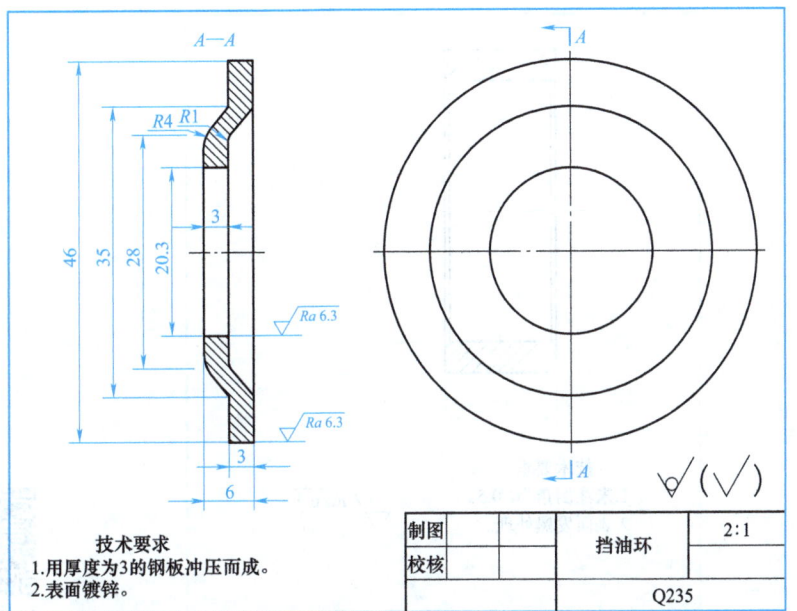

图 4-4-10　挡油环零件图

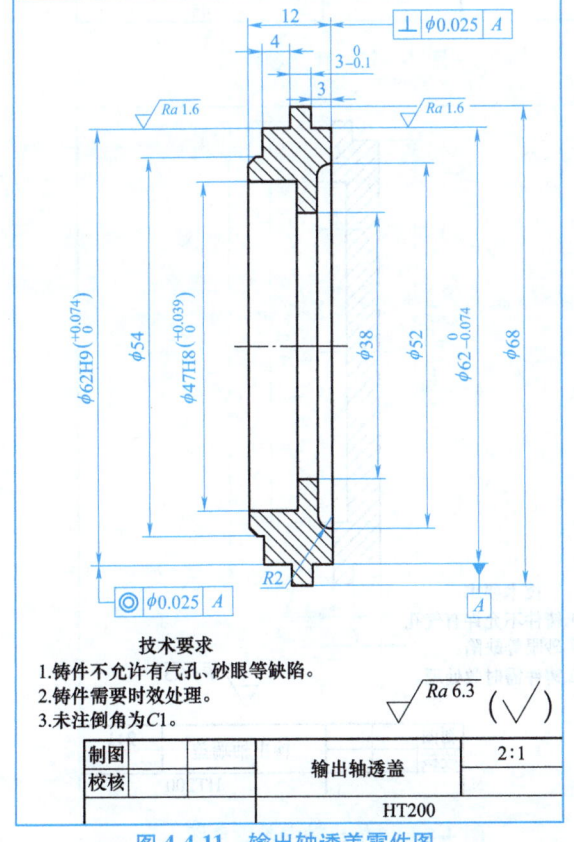

图 4-4-11　输出轴透盖零件图

8. 创建套筒和输出轴端盖

图 4-4-12 所示为套筒零件图，图 4-4-13 所示为输出轴端盖零件图，结构简单，容易创建。

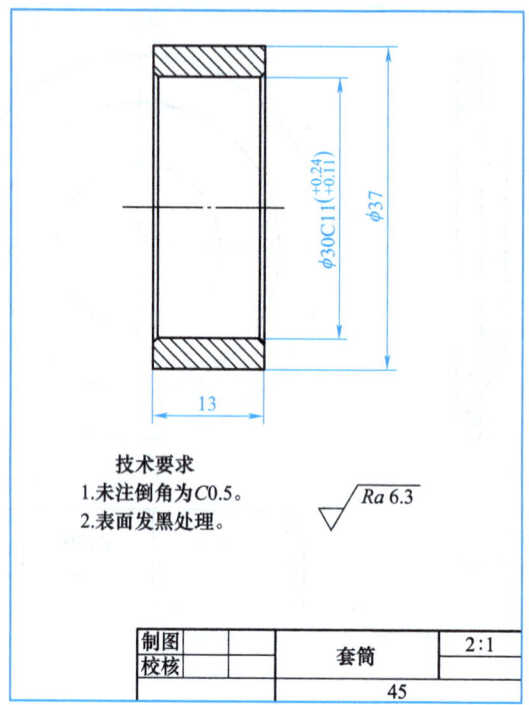

微课：套筒

图 4-4-12　套筒零件图

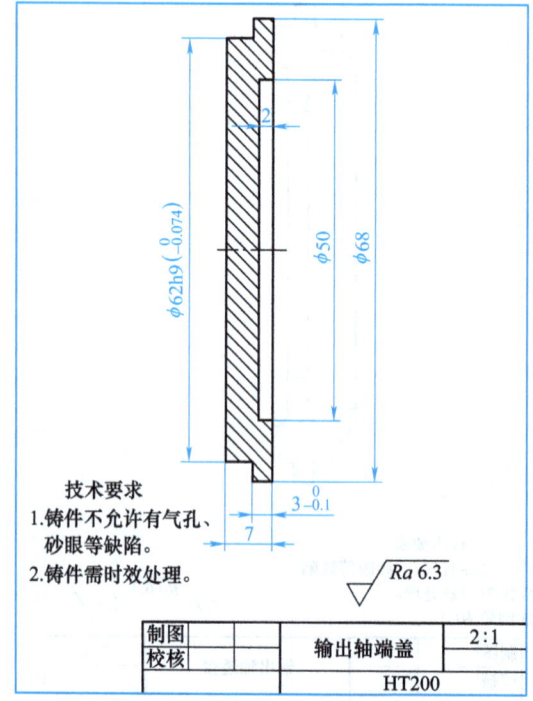

微课：输出轴端盖

图 4-4-13　输出轴端盖零件图

9. 创建输出轴调整环和加油孔垫片

图 4-4-14 所示为输出轴调整环零件图，图 4-4-15 所示为加油孔垫片零件图，结构简单，容易创建。

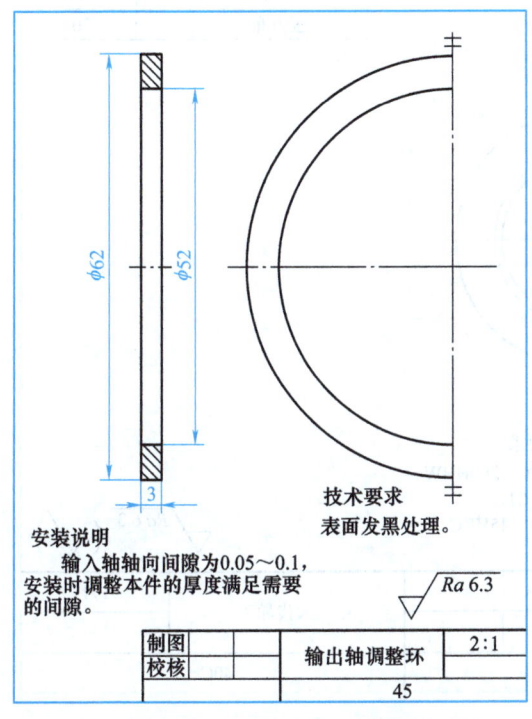

图 4-4-14 输出轴调整环零件图　　　　图 4-4-15 加油孔垫片零件图

微课：输出轴调整环　　　　　　　　微课：加油孔垫片

10. 创建大齿轮

图 4-4-16 所示为大齿轮零件图，与前面齿轮类似，容易创建。

11. 创建通气塞

图 4-4-17 所示为通气塞零件图，结构简单，容易创建。

微课：大齿轮　　　　　　　　　　　微课：通气塞

二、装配直齿单级减速器零件及动画仿真

图 4-4-18 所示为直齿单级减速器装配总图，图中信息较多，为保证图中信息的清晰，装配图明细栏在图 4-4-19 中展示。在零件建模完成后，对零件进行装配，装配过程中注意零件间的装配关系，保证不影响动画效果。

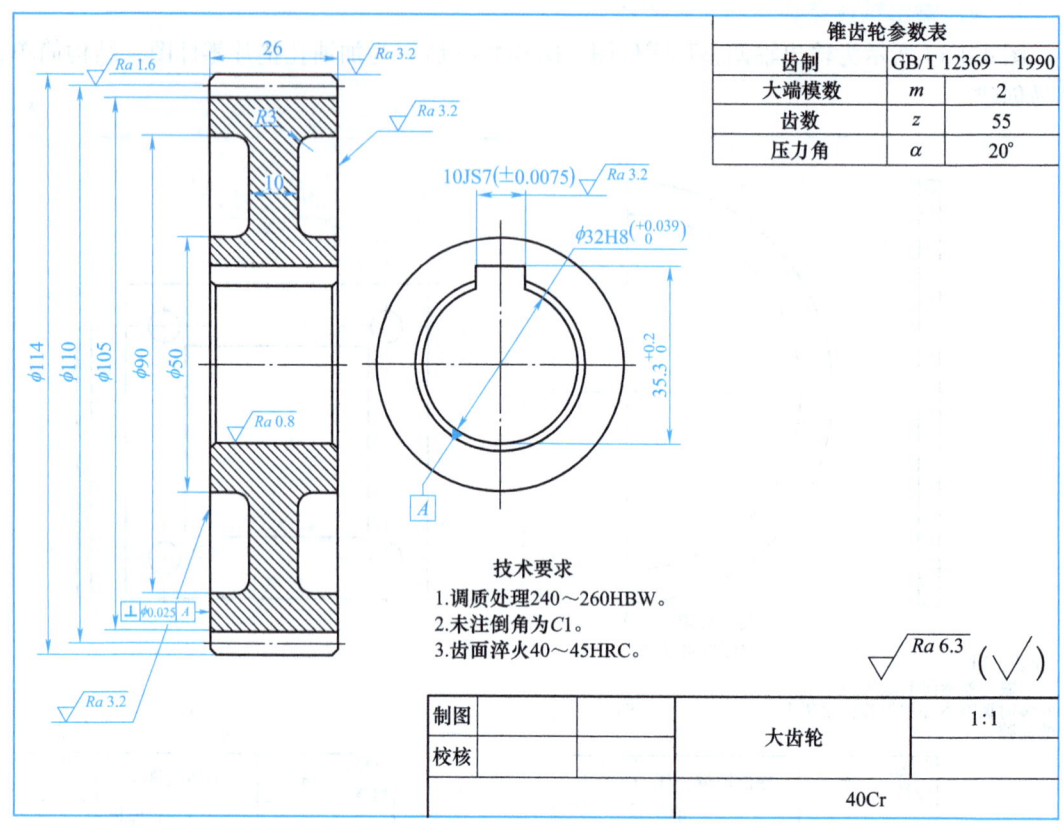

图 4-4-16 大齿轮零件图

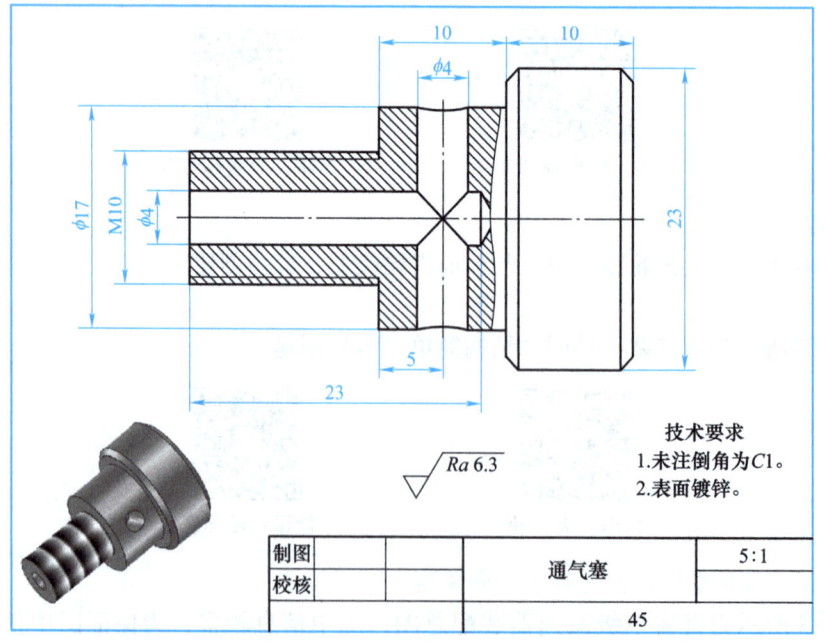

图 4-4-17 通气塞零件图

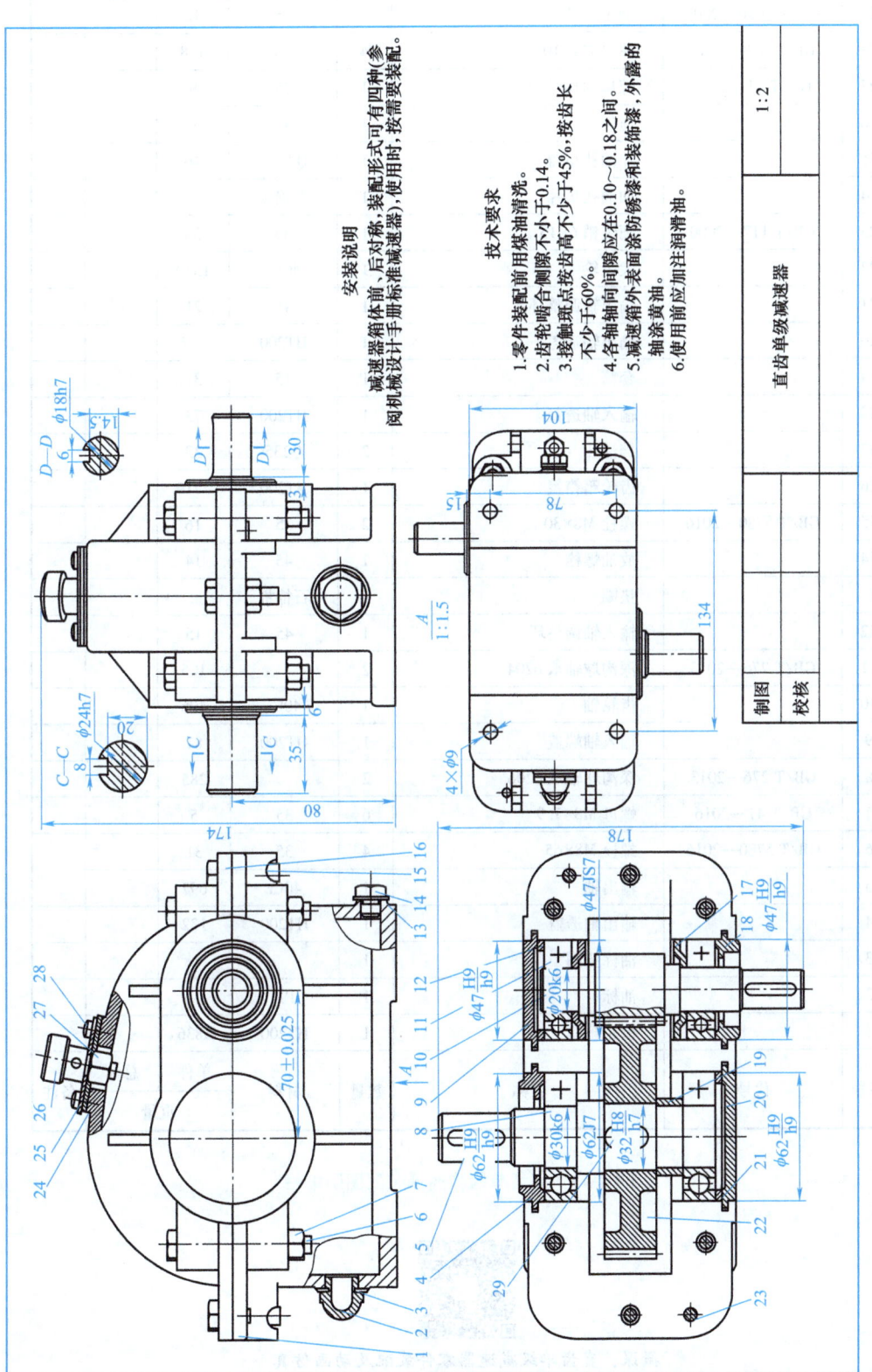

图 4-4-18 直齿单级减速器装配总图

序号	代号	名称	数量	材料	单件	总计	备注
					重量		
29	GB/T 1096—2003	键 10×22	1	35	12		
28	GB/T 818—2016	螺钉 M4×10	4	35	1.8		
27	GB/T 41—2016	螺母 M10×9.5	1	35	9		
26		通气塞	1	45	55		
25		加油孔小盖	1	Q235A	46		
24		加油孔垫片	1	石棉板			
23	GB/T 117—2000	圆锥销 6×15	1	35	35		
22		大齿轮	1	40Cr	1349		
21		输出轴调整环	1	45	21		
20		输出轴端盖	1	HT200	137		
19		套筒	1	45	37		
18		输入轴透盖	1	HT200	73		
17		挡油环	2	Q235	33		
16		齿轮箱箱盖	1	HT200	2519		
15	GB/T 5780—2016	螺栓 M8×30	2	35	16		
14		放油螺栓	1	45	14		
13		垫圈	1	石棉板			
12		输入轴调整环	1	45	15		
11	GB/T 276—2013	深沟球轴承 6204	2		105		
10		齿轮轴	1	40Cr	406		
9		输入轴端盖	1	HT200	81		
8	GB/T 276—2013	深沟球轴承 6206	2		285		
7	GB/T 41—2016	螺母 M8×7.9	6	35	5		
6	GB/T 5780—2016	螺栓 M8×65	4	35	31		
5		输出轴	1	40Cr	697		
4		输出轴透盖	1	HT200	132		
3		油标垫圈	1				
2		油标	1	PP			
1		齿轮箱体	1	HT200	3836		

图 4-4-19　直齿单级减速器装配图明细栏

微课：直齿单级减速器零件装配及动画仿真

任务评价

序号	考核内容	学生自评（30%）	小组互评（20%）	教师总评（50%）	分值
1	能够灵活使用各种命令创建零件模型				30
2	能够熟练装配各零件				20
3	能够熟练设置工作原理动画				20
4	能够熟练转换零件和装配体工程图				20
5	能够积极、有效地帮助其他同学				10
	小计				—
	总评				
	完成时间		分钟		

精进计划：

参 考 文 献

［1］张佑林，卓丽云，刘江平．工程制图及CAD［M］．北京：北京航空航天大学出版社，2021．
［2］钟日铭．CAXA 3D实体设计2020基础教程［M］．北京：机械工业出版社，2021．
［3］胡建生．机械制图：多学时［M］．5版．北京：机械工业出版社，2023．